OSPF PROTOCOL PRINCIPLE AND
FUNCTION EXPANSION

OSPF协议原理与功能拓展

◎马海龙 编著

人民邮电出版社
北京

图书在版编目（CIP）数据

OSPF协议原理与功能拓展 / 马海龙编著. -- 北京 ：人民邮电出版社，2022.7
ISBN 978-7-115-57722-1

Ⅰ. ①0… Ⅱ. ①马… Ⅲ. ①计算机网络—路由选择 Ⅳ. ①TP393

中国版本图书馆CIP数据核字(2021)第218981号

内 容 提 要

本书结合互联网路由技术发展趋势和基础网络体系重构对协议的新要求，详解 OSPF 协议机制、设计原理以及各类拓展功能特性，全书可概括为 3 部分。第一部分包含第 1~4 章，主要围绕路由背景知识、协议基本原理与会话机制、协议状态机、报文格式等方面阐述，突出基于链路状态信息构建基础拓扑和全域拓扑的原理方法。第二部分包含第 5~6 章，阐述协议在消息约减、定时器以及区域互联之间的优化机制，进一步阐述会话的可靠性提升与快速故障检测技术，这些技术使得 OSPF 协议具有很强的稳定性，支撑大规模网络的构建。第三部分包含第 7~9 章，阐述 OSPF 协议拓展框架和框架下的多种功能拓展，重点阐述几种主流的 IP 快速重路由技术，详解 OSPF Segment Routing（SR）拓展以及基于 OSPF SR 的快速重路由机制。

本书适合计算机科学与技术、信息与通信工程、网络空间安全等相关专业的研究生阅读，也可供网络技术人员、网络工程人员参考。

◆ 编　著　马海龙
责任编辑　李彩珊
责任印制　马振武

◆ 人民邮电出版社出版发行　北京市丰台区成寿寺路 11 号
邮编　100164　电子邮件　315@ptpress.com.cn
网址　https://www.ptpress.com.cn
固安县铭成印刷有限公司印刷

◆ 开本：720×960　1/16
印张：19.25　　　　　　　　2022 年 7 月第 1 版
字数：304 千字　　　　　　 2022 年 7 月河北第 1 次印刷

定价：169.80 元

读者服务热线：(010)81055493　印装质量热线：(010)81055316
反盗版热线：(010)81055315
广告经营许可证：京东市监广登字 20170147 号

前　言

关于路由协议，可以追溯到 ARPANET 创立之初，那个时候 BBN 公司负责建立分组交换网络，网络节点被称为接口消息处理器（IMP）。IMP 之间运行 BBN 公司独有的基于 Bellman-Ford 算法的距离矢量路由协议，采用时延作为度量路径优劣的权重，通过定期读取链路接口队列长度来计算时延值，队列长度越长，意味着数据被转发所需的时间越长。基于时延的最优路由可以将数据包引导经过平均队列较短的路径，从而更快地将数据传送到目的地。由于距离矢量协议受限于交换整个路由表、逐级传播路由以及基于队列长度无法准确度量转发时延等技术机制的约束，出现了收敛慢、路由振荡以及路由环路等问题，无法支撑大规模网络，难以适用于快速扩张的 ARPANET。

从 1979 年开始，ARPANET 部署一种新的基于 Dijkstra 算法的链路状态路由协议，主要在两个方面进行改变：一是节点之间不交换路由信息，而交互链路状态信息，协议报文长度变短、频率变低，链路状态信息通过洪泛方式在全网通告，使得每个节点拥有相同的拓扑信息，并独立地进行路由计算，在网络变化时，收敛时间快，且不会产生环路；二是重新设计了链路权重的计算方法，使之与数据包的本地处理时间、转发包的长度、链路带宽等因素密切相关，期望精确地反映数据包在节点之间的传输时延，使得端到端数据转发能够更加准确地沿着最小时延路径转发。链路状态协议较好地适应了当时 ARPANET 的发展。

伴随着 TCP/IP 技术的成熟，ARPANET 整体迁移到 TCP/IP 技术体制。各种应用在 Internet 上不断涌现，促进了 Internet 飞速发展，吸引了越来越多的用户，Internet 承载的流量越来越大。在轻载情况下，链路状态路由协议运行良好，但是在网络负载逐渐增大时，又出现了新问题。按照当时的链路权重计算方法，当链路负载较重时，会计算出非常大的链路时延值，引发路由改变，促使所有流量都从该高代价链路上迁走；之后，链路时延值又变得异常小，所有流量又迁回，这样端到端流量经过的路径不停地交替振荡。为此，将权重计算方法进一步修订为归一化跳数。当网络负载很重时，在将流量保持在原路径的条件下，尝试发现相对较长的路径。如果存在，则将部分流量迁移到相对较长的路径上；否则，将流量保持在原路径上。这种约束方法，避免将所有流量同时迁移走后，又迁移回来而引起流量振荡。

从基于 Bellman-Ford 算法的距离矢量路由协议，到基于 Dijkstra 算法的链路状态路由协议，它们都采用了基于链路负载变化而进行动态选路的路由机制，这意味着链路负载变化与路由计算相依相存。从单个链路的视图来看，链路流量负载的增加，导致链路代价增大，触发网络节点进行路由计算，进而将一部分流量从高负载链路迁移走，这使得下一个周期链路代价下降。这又促使网络节点重新进行路由计算，可能将一部分流量重新迁回该链路。这个过程将不断重复，直到新的链路代价与上次链路代价相同，重复才会停止，网络进入平衡态。从全网视图来看，当部分流量在链路之间迁移时，同样也会影响其他链路的代价变化，进而对所有链路上的所有流量都产生影响。这是一个非常复杂的反馈调整自适应模型。网络路由可能会一直处于计算调整状态。当链路代价变化不会对路由计算产生影响时，网络路由稳定，流量路径稳定，整个网络进入稳定的平衡态。以流量为权重基础的路由算法必须不断地进行路由计算和路径调整，以期望能够到达平衡态。而实际上，网络流量瞬息万变，平衡态是难以达成的。

随着 Internet 逐步商业化，网络运营者从运营网络的角度，需要为用户提供差异化服务以获取更多的经济效益。这个时候提升所有网络用户的服务体验并不是网络运营者追求的目标，毕竟 IP 提供的是尽力而为的服务。与此同时，整个 Internet 不再由一家公司来运营，网络设备制造商日益增多，无论是网络服务提供商还是网络设备制造商，它们之间既要竞争又要合作。综合技术、经济、政策等方面的诸多因素，伴随着路由协议的标准化，多数的路由算法不再采用动态权重，而转变为采用静态权重。路由协议聚焦于网络拓扑的变化，及时感知和响应拓扑变化，追求快速收敛，减少环路的产生，避免路由振荡，提升路由的稳定性，这些均成为大规模网络环境下路由协议关注的目标。

基于 Dijkstra 算法的链路状态路由协议在现网运行达 10 年之久，基于积累的工程实践经验，1989 年 IETF 发布了 OSPF 协议的第一个版本，但并未得到广泛应用。1998 年稳定版本的 OSPFv2 正式发布并被使用至今。在这 20 多年里，OSPF 协议的基本原理和机制一直保持不变，足以见证该协议强大的生命力。在协议提出伊始，围绕协议框架，IETF 注重于协议机制优化，一方面加强最短路径计算的效率，提升协议收敛速度；另一方面注重于协议可扩展性。这个时期主要以协议基本框架为基础，提出各种优化技术，使得 OSPF 能够支撑多种类型的大规模网络建设。但伴随着网络应用需求发展和技术创新驱动，OSPF 协议已经逐渐沉淀为互联网架构的基础支撑模块，基于 OSPF 的链路状态特性和全域拓扑发现机制，可以拓展支撑新兴网络应用需求，例如通过 OSPF 承载链路和带宽资源信息以实现流量工程等。这个时候 OSPF 变成了一种支撑其他网络技术的工具。OSPF 的基础协议架构中并未考虑这些功能拓展，于是，IETF 通过引入不透明 LSA 技术来构建一个以 OSPF 为基础的协议拓展框架。这对 OSPF 协议而言是一个巨大的改变，未来依托网络拓扑且需要分布式扩散相关信息的技术都可以通过对 OSPF 进行拓展实现，因此，OSPF 可以持续迸发蓬勃生命力。基于 OSPF 拓展能力支持 Segment Routing 技术就是一个典型案例，通过定义几种新的 LSA 类型承载 Segment ID 信息，就可以完成段标签的分发，有力支撑新一代网络技术的构建和增量部署。

随着 SDN/NFV 技术的发展，网络设备的集中化运维管理已成为发展趋势。OSPF 已经成为构建下一代运营商骨干网络、云数据中心网络的核心支撑协议之一。本书以 OSPF 原理为出发点，系统梳理了自 OSPFv2 协议诞生至今，IETF 发布的以 OSPF 协议为基础的各类功能拓展，把各类零散的知识点进行了整理归纳和总结，希望能够给读者呈现 OSPF 协议的知识全貌。读者可以将本书作为原理性书籍来学习，通过阅读第 2～4 章可以深入掌握协议的设计原理和工作机制；可以将本书作为工程应用书籍来参考，参阅第 5、6、8、9 章了解相关拓展机制和优化方法，支持网络规划设计与优化部署；还可以将本书作为学习 Segment Routing 技术的一个入口，通过阅读第 7～9 章了解扩展 OSPF 协议支持 Segment Routing 标签分发的原理，以及使用 Segment Routing 技术改造现有网络，提升网络弹性的方法。

本书的写作经历了近 3 年时间，由于我平时科研及教学工作较忙，全书内容都是在节假日撰写，其间大女儿升入初中，二女儿出生，还经历了新冠肺炎疫情。本书原计划在二女儿出生时成稿，总因为科研工作一拖再拖。感谢父母含辛茹苦的养育，他们一直教导着我诚信做人、踏实做事，要积极上进、不断进取。感谢我的岳父母，他们一直不辞辛苦地帮助我照顾家庭，对我工作给予了巨大的支持，他们是我的坚实后盾和无形的精神力量支撑，一直关注我书稿的写作进度，并分担了很多本应该由我来做的事情。感谢我的妻子，为了保证我的写作时间，她承担了全部的家务，担负起培养和养育孩子的重任。还要感谢我的两个可爱的女儿，她们给我带来的无穷快乐和挑战，也给了我与她们一起成长的机会，让我的人生更加美好。

本书的出版得到国家重点研发计划课题（No.2017YFB0800304）的资助，在此一并感谢。

作 者

2021 年 5 月于郑州

目　录

第1章
绪 论

1.1 路由器与路由协议

1.1.1 路由器

路由器的核心功能是支持异构网络之间的互联，也就是说它必须支持异构的协议体制。路由器通常采用插卡式构建，以可扩展方式支持更为丰富的接口种类（如 E1/T1、ISDN、Frame-Relay、X.25、POS、ATM、Ethernet 等）。路由器依据不同网络应用场景，配置不同类型的接口板卡（线卡）。从 OSI 分层模型来看，异构网络实际是数据链路层和物理层的异构，异构的网络协议通过网络层的 IP 统一。这也是网络协议栈被描述为"细腰"的原因——IP 之下和 IP 之上异彩纷呈，单单 IP 是单一且唯一的。

路由器从功能上可以划分为 3 个平面：数据平面、控制平面和管理平面。数据平面的功能是对进入路由器的数据进行查表，并按照查表结果将数据从指定接口转发。控制平面主要包括各种不同的路由协议（如 RIP、OSPF、BGP、PIM 等），各路由节点之间通过路由协议交互路由信息，按照给定的路由算法进行路由计算，并将产生的计算结果下发给数据平面，供其路由查表转发使用。整个路由器各个功能的运行则由管理平面通过配置管理模块（如 CLI、SNMP、Netconf 等）进行管理。

正式的 IPv4 路由器技术要求 RFC1812 于 1995 年 6 月正式发布。标准从链路层、网络层、传输层以及应用层分别阐述了 IPv4 路由器应该支持的协议特性。IPv4 路由器支持的各层面协议集合如图 1.1 所示。RFC1812 也是我国路由器设备技术要求的主要参考依据。

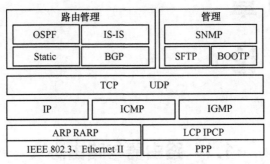

图 1.1　IPv4 路由器协议集合

1.1.2　路由协议

早期的路由协议采用动态权重计算路由，链路权重伴随着流量变化而不断变化。网络流量是瞬息万变的，以流量为权重基础的路由算法必须不断地进行路由调整、不断地优化，以形成稳定的路径。流量的动态性使得这一目标难以达成。基于流量的路径调整可以提高整个网络的带宽资源利用率，充分优化网络资源的使用，统计意义上可以优化整体网络性能，为所有网络用户提供更好的服务。然而，Internet 采用商业化运营模式，从网络运营的角度而言，需要为用户提供差异化服务以获取更多的利润，提升所有网络用户的服务体验并不是网络运营者追求的目标，毕竟 IP 提供尽力而为的服务。随着路由协议的标准化，综合技术、经济等方面，目前主流路由协议的权重不再是动态的，而是静态的。将随流量变化进行路由调整的问题逐步转化为用户的 QoS 需求或者网络的 QoS 保证技术问题。路由协议聚焦网络拓扑的变化，及时感知和响应拓扑变化，追求快速收敛，减少环路的产生，避免路由振荡，提升路由的稳定性。

IETF 在路由的技术要求中对 IGP 路由协议提出了明确的要求。从要求中看出 IGP 路由协议关注的目标在于快速、稳定、安全，路由协议与网络承载的流量不应当产生关系，路由协议应聚焦基于网络拓扑进行路由计算。

路由协议总体上分为两类：一类为基于 Bellman-Ford 算法的距离矢量协议；另一类为基于 Dijkstra 算法的链路状态协议。

典型的距离矢量协议是 RIP，它以跳数作为度量路径优劣的权重，端到端路径上包含几个网络节点就是几跳。跳数只衡量端到端路径经过的路由器数量，是一种衡量路径长度的方法，但较长的路径链路带宽可能更大，传送效率更高；较短的路径链路带宽小，传送效率低。因此，基于跳数并不是一种很好的衡量端到端路径优劣的方法。RIP 存在距离协议的普遍缺点（例如计数到无穷大、无法实现快速环路检测等），导致算法无法适用于大规模网络。

典型的链路状态协议包括 OSPF 和 IS-IS，它们通过累计端到端的链路代价比较路径的优劣。这两种协议只要求链路代价可以配置，并未明确指明链路代价通过何种方法计算得到，这给协议设计者非常大的发挥空间。协议设计者可以套用基于时延的链路代价生成方法，或者基于跳数归一化的路径代价生成方法。当前最佳实践是采用静态生成方法，即将链路带宽的倒数作为链路代价。

1.1.3 路由协议优先级

路由器可以同时运行多种路由协议。每种路由协议都有自己衡量路由优劣的标准。针对每一个目的前缀，一种路由协议只会输出一条它认为最优的路由。当多种路由协议并行运行时，控制平面就有可能针对同一个目的前缀，从不同路由协议收集多条路由信息。而对于路由器的数据平面而言，它只会针对每一条前缀记录一条最优的路由信息。虽然每种路由协议都有自己的度量值，但是不同协议间的度量值含义不同，也没有可比性。因此，对于路由器而言，必须预先定义优先级策略，以便控制平面能够按照策略从多条备选路由中选择出一条最优路由，下发到数据平面，供线卡转发数据时使用。负责路由汇总、优先级处理以及路由下发的单元称为路由管理单元。

实际的应用中，路由器厂商会预先为不同的路由协议赋予不同的路由优先级，数值小的优先级高。对于路由管理单元而言，当到达同一个网络存在多条路由时，应根据优先级的大小，选定优先级数值最小的作为最优路由，并将这条路由写进路由表，下发到数据平面。

需要注意的是，不同厂商之间的定义可能不一样，除了直连路由外，其他各种路由协议的优先级都可由用户通过特定的命令手工进行修改。另外，每条静态路由的优先级都可以不相同。思科、华为、新华三以及开源路由套件 FR Routing 的各类型路由的优先级默认值示例见表 1.1。路由优先级是由管理员设置和改变的，因此，也被称为路由的管理距离。

表 1.1　各类型路由的优先级默认值示例

路由类型	优先级 （思科）	优先级 （华为）	优先级 （新华三）	优先级 （FR Routing）
直连路由	0	0	0	0
静态路由	1	60	60	1
EIGRP 汇总	5	—	—	—
eBGP	20	255	256	20
内部 EIGRP	90	—	—	90
IGRP	100	—	—	—
OSPF	110	10	10	110
外部 OSPF	—	150	150	—
IS-IS	115	15	15	115
RIP	120	100	100	120
EGP	140	—	—	—
外部 EIGRP	170	—	—	90
iBGP	200	255	256	200
未知	255	—	255	—

不同厂商对路由优先级的默认值设置不一样，在具体网络配置过程中会造成一定的迷惑性。例如，如果网络同时部署了思科和华为的路由器，且路由都采用默认优先级设置。网络在运行 OSPF 协议的同时，管理员希望针对某个目的网络配置静态路由以改变数据路径，在思科路由器中静态路由优于 OSPF 路由，而在华为路由器中 OSPF 路由优于静态路由，这个时候优先级的不同就会导致路由配置不能达到预期目标。

1.2　互联网标准化工作

目前，IETF 已成为全球互联网界权威的大型技术研究组织。它有别于国际电信联盟，其参与者都是志愿人员，包括设备制造商、网络设计者、运营者和研究人员等，并向所有对该行业感兴趣的人士开放，任何人都可以注册参加 IETF 的会议。

1.2.1　IETF 标准的种类

RFC2026 中详细定义了互联网标准相关出版物。总体分为两类：技术规范（Request For Comments，RFC）和互联网草案（Internet-Draft）。

（1）技术规范

互联网标准相关规范的每个版本都作为 RFC 文档系列的一部分发布，它是 IETF、IESG 和 IAB 的正式出版物。RFC 系列文档始于 1969 年，有多种类型，除了技术标准外，还涵盖了广泛的主题，从早期对新研究概念的讨论到关于互联网的状态备忘录，还收录了各种科幻性、叙事性的内容。例如，愚人节恶搞（比如 IPv9 标准），RFC 的 30 年、40 年和 50 年回忆录等。

基于 RFC 描述内容的不同，RFC 可以分为 3 类。

一是标准轨迹，细分为 Proposed Standard、Draft Standard 和 Internet Standard；二是非标准轨迹，细分为 Experimental、Informational、Historic；三是最佳实践（Best Current Practice，BCP）。标准轨迹中的 RFC 为各厂商提供实现相关技术时所遵循的标准。对于发布为 Proposed Standard 的 RFC，通过实际使用升级为 Draft Standard，广泛使用后升级为互联网标准 Internet Standard。截至 2020 年 8 月，官方的 Internet 协议标准只有 92 项，Draft Standard 共 77 项，Proposed Standard 共 3109 项。

为了便于管理，有些 RFC 被归类到 3 个子系列中，并相应为之分配子系列编号。这 3 个子系列包括标准（Standard，STD）类、提供信息（For Your

Information，FYI）类以及最佳实践（BCP）类。每一个处于 Internet Standard 状态的 RFC 都会被分配一个 STD 编号，FYI 自 1990 年的 RFC1150 开始到 2011 年废止。

（2）互联网草案

任何人都可以提交 Internet-Draft，没有任何限制，IETF 的很多重要的文件都是从互联网草案开始的。Internet-Draft 没有正式的地位，并可能在任何时候被改变或删除。如果 Internet-Draft 在互联网草案目录中保持不变超过 6 个月，且没有被 IESG 推荐作为 RFC 发布，它就可以从互联网草案目录中被删除。一旦 Internet-Draft 被同一规范的最新版本所取代，那将重启 6 个月计时。

从 Internet-Draft 发展成为 RFC 标准，其产生是一种自下而上的过程。也就是说不是由主席或者工作组负责人发出指令，指示大家要做什么，而是由参与者自发提出，在工作组（Working Group）讨论后，交给 IESG 审查。IESG 只做审查，不做修改，修改还需要返还工作组进行。IETF 工作组实际是任何人都可以参加会议，任何人都可以提议，并参与讨论，形成共识后产出标准。

1.2.2　IETF 的研究领域

IETF 的工作大部分是在其工作组中完成的。工作组根据主题的不同划分为若干个领域。目前，IETF 共包括 7 个研究领域，包括应用研究领域（Applications Area，APP）、通用研究领域（General Area，GEN）、网际互联研究领域（Internet Area，INT）、操作与管理研究领域（Operations and Management Area，OPS）、路由研究领域（Routing Area，RTG）、安全研究领域（Security Area，SEC）、传输研究领域（Transport Area，TSV）。

本书读者应重点关注 RTG，该领域主要负责保持现有路由协议的可伸缩性和稳定性，及时开发新的协议、扩展功能和修复错误，确保互联网路由系统的持续运作。转发方法、相关的路由和信令协议以及针对流量工程的路径计算等相关体系结构和协议都在研究范围之内。当前研究工作组包括分段路由、服务功能链、路径计算架构、三层网络虚拟化、标识位置分离协议等。本书讲述的 OSPF 协议属于 RTG，相关的 RFC 标准均来自该领域的相关工作组。

1.3 本书内容组织

本书主要围绕域内路由协议 OSPF 展开。OSPF 协议作为当前主要的 IGP 之一，1989 年 10 月发布第一个版本 OSPFv1，并于 1998 年 4 月形成稳定版本。之后，设计了第三个版本（OSPFv3）以适配 IPv6，并对第二个版本的个别机制进行了优化。虽然 OSPFv2 和 OSPFv3 在协议封装报文格式上差别较大，但在核心协议机制与原理方面基本一致，本书的所有内容都将围绕 OSPFv2 展开。

本书紧贴互联网路由技术发展趋势和基础网络体系重构对协议的新要求，重点详解协议机制、设计原理以及以 OSPF 为基础的各类功能特性拓展。全书分为 3 部分，第一部分协议原理，由第 2、3、4 章组成，详细介绍协议机理机制、报文格式、内部原理、拓扑构建和路由计算方法等。第二部分协议拓展优化机制，由第 5、6 章组成，阐述协议面向消息数量、时延的约减与优化机制，平滑重启机制与基于 BFD 的快速故障检测机制。第三部分基于 OSPF 进行的网络新特性功能扩展，由第 7、8、9 章组成，阐述 OSPF 协议拓展框架并梳理了在该框架下的各个零散知识点，重点对快速重路由机制和分段路由等最新协议特性进行讲解。

参 考 文 献

[1] 工业和信息化部. 中华人民共和国通信行业标准: 路由器设备技术要求 边缘路由器 YD/T 1096—2009[S]. 2009.

[2] 工业和信息化部. 中华人民共和国通信行业标准: 路由器设备技术要求 核心路由器 YD/T 1097—2009[S]. 2009.

[3] IETF. Requirements for IP version 4 routers[R]. 1995.

[4] MCQUILLAN J, RICHER I, ROSEN E. The new routing algorithm for the ARPANET[J]. IEEE Transactions on Communications, 1980, 28(5): 711-719.

[5] KHANNA A, ZINKY J. The revised ARPANET routing metric[J]. ACM SIGCOMM Computer Communication Review, 1989, 19(4): 45-56.

[6] IETF. A historical perspective on the usage of IP version 9[R]. 1994.

[7]   IETF. 30 years of RFCs[R]. 1999.

[8]   IETF. 40 years of RFCs[R]. 2009.

[9]   IETF. FLANAGAN H. Fifty years of RFCs[R]. 2019.

[10] IETF. Internet official protocol standards[R]. 2008.

[11] IETF. MOY J. OSPF specification[R]. 1989.

[12] IETF. OSPF version 2[R]. 1998.

第2章
基本原理与会话机制

2.1 OSPF 概述

1989 年 IETF 发布了 RFC1131，定义了 OSPF 最初版本。此版本的 OSPF 暴露了几处操作层面的问题，而且某些问题无法优化，因此从未得到正式部署。随后 IETF 工作组对该版本进行了改进，推出了 OSPFv2，即 RFC1247。后续对该版本进行了多次迭代（RFC1583、RFC2178 等），使其功能和性能都有了很大提高，并形成了 OSPFv2 的最终标准，即 RFC2328。之后为了支持 IPv6，IETF 在 1999 年 12 月发布了 IPv6 支持版本 RFC2740（后更新为 RFC5340），即 OSPFv3，其在机理上的一个重要改变是将拓扑信息与路由信息彻底分离。

本书将全面讲解 OSPFv2 的原理及功能拓展，OSPFv3 与 OSPFv2 最基本的工作机制是一致的，对于读者而言，这些知识的掌握将会提升对 OSPFv3 的学习与理解深度。

2.2 基础协议

OSPF 协议设计要点包括 3 个方面。首先，通过探测发现 OSPF 邻居，与邻居建立可靠会话，并通过该会话将邻接链路状态信息迅速可靠地传送给每个路由器。其次，路由器依据链路状态信息的不同和路由器类型的不同，对链路状态信息进行处理。最后，路由器汇总各种类型的链路状态信息，形成网络拓扑数据库，运行最短路径算法，计算路由。

本节主要阐述 OSPF 协议的基本概念与原理、邻居会话状态机和消息类型、邻居会话建立、链路状态数据库同步以及可靠传输机制。

2.2.1 OSPF 基本原理

链路状态协议，核心要点包括 3 个方面。

（1）链路状态信息生成。链路状态信息不只描述路由器信息，更重要的是描述链路信息。一个端点是不能定义链路的，链路是由两个端点定义的。因此，链路状态信息的生成与 OSPF 邻居密切相关。路由器需要在运行 OSPF 的接口主动探测，发现直连邻居，生成链路状态信息。

（2）网络拓扑信息。OSPF 协议要维护一张 OSPF 域的拓扑图，才能进行最短路径计算。该拓扑图由链路状态信息描绘，链路状态信息则由网络的每个路由器生成。链路状态信息包含该路由器的标识、接口信息（包括类型、带宽、状态、IP 地址、掩码等）以及与它相邻的路由器信息。简而言之就是节点、边以及边的权重 3 个要素。运行 OSPF 的每个路由器都生成自己的链路状态信息，并按照协议规定的链路状态通告报文格式封装后在全域洪泛，于是 OSPF 域的每一台路由器都将收到域内其他路由器的链路状态信息，也就形成了链路状态数据库（Link State Database，LSDB）。

（3）最短路径计算。在拥有网络拓扑信息的基础上，OSPF 基于 Dijkstra 算法（又称最短路径优先算法）计算最短路径。每个 OSPF 路由器将自己作为树根，以其他节点为目的，计算到其他节点的最短路径，并将最短路径映射到直连的邻居节点，从而生成与路由相关的下一跳和出/接口信息。

基于上述 3 个要点，OSPF 协议机制可以描述如下：路由器在运行 OSPF 协议的接口上主动探测发现邻居，生成链路状态通告（Link State Advertisement，LSA）；该链路状态通告在整个 OSPF 域内洪泛，域内的每个路由器会收到其他路由器的链路状态信息，将这些链路状态信息汇总后形成链路状态数据库；最后 OSPF 协议基于链路状态数据库，使用 Dijkstra 算法计算到达其他节点的最短路径，并生成最终的 OSPF 路由信息。

2.2.2　路由器 ID

链路状态信息中的链路需要通过两个端点表示，每一个端点是一个路由器。为了唯一表示该链路，需要给端点（路由器）分配唯一的编号，这个编号是路由器 ID（Router ID，RID）。路由器 ID 为 32 比特，可以由系统默认或者人工手动指定。具体规则如下。

- 如果通过手工配置 router-id 值，则选择其为 RID；
- 如果未手工配置，则使用 Loopback 接口 IP 地址作为 RID，如果有多个 Loopback 接口，则选择 IP 地址最大的作为 RID；
- 如果没有 Loopback 接口，则选择路由器活跃接口中最大 IP 地址作为 RID。

采用 Loopback 接口 IP 地址作为 OSPF 的 RID 是一种明智的选择。如果使用物理接口 IP 地址作为 RID，则会使得会话与接口状态产生依赖性。这个接口的 Up/Down 事件会导致其他接口上 OSPF 会话的中断。Loopback 接口是不下线的接口，不会出现 Down 状态或者丢失连通性。

2.2.3　OSPF 状态迁移

OSPF 之间在进行链路状态信息传播前必须进行 OSPF 会话。OSPF 消息交互过程中状态变化分为 3 个阶段：第一阶段为邻居发现阶段，该阶段作用是自动发现有哪些邻居，确定通过何种网络类型连接这些邻居、到达这些邻居的代价是多大以及关键参数是否一致。第二阶段邻居之间的链路状态数据库同步，该阶段主要是彼此交换各自持有的链路状态数据库信息，使链路状态数据库同步。第三阶段邻居之间完成 LSDB 同步，彼此建立了稳定的邻居会话，并通过该会话相互通告网络中链路状态变换信息和路由信息，时刻保持网络上链路状态的一致性。整个会话建立过程中的状态转移如图 2.1 所示，状态描述如下。

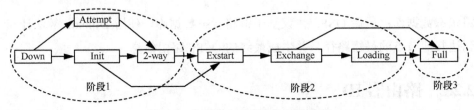

图 2.1　会话建立过程中的状态转移

（1）Down：OSPF 第一个状态，该状态代表本地路由器尚未从邻居接收任何信息，但是可以主动向邻居发送 Hello 消息。

（2）Attempt：该状态代表路由器正在给邻居发送 Hello 消息（或已经发送），但未收到任何回复。OSPF 采用周期发送 Hello 消息的方式进行邻居发现，这个定时器是 Hello 定时器。Hello 定时器的定时一般为 10s，会依据链路类型不同有所差异。同时 Hello 消息还被用于会话维持。如果在一定时间内没有收到邻居的 Hello 消息，则认为链路出现问题，需要关闭邻居会话，这个定时器称为 Dead 定时器，定时一般为 40s。这两个定时器可以依据具体环境手工配置。

（3）Init：如果路由器收到了邻居发送的 Hello 消息，但是自己的 RID 并不在 Hello 消息中，则进入该状态。协议规定，如果收到邻居的 Hello 消息后，再发送 Hello 消息时，应该把邻居的 RID 添加到该 Hello 消息中，用以向对方确认。

（4）2-way：如果路由器从邻居路由器收到了 Hello 消息，Hello 消息中有自己的 RID 且彼此的 Hello 和 Dead 定时器等参数一致，则进入该状态。

（5）Exstart：如果确定要进一步建立会话，则会进入该状态，双方便开始协商主从关系和数据库的初始序号。其中以拥有较高 RID 的路由器为主，并由主路由器控制序列号的增加。

（6）Exchange：在确定了主从关系后，会话双方便开始发送数据库概要描述（Database Description，DD）信息，该状态一直持续到双方的概要描述信息同步完毕。

（7）Loading：会话双方的信息同步完毕后进入该状态。该状态下，路由器通过比较自身链路状态数据库和从对方获取的数据库概要描述信息，确定本地缺少的链路状态信息；针对缺少的链路状态信息发送链路状态请求消息，对方在收到请求消息后，检索本地链路状态数据库，将对方缺失的链路状态信息通过链路状态通告 LSA 反馈。

（8）Full：当会话双方完成链路状态数据库同步后进入该状态。会话双方通过 Hello 消息进行会话的维持，并在 Dead 定时器超时后关闭会话。

2.2.4　OSPF 消息与承载机制

OSPF 状态迁移过程中涵盖了 OSPF 的 5 种消息类型。OSPF 消息类型见表 2.1。

表 2.1　OSPF 消息类型

消息类型名称	消息类型编号	功能描述
握手消息 Hello	1	邻居的发现与维护
数据库描述消息 DD	2	本地链路状态数据概要描述信息
链路状态请求消息 LSR	3	向对方端点请求特定链路状态信息
链路状态更新消息 LSU	4	承载一条或多条链路状态信息
链路状态确认消息 LSAck	5	对链路状态更新消息的确认,确保 LSU 被准确送达对端

OSPF 作为域内协议负责拓扑发现和路由建立，需具备自动的网络拓扑探测和邻居发现机制。一般情况下，OSPF 采用多播消息进行邻居探测发现，多播地址为 224.0.0.5 和 224.0.0.6。存在一些特殊的网络媒介（例如 NBMA 网络）不支持多播，这种情况下，就需要手动指定邻居，通过单播实现邻居发现。

OSPF 消息直接封装在 IP 包中，不经过传输层，协议号为 89，TTL 值为 1，即不能跨路由器传送，传输的差错控制由 OSPF 自己完成。IP 采用尽力而为的服务，使得 OSPF 报文和路由器转发的数据报文在同一个通道内进行传送，但是前者决定了后者的转发路径。如果 OSPF 报文和路由器转发报文在同一个队列排队，路由器接口队列拥塞时，会导致 OSPF 报文丢弃，可能影响邻居之间的 OSPF 会话，进一步影响数据报文的转发。因此，OSPF 消息装载于 IP 报文时，将 IP 头部信息中的服务类别 CoS 字段设置为 110（二进制）——网络控制级数据包，目的是将 OSPF 报文和普通数据报文区分开。如果厂商路由器支持优先级队列，则会自动把 OSPF 报文放置到高优先级队列处理，确保了协议报文的优先处理。

所有 OSPF 消息采用相同的头部格式，固定 24 字节，如图 2.2 所示。

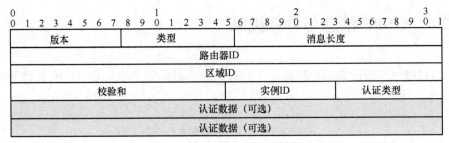

图 2.2　OSPF 消息公共头部格式

OSPF 版本号为 2。类型定义参见表 2.1。消息长度指包含 OSPF 消息头部信息在内的整个 OSPF 消息的长度，以字节计。路由器 ID 为产生该消息的路由器标识。区域 ID 为接口所属的 OSPF 区域号。校验和计算确保消息传输过程中没有损坏或篡改。实例 ID 由 RFC6549 拓展定义，用于支持同一个接口运行多个 OSPF 实例。

2.2.5　邻居发现机制

OSPF 采用 Hello 消息进行邻居探测与发现及会话参数协商。这是 Hello 消息的第一个作用。Hello 消息格式如图 2.3 所示，消息字段描述见表 2.2。

```
0                   1                   2                   3
0 1 2 3 4 5 6 7 8 9 0 1 2 3 4 5 6 7 8 9 0 1 2 3 4 5 6 7 8 9 0 1
```

OSPF公共消息头（类型=1）		
网络掩码		
Hello时间间隔	选项	优先级
Dead时间间隔		
指定路由器ID		
备份指定路由器ID		
活动邻居列表		

图 2.3　Hello 消息格式

表 2.2　Hello 消息字段描述

字段名	长度/字节	功能描述
网络掩码	4	Hello 消息发送接口的子网掩码。例如,如果接口 IP 地址为 10.1.1.1/24,则掩码字段值为 0xFFFFFF00
Hello 时间间隔	2	发送两个 Hello 消息的间隔,单位是 s。RFC2328 建议在 LAN 中为 10s,在非广播网络中为 30s。不同厂商可能会有不同的实现
选项	1	可选项,包括: O,是否支持 Opaque LSA 的解析能力; DC,允许处理按需链路; L,是否携带 LLS 数据域; N/P,允许处理 Type 7 LSA; MC,支持多播 OSPF（MOSPF）功能; E,允许洪泛 AS-external-LSA; MT,是否支持多拓扑路由
优先级	1	如果路由器配置了优先级,则通过该字段携带,默认取值为 1。优先级的大小与邻居之间指定路由器 DR 的选举有关
Dead 时间间隔	4	从最后一次收到 Hello 消息到关闭邻居会话所经过的时间,单位为 s。RFC 建议为 Hello 时间间隔的 4 倍
指定路由器	4	指定路由器 DR 的接口 IP 地址,如果没有 DR,则值为 0.0.0.0
备份指定路由器	4	备用指定路由器 BDR 的接口 IP 地址,如果没有 DR,则值为 0.0.0.0
活动邻居	4	已经接收到的发送过有效 Hello 消息的每一台路由器的 RID,该字段可能包含多条条目

　　OSPF 通过 4 次 Hello 消息交互实现邻居探测发现。一旦 OSPF 在一个接口上使能,便立刻向邻居发送 Hello 消息,接口进入 Attempt 状态。一开始 OSPF 并不知道任何邻居信息,因此 Hello 消息的活动邻居均为空。一旦 RTA 从 RTB 收到一个 Hello2 消息,相关参数核验通过后,将接口状态调整为 Init,并从 Hello2 消息的 OSPF 头部域提取该邻居的 RID。等待 Hello 定时器超时后发送第二次 Hello 消息 Hello3,此时的活动邻居填写为 RTB。RTB 也会执行类似过程,并进行相应接口状态跳转。当 RTA 从 RTB 收到消息 Hello4 并在该消息的活动邻居域中发现了自己的 RID,则认定自己与邻居之间具备双向连通性,从而完成了邻居探测发现,接口状态跳转到 2-way。接口状态究竟是维持在 2-way 还是进一步跳转到 Full 状态,与接口网络的类型密切相关。Hello 邻居发现过程如图 2.4 所示。

图 2.4　Hello 邻居发现过程

Hello 邻居发现过程涉及会话参数协商问题，如果双方参数不一致会导致邻居之间不匹配，也就无法完成邻居的发现。检查内容包括 OSPF 消息中 IP 头部信息、OSPF 的头部信息等，如果出现信息错误则丢弃该消息。否则，进一步检查双方的 Hello 时间间隔和 Dead 时间间隔是否一致，如果不一致也会导致无法完成邻居探测发现。在非广播多点接入/广播网络中还会验证网络掩码的一致性。除了这些参数外，选项字段也是必须检查的内容，关键的选项字段要求双方严格一致。选项字段会被持续携带在其他 OSPF 消息（例如 DD 消息和 LSA 头部）中，对会话的建立和链路状态数据的同步产生影响。

2.2.6　邻居会话定时机制

Hello 消息的第二个作用是与邻居会话的保活。Hello 消息按照"Hello 时间间隔"被周期性地从路由器接口发出，如果在"Dead 时间间隔"内没有从该接口收到邻居路由器的 Hello 消息，则本地路由器会认为该邻居路由器故障，进而关闭会话。Hello 消息携带的两个定时器值是可以改变的，但在修改时要确保两个邻居路由器同步进行了修改，否则会导致邻居会话无法建立。

2.2.7　多点接入网络中的会话建立机制

Hello 消息的第 3 个作用是多点接入网络中邻居之间会话关系的优化精简。

（1）解决广播网会话全互联的方法

OSPF 状态迁移过程第一阶段的主要目的之一是发现潜在可以建立会话的邻居，并将接口状态迁移到 2-way。从 OSPF 的状态迁移机制可知，2-way 状态是无法进行链路状态信息同步的，还需要进一步发送后续消息才能真正建立会话，从而支撑后续链路状态信息的互通。

多点接入网络有 2 种类型：广播型多点接入（BMA）网络及非广播型多点接入（NBMA）网络。以太网是一种典型的广播型多点接入网络，连接多点接入网络的路由器接口属于同一广播域和逻辑子网。

接入多点接入网络的路由器通过 Hello 消息可以发现该多点接入网络的所有潜在可以建立会话的邻居。如果接入多点接入网络的 OSPF 路由器很多，那么按照协议规程，就需要两两之间建立 OSPF 会话。如果有 N 台路由器接入同一个多点接入网络，则需要建立的会话数为 $N(N-1)/2$。多点接入网络的全互联会话如图 2.5（a）所示；5 台 OSPF 路由器同时接入一个多点接入网络，如图 2.5（b）所示，相互之间需要建立 10 个 OSPF 会话。除了要建立更多的邻居会话外，每个路由器还需要向整个网络洪泛有关该多点接入网络的相同链路状态信息，这将导致过多冗余的 LSA 消息在网络中扩散，进一步加剧各路由器运行 SPF 算法的次数。这种全互联产生的指数级会话数量以及冗余链路状态信息给 OSPF 带来严重的处理负载，影响了 OSPF 的拓展性。

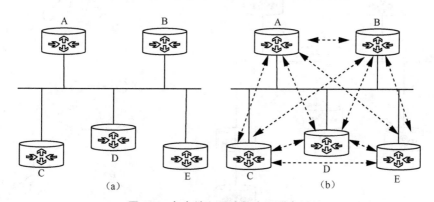

图 2.5　多点接入网络的全互联会话

考虑引入一个虚拟路由器解决这一问题。假定在多点接入网络上，存在一个虚拟的路由器，接入该多点接入网络的所有路由器都仅仅与虚拟路由器建立会话；同时，让虚拟路由器通告该多点接入网络链路状态信息，一方面可以减少多点接入网络的会话数量，另一方面，避免了冗余的链路状态信息在网络中传播。需要注意的是虚拟路由器的引入不能影响最短路径计算，因此，虚拟路由器进行链路状态通告时，应当把所有广播网络上的邻居链路代价设定为 0，从而消除虚拟路由器的引入对 SPF 算法的影响。

如图 2.6（a）所示的网络拓扑，在该多点接入网络中引入一个虚拟路由器 P，路由器 A、B、C、D、E 只与 P 建立会话，并针对与虚拟路由器 P 的链路，生成代价为 1 的链路状态通告。同时，虚拟路由器 P 通告自己的链路状态时，将与邻居路由器 A、B、C、D、E 的链路视为自身网络，链路代价设为 0。图 2.6（a）中节点 X 的最短路径树拓扑如图 2.6（b）所示，节点 X 与 Y 之间的链路为 X 到 A、A 到 P、P 到 E 和 E 到 Y，代价依次为 1、1、0、1。同样，节点 Y 的最短路径树拓扑如图 2.6（c）所示，节点 Y 与 X 之间的链路为 Y 到 E、E 到 P、P 到 A 和 A 到 X，代价依次为 1、1、0、1。注意，链路代价是与方向有关的，这里，P 到 A/E 和 A/E 到 P 的代价是不一样的。

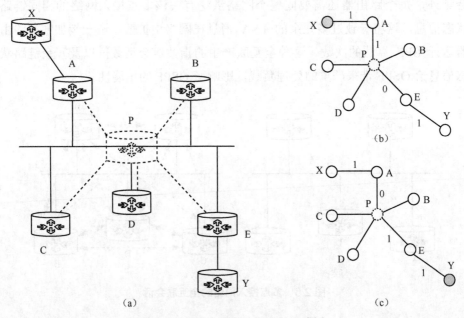

图 2.6　包含多点接入网络的生成树

引入虚拟路由器很好地解决了多点接入网络中会话数过多和冗余链路状态信息过多的问题，但实际网络中该虚拟路由器是不存在的。那么是否可以让接入多点接入网络的某一台路由器"做个兼职"，担当一下虚拟路由器的角色？OSPF 协议就是这样做的。这个为虚拟路由器代言的路由器在 OSPF 中称为指定路由器（Designated Router，DR）。与其他路由器一样，虚拟路由器也有一个唯一标识 RID，用来描述其链路状态信息。这个虚拟路由器的 RID 是 DR 路由器在该多点接入网络的接口 IP 地址。

DR 路由器的作用是非常重要的，所以，并不能任由各路由器随意担任，必须按照共同的竞选规则选举。选举规则是多点接入网络中拥有较高优先级的路由器担当，如果优先级相同则由拥有较大 RID 的路由器担当。

（2）增强广播网会话可靠性的方法

一旦一台路由器在竞争中获胜，担当 DR 角色，那么处于同一个多点接入网络中的其他路由器都与 DR 建立会话即可，不需要彼此之间再建立会话。DR 角色的重要性也使得它对多点接入网络的可靠性产生了至关重要的影响。试想，如果 DR 路由器故障或者 DR 路由器在多点接入网络上的接口失效，将导致该广播网络上的所有会话同时关闭，该广播网络的虚拟路由器消失，该多点接入网络也会在全网消失，哪怕多点接入网络上绝大多数路由器是正常的。该多点接入网剩余的路由器需要重新推选 DR，重新与 DR 建立会话并重新同步链路状态信息，并在全网重建广播网络信息，在此之前，其他的路由器将无法访问该广播网络，即使绝大多数路由器连接到该多点接入网络。

为了解决单点故障给多点接入网络带来的影响，在广播网络中让另外一台路由器担当 DR 备份角色，称之为备份指定路由器（Backup Designated Router，BDR）。除了 DR、BDR 外，没有竞选上 DR 或者 BDR 的路由器称为 DR Others（Designated Router Others）。

拥有 DR、BDR 和 DR Others 的多点接入网络工作过程如下：首先，所有路由器按照选举规则选举 DR 和 BDR。然后，所有 DR Others 路由器分别与 DR 和 BDR 建立会话，DR 和 BDR 之间也要建立会话。当 DR 出现问题时，BDR 接管 DR 的虚拟路由器角色，变成 DR，并在剩余路由器中进一步选举新的 BDR。

在 DR（A 路由器）失效时，BDR（B 路由器）演变为 DR，多点接入网络中由 A 路由器代言的虚拟路由器 P，转为由 B 路由器代言的虚拟路由器 P′，虚拟路由器 P 信息并不会被 P′ 替代，它只会定时老化掉或者等待 A 路由器上线后刷新，因为链路状态信息是不能被其他路由器修改的。也就是说 DR 在由 A 路由器迁移到 B 路由器后，网络中会增加一个虚拟路由器 P′。同时，原来接入该多点接入网络的路由器都要相应变更连接关系，由连接到 A 路由器代言的虚拟路由器 P，改变为连接到 B 路由器代言的虚拟路由器 P′。虚拟路由器的倒换如图 2.7 所示，图 2.7（a）是图 2.6（a）中路由器 Y 的拓扑树，假定 A 为 DR，B 为 BDR，当路由器 A 的广播接口故障后，路由器 Y 的拓扑树变为图 2.7（b）所示拓扑树。可以看到在 Y 的链路状态数据库中仍然保留着的 P 与 A、B、C、D、E 的链路状态信息（虚线所示）。但是，在多点接入网络 DR 更迭后，其他路由器 B、C、D、E 已经将其到 P 的链路更改为与新的虚拟路由器 P′的链路。虽然 P 仍然保持到其他路由器的连接，但是周围的路由器均已经连接新的虚拟路由器 P′。正是这个操作，使得广播网络继续保持连通。与此同时，节点 B 作为新的 DR，通告虚拟路由器 P′的链路状态，在链路状态中将与节点 A 的连接关系去除，保证了新的虚拟路由器链路状态的正确性。整个过程中虽然原先虚拟路由器 P 的信息仍然存在，但是没有路由器使用，对整个网络最短路径计算不产生任何影响。

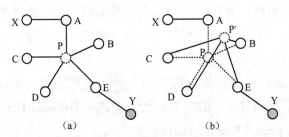

图 2.7　虚拟路由器的倒换

（3）邻居与"亲戚"关系

回顾 OSPF 状态迁移过程，两个路由器之间彼此发现后便进入 2-way 状态，是否由 2-way 状态迁移到 Full 状态由多点接入网络中路由器之间的互联角色确定。所有非 DR 路由器都需要与 DR 交互链路状态信息，它们之间需要建立会话。相反，所有 DR Others 之间虽然彼此发现，但是因为不需要交互链路状态信息，它们之间的状态会一直处于 2-way 状态。2-way 状态并不是一成不变的，在 DR 失效、BDR 转为 DR 后，BDR 的位子空了出来，借助于 2-way

维护的邻居信息，可以快速推选出 BDR，并按照规则将 2-way 关系进一步发展到 Full 会话关系。同样是两个邻居，有时需要将会话维持在 2-way 状态，有时需要进入 Full 状态。前者就像是邻居见面打打招呼（Hello），后者则像是"亲戚"，经常互赠礼物礼尚往来（交互 LSA），因此，把前者定义为邻居（Neighbor）关系，后者形象地称为"亲戚"（Adjacency）关系（或邻接关系）。

（4）DR 和 BDR 选举规则

DR/BDR 选举过程可以分为两种场景：一是多点接入网络中已经完成 DR/BDR 选举，此时选举过程仅涉及新加入的路由器。二是多点接入网络初建，网络中没有 DR/BDR，此时选举过程涉及该网络的所有路由器。将上述两个场景合并，从单台路由器启动之后，其 DR/BDR 的选举过程如下。

1）OSPF 路由器连接的多点接入网络接口激活后，发送 Hello 消息，其中 DR 和 BDR 字段为空，表示 DR 和 BDR 未知，并依据设定的 Dead 定时器，启动等待定时器。

2）如果收到的 Hello 消息中都携带了 DR/BDR 字段，则停止等待定时器，并认可该 DR/BDR。

3）如果定时器到时，仍未发现 DR，则发起 DR 选举过程。

DR 选举时先选 BDR，再选 DR。竞选规则为：优选接口优先级最高的，如果优先级相同，则 RID 较大者被优选。

1）与接入同一个链路的所有邻居路由器彼此验证协商参数后，从交互的消息中获得有资格参与选举的路由器候选名单，所有"优先级"字段不为 0 的路由器都可以入围，这份名单为"初选名单"。

2）有些路由器在协商过程中不遵守规则，急于争当 DR，因此会把自己 IP 放置到它发送的 Hello 消息的 DR 字段中。针对这种过于自私的路由器，应当将其从"初选名单"中除名，形成"候选名单"。

3）多数守规的 DR 竞选者会按照规程，在其发送的 Hello 消息中将自己 IP 放置在 BDR 字段，以表示参与竞选。这些 IP 和"候选名单"IP 取交集，得到最终的"入围名单"，并按规则选出 BDR。

4）如果自始至终没有路由器争当 BDR，那么"初选名单"中接口优先级最高者被定为 BDR，如果优先级相同，则 RID 较大者被选为 BDR。

5）在 BDR 被选定后，进入 DR 选举过程。此时如果有主动竞选 DR 的路由器存在，且在"初选名单"中，则按照竞选规则选出 DR。

6）如果没有主动竞选 DR 的路由器，则将 BDR 提升为 DR，并重新发起 BDR 选举过程。

可以看到第 6）步很好地兼容了多点接入网络中 DR 失效之后的操作过程。DR 竞选主要出现在广播网络初建之时，广播网络一旦稳定后就不会再发起 DR 竞选过程。当广播网络中 DR 失效后，没有路由器进行 DR 竞选，此时就简单把 BDR 提升为 DR，然后重新推选 BDR 即可。将 BDR 提升为 DR 的过程远远快于重选 DR，加速了多点接入网络的快速收敛。

（5）要点探讨

DR 选举是一个复杂的过程，与多点接入网络中路由器的数量、路由器接口优先级、协议启动后等待时间、加入多点接入网络的时机等因素密切相关。例如，仅让路由器 A 按照规程选定路由器 B 为 DR，并通过 Hello 消息通告出去，并不意味着自身的 DR 选择过程结束。路由器 A 还必须收到路由器 B 的 Hello 消息，路由器 B 在该消息中也确认自己为 DR 时，路由器 A 的 DR 选择过程才算结束。否则，如果路由器 A 认定路由器 B 为 DR 并结束 DR 选举过程，而路由器 B 却认定路由器 C 为 DR，则会导致该多点接入网络 DR 不唯一。

下面通过一个例子来说明路由器加入次序对 DR 选举时间的影响。路由器 A、B、C 在同一个多点接入网络中，如图 2.8 所示。路由器 A、B 和 C 分别在时刻 0s、10s 和 45s 启动 OSPF，并开始等待计时器（假定为 40s）。

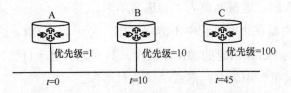

图 2.8　多台路由器依次加入多点接入网络

多点接入网络中 DR 确定过程如图 2.9 所示。路由器 A 先启动 OSPF，它的等待定时器超时需要 40s，在该计时器超时之前路由器 B 也启动了 OSPF，因此它会收到路由器 B 发送的 Hello 消息并且知道路由器 B 的接口优先级比自己高；在绝对时间 40s 时，路由器 A 的等待定时器超时，它发送的 Hello 消息中 DR 设定为路由器 B，但此刻该网络的 DR 还不算最终确立；路由器 B 的等待定时器还没超时，路由器 B 仅选定自己为 DR，因为该选定结果并未通告，所以路由器 B 的 Hello 消息中并未明确将自己设定为 DR。

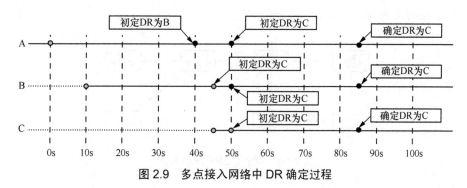

图 2.9　多点接入网络中 DR 确定过程

在绝对时间45s时，路由器 C 启动并发送 Hello 消息，此时路由器 B 收到该消息，检测其优先级后，确定路由器 C 为 DR；在路由器 B 等待定时器超时，即绝对时间 50s 时初定 DR 为路由器 C，并通过 Hello 消息通告出去。与此同时，路由器 A 也收到路由器 C 的 Hello 消息，通过比较优先级，确定 DR 为路由器 C，并通过 Hello 消息通告出去。

在绝对时间 50s 时，路由器 C 第一次收到路由器 A 和 B 的 Hello 消息，比较优先级后，选定自己为该网络的 DR，直到其等待定时器超时，即绝对时间 85s 时，才通过 Hello 消息将 DR 的选定结果通告出去。当路由器 A 和路由器 B 收到路由器 C 通告的 Hello 消息，并且消息中明确表明路由器 C 认可自己为 DR 时，路由器 A、B 和 C 所在的多点接入网络的 DR 才算最终确定。整个 DR 的选举过程持续了 85s。

2.2.8　链路状态数据库的同步机制

如图 2.10 所示的网络拓扑，路由器 B 和 E 之间本来没有链路，路由器 B 的链路状态数据库中仅拥有路由器 A、B、C、D 之间的链路状态信息，路由器 E 的链路状态数据库中只拥有路由器 E、F、G 的链路状态信息。通过一条链路将路由器 B 和路由器 E 连接起来，并配置好 OSPF 参数后，彼此之间便通过邻居发现机制发现彼此，然后交互彼此的拓扑信息，实现链路状态数据库的同步，使得从路由器 A 到路由器 G 的所有路由器上生成相同的拓扑。路由器 B 和路由器 E "亲戚"关系建立的过程，是彼此之间链路状态数据库同步的过程，也是全网路由器的链路状态数据库同步的过程。

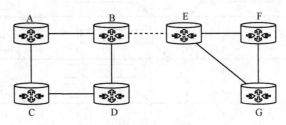

图 2.10　两个 OSPF 网络合并

"亲戚"关系建立之初，彼此之间先将链路状态数据库的概要描述信息展示给对方，双方与本地的链路状态数据库进行比对，发现自己没有的链路状态信息后，向对方针对性地发起请求；对方在收到请求后检索其链路状态数据库，生成完整的链路状态信息并通告给请求方；请求方在收到对端的链路状态信息通告后，更新本地链路状态数据库，并给对方发送确认消息，表明信息已经完整收到。整个过程可以归纳为 LSA 信息的摘要展示、针对性请求、完整呈现和准确确认。下面分别进行描述。

（1）LSA 信息的摘要展示

当两个 OSPF 路由器确定需要建立会话后，彼此之间会发送数据库描述（DD）消息，用于完成彼此之间数据库的同步。DD 消息描述的是本地路由器的链路状态数据库（LSDB）概要信息，而不是整个 LSDB，这样减少彼此之间交换的消息内容，降低协议的消息处理负载。因此，DD 消息内容主要包括 DD 消息序列号和 LSDB 中每一条 LSA 的头部信息等。DD 消息格式如图 2.11 所示，DD 消息字段描述见表 2.3。

OSPF 对端路由器根据所收到的 DD 消息中的 LSA 头部信息，判断本地究竟缺少哪些 LSA 信息，并最终汇总整理到链路状态请求消息中，向对方针对性地索要对应的 LSA 信息。

图 2.11　DD 消息格式

表 2.3　DD 消息字段描述

字段名	长度	功能描述
接口 MTU	2byte	指发送 DD 报文的接口在不分段的情况下，可以发出的最大 IP 报文长度
选项	1byte	参见表 2.2 Hello 消息中"选项"域解释
I	1bit	指定在连续发送多个 DD 报文时，如果是第一个 DD 报文则置 1，其他的均置 0
M	1bit	指定在连续发送多个 DD 报文时，如果是最后一个 DD 报文则置 0，否则均置 1
M/S	1bit	设置进行 DD 报文双方的主从关系，如果本端是 Master 角色，则置 1，否则置 0
DD 序列号	4byte	指定所发送的 DD 报文序列号。主从双方利用序列号确保 DD 报文传输的可靠性和完整性
LSA 头部	4byte	指定 DD 报文中所包括的 LSA 头部信息，具体定义参见第 4.2 节。后面的省略号（…）表示可以指定多个 LSA 头部信息

　　LSDB 的内容可能相当长，此时需要多个 DD 消息描述整个数据库。因此设置了两个专门用于标识 DD 消息序列的比特位，即 DD 报文格式中的 I、M 比特位。双方交互的第一个 DD 消息 I 位设置为 1，最后一个 DD 消息 M 位设置为 0，中间的 DD 消息 I 位设置为 0、M 位设置为 1。

　　为了确保 DD 消息的可靠传输，设计了 Master/Slaver（M/S）比特位和序列号机制。

　　DD 消息交互过程如图 2.12 所示，两个路由器 RTA 和 RTB 通过 DD 消息协商 M/S 角色，一开始双方 M/S 位均置 1，按照 RID 较大者为 Master 的原则，双方交换一次 DD 消息后就可以把 M/S 角色确定，图 2.12 中，RTB 在收到 RTA 的 DD2 消息后就可以确定 RTA 为 Master，所以它再发送 DD3 消息时 M/S 被设置为 0。角色协商过程中 DD 消息不携带 LSA 头部域。

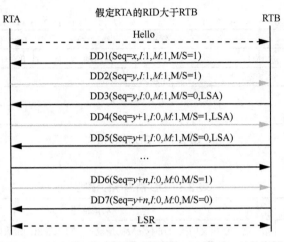

图 2.12　DD 消息交互过程

在 M/S 角色确定后，OSPF 会话由 Exstart 状态迁移到 Exchange 状态。

借助于序列号机制，双方完成各自 LSA 摘要信息的交换。一旦 M/S 角色确定，那么后续 DD 消息交互时的序列号也对应确定，后续的 DD 消息交互过程受 Master 的控制。Slaver 路由器只能使用 Master 通告的序列号进行 DD 消息发送。例如，RTB 确定 RTA 为 Master 后，发送携带 LSA 的 DD3 消息时，序列号使用 RTA DD2 消息中的序列号 y，而不是之前的序列号 x。Master 路由器每发送一个 DD 消息，序列号加 1，Slaver 路由器则使用 Master 路由器的序列号进行确认应答。借助于序列号机制，双方完成各自 LSA 摘要信息的可靠交换。

在实际的 DD 消息交互过程中，有可能一方会早于另一方将 LSA 摘要信息发送完毕。携带最后一个 LSA 头部域的 DD 消息中 M 比特位需要设置为 0，表示 LSA 头部域信息已经交换完毕。此时，本地仍然需要发送 DD 消息用以对邻居 DD 消息进行确认（此时的 DD 消息不携带 LSA 头部域信息），直到本地收到对方携带 M 位置为 0 的消息为止。

链路状态数据库可能比较大，为了提高发送效率，OSPF 可能会形成巨型 OSPF 消息，这个消息可能会超过对端接口所能接纳的最大数据传输长度，进而导致消息无法送达。因此，OSPF 在"亲戚"关系建立时第一个 DD 消息中设置了接口 MTU 字段，通过该字段互通各自接口 MTU 信息，如果两端接口 MTU 不一样就会终止"亲戚"会话的建立过程。

在 DD 消息交换完毕后，OSPF 会话由 Exchange 状态迁移到 Loading 状态。

需要说明的是 Master/Slaver 之间的关系是与 OSPF 会话关联的，在一个 OSPF 会话中作为 Master 的路由器，在另一个 OSPF 会话中可能作为 Slaver 角色。

（2）LSA 信息的针对性请求

交互 DD 消息后，本地汇总整理邻居的 LSA 信息，通过与本地 LSDB 对比，得知哪些 LSA 是本地 LSDB 所没有的，哪些 LSA 是已经失效的。然后，发送 Link State Request（LSR）报文，向对方请求所需的 LSA。LSR 消息格式如图 2.13 所示，LSR 报文内容部分字段说明见表 2.4。

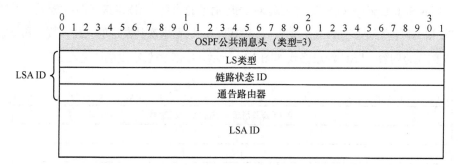

图 2.13　LSR 消息格式

表 2.4　LSR 消息部分字段描述

字段名	长度/字节	功能描述
LS 类型	4	指定所请求的 LSA 类型
链路状态 ID	4	链路状态的标识，依据 LS 类型的不同而不同
通告路由器	4	产生此 LSA 的路由器 ID

如果 LSA 具备唯一的 ID，那么 LSR 消息通过携带这个 ID 就可以让邻居知道本地请求的 LSA 具体信息。每个 LSA 都有一个 Link State ID，但是这个 ID 与 LSA 类型有关，而且不同路由器上可能存在相同的 LS 类型和 Link State ID 的 LSA。因此，LSA 需要通过通告路由器、LS 类型和 Link State ID 三者共同确定。通告路由器、LS 类型和 Link State ID 可以理解为 LSA ID，本节沿用此概念阐述 LSA 的唯一性。

对比 LSR 和 DD 中携带的 LSA 相关信息，DD 中的 LSA 除了携带 LSA ID

外, 还携带 LSA ID 的描述信息, 包括老化时间、序列号等。通过这些信息可以
获知邻居持有的 LSA 状态, 与本地存储的 LSA 状态 (如果本地有的话) 比较,
发现本地是否需要该 LSA。一旦确定了本地需要该 LSA, 就可以通过 LSR 消息
请求该 LSA 的准确状态, 此时只需携带 LSA ID 信息, 而不需要携带其他描述信
息。这样做还有一个原因, 就是对方展示的 LSA 状态信息可能会在本地进行比
对时发生变化, 只携带 LSA ID 是为了让对方发送最新的完整链路状态信息, 而
不是发送其之前展示的陈旧信息。

（3）LSA 信息的完整呈现

Link State Update（LSU）消息是对 LSR 消息的回复, 用来向对端路由器发送其所
需的 LSA, 内容是多条 LSA 完整内容的集合, 包括本次共发送的 LSA 数量和每条
LSA 的完整内容。LSU 消息格式如图 2.14 所示, LSU 消息字段描述见表 2.5。

0	1	2	3
0 1 2 3 4 5 6 7 8 9 0 1 2 3 4 5 6 7 8 9 0 1 2 3 4 5 6 7 8 9 0 1			

OSPF公共消息头部信息（类型=4）
LSA数量
LSA
LSA
...

图 2.14　LSU 消息格式

表 2.5　LSU 消息字段描述

字段名	长度/byte	功能
LSA 数量	4	消息携带的 LSA 数量
LSA	4	LSA 的完整信息

除了对 LSR 请求消息进行响应时发送 LSU, 在本地链路状态发生变化时,
也会主动发送 LSU 消息。此时, 通过增加 LSA 的序列号来表示更新。

LSU 在 NBMA 链路上以多播形式洪泛, 且对没有收到确认的 LSU 进行重
传。但在重传时, LSU 的目的节点地址直接设置为邻居 IP 地址, 而不再洪泛。

（4）LSA 信息的准确确认

路由器收到对端 LSU 报文后, 通过发送 Link State Acknowledge（LSAck）
消息进行确认, 其内容是 LSU 消息中携带的 LSA 头部信息。LSAck 消息格式如

图 2.15 所示。LSAck 报文根据不同链路以单播或多播形式发送。

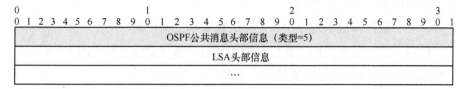

图 2.15　LSAck 消息格式

　　上述描述的 4 个消息，都是围绕 LSA 展开的，但是要注意其关键性的区别。DD 展示的是 LSA 摘要信息，准确描述某条 LSA 在某时刻的信息，但又不需要完整呈现其内容，其携带的是 LSA 头部信息。LSR 仅需要指明所需要的是哪条 LSA，而不需要指明这条 LSA 的状态，其携带的是 LSA ID。LSU 则将 LSA 信息完整地呈现，携带的是 LSA 头部信息和内容。LSAck 在确认时必须明确指定是对哪条 LSA 的哪个状态进行确认的，不需要携带具体内容，通过 LSA 头部信息的校验和和长度域就可以保证内容的一致性，携带的是 LSA 头部。

2.2.9　OSPF 消息可靠传输机制

　　OSPF 直接采用 IP 封装，使用不可靠的 IP 层进行信息传输。任何一个 LSA 消息的丢失都将导致 OSPF 域内的路由器无法拥有相同的链路状态信息，进而产生不同的视图。因此，OSPF 需要拥有一套可靠的消息传输机制。OSPF 的 5 种消息，在每个阶段都有一定的可靠传输机制。

　　Hello 消息通过周期性发送，确保消息的可靠送达，只是可能会有时延。例如，一个 Hello 包丢失可能会导致邻居之间探测发现时间延长；而且 Hello 消息中的"活跃邻居列表"字段，记录了邻居情况，在一定程度上具备 Hello 消息的确认功能。在 DD 消息交互过程中，彼此之间通过序列号进行相互确认，Master 在收到的 DD 消息中发现与之前发出的序列号相同的消息后，再进行序列号的增加。LSR、LSU 和 LSAck 3 次交互如同 TCP 的 3 次握手，确保 LSA 消息的可靠传输。这些可靠传输机制保证了会话建立过程中消息的可靠传输。在 OSPF 会话建立完成后，需要借助会话感知和发现网络事件，并及时将网络事件转化为链路状态更新在全网可靠洪泛，确保每一个路由器都拥有相同的链路状态数据库。

下面重点描述触发路由器产生链路状态更新的因素，以及链路状态更新消息在网络中的可靠洪泛机制。

以下 6 种条件都会触发路由器产生链路状态更新消息。

- 接口故障、链路故障、软件故障等导致的邻居会话超时关闭。
- 某条 LSA 寿命达到刷新时间。
- 在广播网络动荡其间被选举为 DR。
- 收到来自邻居的未知信息或者比目前持有的更新的 LSA 信息。
- 从邻居收到 LSR 请求消息。
- 配置信息改变：包括路由器 RID 改变、接口 IP 地址改变、接口网络改变、接口接入的区域改变、接口带宽/代价改变。

上述 6 条规则中，第 4 条为从邻居收到 LSA 并进一步扩散 LSA，其他 5 条都指本地源发并扩散 LSA。如果将 LSA 比喻为待运输的货物，那么 LSU 就是运输这些货物的运载工具。源发 LSA 意味着本地生产货物，并将货物放到运载工具上从所有接口发送。非源发 LSA 的传播过程则较为复杂。当装载货物（LSA）的卡车从某个接口到达后，本地需要将这些货物卸载，重新装载到自己的运载工具再向外发送，邻居和邻居之间的"道路"不一样，也就导致了运输工具的不一样。

邻居路由器之间的"道路"实际是链路类型。OSPF 协议的多个层面机制都与链路类型有关，例如多点接入网络中的 DR 选举机制。链路类型还决定了 OSPF 消息的传送方式。传送方式归结起来主要包括两点：一是采用多播传送还是单播传送；二是传送的目的节点地址是多播地址时，采用 224.0.0.5 还是 224.0.0.6。

OSPF 的链路类型包括点到点、点到多点、广播链路、NBMA 以及虚链路。下面分别描述在不同链路的传播方式。

- 在点到点、点到多点以及虚链路上，采用单播方式发送 LSU 消息，目的 IP 地址就是邻居接口 IP 地址。
- 广播链路中多个设备共同接入同一个媒介，属于一发多收情况，LSU 自然通过多播消息传送，这样效率最高。如果路由器在多点接入网络中的角色是 DR Other/BDR，由于其仅仅与 DR 建立会话，LSU 只需要发送给它们即可，目的多播地址为 224.0.0.6，这个地址称为 All DRouters。如果路由器的接口角色是 DR，它与该多点接入网络所有路由器都建立会话，LSU 要发送给所有这些路由器，目的多播地址为 224.0.0.5，这个地址称为 All SPF Routers。

- NBMA 链路中多个设备共同接入同一个媒介，却无法实现一发多收，必须采用虚电路机制，在所有节点之间建立虚电路模拟全互联网络。这种情况下没有广播的概念，但是，由于是多节点网络，仍然需要 DR/BDR 选举。由于二层链路不支持广播，因此，所有通信都采用单播方式。

仍以运输工具运输货物（LSA）为例，路由器从某个接口将 LSA 装载到运输工具并发送，同时本地会为每一个邻居维护一个待确认货物（LSA）列表。如果在给定重传定时器超时之前，没有从该邻居收到 LSAck，那么本地还会将该货物（LSA）装载到下一趟运输工具中传送。每从邻居收到一条货物（LSA）送达消息，就会将该 LSA 从重传列表中删除，直到所有 LSA 都获得邻居的确认。在极端情况（例如邻居不告知货物送达）下，那么一直重传也于事无补，这种情况必须产生致命错误进行告警，很可能全网的链路状态信息出现了不一致。

考虑广播网络，路由器从广播接口采用多播方式发出 LSA（准确说是 LSU 承载的多条 LSA）时，会针对广播网的每一个邻居维护一个重传列表。如果多数邻居进行了确认，只有少数几个路由器没有确认，此时采用多播重传的效率显然很低。这种条件下，路由器便采用单播消息，对每一个没有确认的路由器重新发送 LSA，直到该邻居确认相应 LSA。

下面具体解释 LSA 确认机制。

LSA 的确认机制分为两种：一种为直接确认；另一种为捎带确认。路由器从一个接口上收到 LSU 后，便通过 LSAck 承载 LSA 进行回应确认。如果路由器从两个不同接口收到一样的 LSA 信息，在两个接口之间交叉扩散的 LSA 时，这条 LSA 就具备 LSA 的捎带确认功能。当路由器从一个接口收到与重传列表中 LSA 相同的 LSA 信息时，便认为对方已经拥有了该 LSA 信息，于是将该 LSA 从重传列表中删除，不需要等待专门的确认消息了。这种捎带确认方法提高了交互效率。

LSA 确认消息的发送时间可以分为延迟确认和立即确认。延迟确认有一定的好处，可以让一条 LSAck 消息携带多个 LSA 头部信息，从而一次确认多个 LSA。在广播链路上，可以将来自多个邻居的 LSA 头部信息封装在一个消息中，通过一条多播消息对多个邻居同时确认。这种确认机制减少了网络带宽占用，提高了确认效率。

延迟确认虽然带来诸多好处，但是需要综合考量时延与邻居的 LSA 重传定时器之间的关联，在重传超时之前予以确认是最好的选择。

立即确认虽然不如延迟确认更高效，但在一些特殊情况下是必须执行的。一种情况是收到了邻居重复的 LSA，这意味着邻居的重传定时器已经超时了，因此，必须立刻确认。另一种情况是收到了 LSA 的删除消息（即携带最大寿命字段），此时必须立刻确认。

2.3 报文认证机制

OSPF 采用明文方式进行信息交互，使得协议存在潜在欺骗风险。为此引入协议认证机制，使得持有相同的会话密钥的邻居双方才允许建立会话并交互 LSA 信息。

OSPF 支持 3 种报文认证方式，分别是空认证（Null Authentication）、明文认证（Simple Authentication）及密文认证（Cryptographic Authentication）。这种认证机制使得 OSPF 协议报文的交互、邻接关系的建立以及路由扩散等过程更加安全。

OSPF 认证载荷放置于 OSPF 报文公共头部域，所有 OSPF 消息类型都拥有一个相同格式的 OSPF 分组头部信息。将该头部信息格式重新阐述如图 2.16 所示，认证类型和认证数据字段用于承载报文验证的验证信息，其中认证类型 8bit，认证数据 64bit。

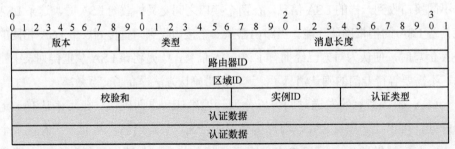

图 2.16 OSPF 公共头部认证字段格式

认证类型包括如下 4 种：0（不验证）、1（简单认证）、2（密文认证）、3（拓展密文认证）。认证数据字段，要依据认证类型而定。当认证类型为 0 时，称为 Null 验证，此时认证数据字段值为 0x00000000；类型为 1 时认证数据字段为密码信息；类型为 2 或 3 时，认证数据字段包括 Key ID、认证数据长度和序列号等信息。缺省情况下，OSPF 不启动报文认证功能。针对人工密钥管理方式存在的安全问题，RFC7474 拓展定义了认证类型 3。认证类型 3 仍然是加密认证，机制与认证类型 2 基本相同，只是将序列号等字段长度拓展，考虑了重启后序列号归零引入的安全隐患，并将 OSPF 包的源 IP 地址放入认证范围，抵御重放攻击。

认证机制虽然是对报文的认证，但与邻居会话密切相关。而 OSPF 会话则要依托具体接口实现，因此，认证机制最终是与接口关联的。OSPF 的认证类型可以分为两种：一种为接口认证，另一种为区域认证。接口认证是指启动 OSPF 协议的接口启动认证功能，只有通过认证的邻居才能在该接口建立邻居会话并交互 LSA 信息。区域认证是指属于某个区域的邻居会话都要进行认证。区域认证要依托接口认证机制实现，当在某个区域使能认证后，所有属于该区域的接口的会话都采用对应的认证机制。虚链路是基于虚拟接口建立的 OSPF 会话，该会话也可以进行认证，其认证机制与接口认证完全一致。

接口认证和区域认证决定了认证的范围和认证方式，而认证所需要的密钥信息都与接口关联，即使都采用区域认证方式，也允许该区域中的不同接口采用不同的密钥，只要接口上会话双方密钥一致即可。

下面重点阐述明文认证机制和密文验证机制。

2.3.1　明文认证机制

当使能明文认证机制后，认证类型为 1，64bit 认证数据字段用于存储明文密码信息。认证数据字段 64bit 只能容纳 8 个字符的密码。用于认证的明文密码的 ASCII 编码作为认证数据字段的真实内容。

认证密码是以明文的形式在 OSPF 包头中承载的，明文的认证方式其实是不够安全的，只要有条件捕获到会话数据包，密码就能轻而易举被截取到。例如，如果在接口配置认证密码为 a1b2c3d4e5f6，可以从捕获到的 OSPF 报文中清楚地看到，a1b2c3d4 这个密码的 ASCII 码被存储在认证数据字段中，而且可以发现，虽然配置的密码为 12 个字符，但是明文认证消息中只携带前 8 个字符使用。

接收方在接收到采用明文认证的报文后，首先重新计算 OSPF 头部信息校验和，如果校验和不对则丢弃该报文。如果校验和正确，再提取 64bit 的认证数据，并与本地保存的密码进行对比，核验一致认证通过，进入正常的 OSPF 报文处理流程。

明文验证机制存在明显的漏洞，即无法解决窃听攻击。具备窃听条件的攻击者可以获取明文密码信息，进而利用明文密码实施协议攻击。为此，提出了密文验证机制。

2.3.2　密文验证机制

密文验证机制使得密码信息不在报文中传送，发送方使用哈希算法，将密码与报文一起哈希后得到摘要信息，将摘要信息放在报文中传送；接收者收到报文后，采用相同的算法计算摘要信息，并与收到的报文中携带的摘要信息进行对比，从而完成认证。这种方式使得攻击者即使能够窃听到摘要信息，也无法在短时间内恢复密码信息。

（1）加密序列号

简单的加密认证方式存在重放攻击问题。攻击者不需要恢复密钥，而仅仅将摘要信息提取使用就可以发起协议重放攻击。因此，需要在哈希算法机制上再引入一定的动态性，类似一包一密。消息发送者通过非递减方式产生一个加密序列号，将加密序列号与密码、报文一起进行哈希计算，得到摘要信息。接收者从报文中提取加密序列号，采用相同的哈希算法计算，对序列号、本地存储的对应密码以及报文一起进行哈希，将得到的摘要与报文中携带的摘要对比核验。采用这种方式，使得 OSPF 对内容相同的报文进行重传时，也会因为加密序列号的不同，进而产生不同的摘要信息。恶意攻击者单纯捕获摘要并重

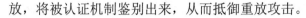

放，将被认证机制鉴别出来，从而抵御重放攻击。

（2）密钥 ID

加密认证方式解决了用户认证密钥的安全问题，使得用户密钥仅本地存储，不需要经过网络传送。但是从密钥安全的角度出发，即使本地存储也要不定期更换密钥。OSPF 的会话密钥是人工配置而非会话协商，且密钥与会话密切相关，需要一定的机制保证会话不中断的条件下实现密钥的更迭。

管理员在本地接口上配置会话密钥时会指定密钥 ID，可以在一个接口上配置多个会话密钥，每一个密钥对应一个密钥 ID。针对每一个密钥，存在 4 个时间点与之关联。

- Key Start Accept：使用该密钥对收到的报文进行认证的起始时间。
- Key Stop Accept：使用该密钥对收到的报文进行认证的终止时间。
- Key Start Generate：使用该密钥对发送的报文进行摘要处理的起始时间。
- Key Stop Generate：使用该密钥对发送的报文进行摘要处理的终止时间。

上面给出的 4 个时间点，其中[Key Start Generate, Key Stop Generate]定义了在该时间段内发送 OSPF 报文时，可以使用此密钥对报文进行摘要计算；[Key Start Accept, Key Stop Accept]定义了在该时间段内接收 OSPF 报文时，可以使用此密钥对报文进行认证。对于同一个密钥而言，其用于接收的有效时段可以与发送的有效时段不同，可为密钥指定时间，使得密钥不再永久有效，而是仅仅在某个时间段内处于活跃状态，在一定程度上提升系统的安全性。

如果路由器的一个接口配置了 N 个密钥，这 N 个密钥可能同时都处于活跃状态。接口上发出 OSPF 报文时，需要使用该接口每一个活跃的发送密钥进行摘要处理；接口收到 OSPF 报文时，需要使用该接口上所有活跃的接收密钥对每一个 OSPF 报文进行认证处理。对于接收者而言，每收到一个 OSPF 报文，都需要当前接口所有活跃的接收密钥对该报文依次认证，只要任何一个认证通过，则接受该报文，进而维持住邻居会话。这种方法效率非常低，而且在同时存在多个活跃密钥的情况下，恶意攻击者可以利用该机制，发送大量无效的报文，使得 OSPF 报文接收方消耗所有 CPU 资源进行报文验证，进而引起拒绝服务攻击。为此，在 OSPF 报文中增加一个字段，专门用于携带密钥 ID，即 Key ID 字段。发送者使用哪个密钥对报文进行摘要处理，就将对应 Key ID 填写到

OSPF 头部认证域内。此时，对于接收者而言，就无须遍历本接口的所有活跃密钥对报文认证，而是直接提取收到的 OSPF 报文中的 Key ID，检索该 Key ID 对应的密钥是否活跃，如果活跃就用该密钥对报文进行认证。从上述机制可知，在增加了 Key ID 字段后，管理员在为会话双方配置相同密钥时，需要保证密钥 ID 的一致性，否则就会导致会话无法建立。

在允许同时存在多个活跃密钥的情况下，就可以在保持会话的条件下，实现密钥的平滑切换。假定当前会话双方使用 Key1 进行认证，过一段时间后希望将密钥更换为 Key2。管理员可以在 Key1 的活跃期内，在会话两端配置另外一个活跃的 Key2，此时会话由仅使用 Key1 进行认证摘要生成和报文认证，变为同时使用 Key1 和 Key2 进行处理。在 Key2 生效后删除 Key1（或者 Key1 在 Key Stop Generate/Key Stop Accept 后自动失效），之后会话双方继续使用 Key2 进行交互，从而既实现了密钥切换，又保证了会话的持续。

（3）密文认证格式

通过上文分析，可以得出在密文验证机制下，认证数据需要携带加密序列号、Key ID 以及报文摘要等信息。密文认证字段格式如图 2.17 所示，其中，认证类型为 2，Key ID 占用 8byte，这就意味着每个接口可以配置 256 个密钥。OSPF 报文并未将认证数据作为其消息内容进行定义。实际上 OSPF 将摘要值放在整个 OSPF 消息的最后，在 OSPF 报文头部中"消息长度"也没有将认证数据计算在内，但是认证数据长度会被 IP 的长度域计算在内。

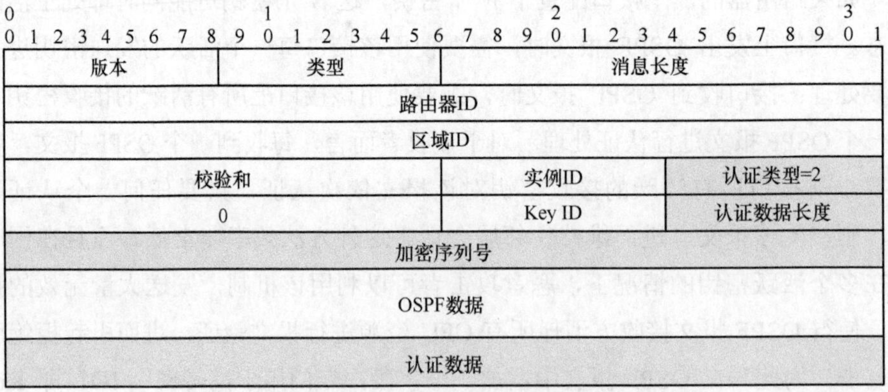

图 2.17　密文认证字段格式

RFC2328 定义了上述认证框架，并给出了基于 MD5 算法的报文认证摘要生成方法。RFC5709 在上述认证框架基础上，进一步引入了安全性更强的、基于 HMAC 的认证摘要生成算法。汇总起来，认证算法包括 Keyed-MD5、HMAC-SHA-1、HMAC-SHA-256、HMAC-SHA-384、HMAC-SHA-512。其中 Keyed-MD5 和 HMAC-SHA-256 为必须支持的算法，HMAC-SHA-1 也应该支持，其他算法可选支持。虽然列出了 5 种算法，但在认证报文字段中并没有指定认证算法的字段。那么对于接收者而言，应该选用哪种算法进行报文认证呢？答案就是认证数据长度字段。上述 5 种算法生成的认证数据长度是不一样的。MD5、SHA-1、SHA-256、SHA-384、SHA-512 的算法认证数据长度分别为 16byte、20byte、32byte、48byte、64byte。

OSPF 的密文验证机制不管采用何种认证算法，认证内容的范围都限定在 OSPF 报文。Manral 等指出上述机制存在两个问题：一是认证内容仅限定在 OSPF 报文，而不包括 IP 地址头部信息，攻击者可以通过捕获并修改 OSPF 报文的源 IP 地址实施攻击，中断已有会话。二是当前机制假定加密序列号不会到达最大值，如果到达可以通过重建会话方式实现序列号回滚。这种机制会被攻击者利用实现重放攻击。因此，Bhatia 等提出了一种拓展加密认证方式（认证类型为 3），将序列号由原来 4byte 拓展为 8byte，并将认证数据拓展为包含源 IP 地址的 OSPF 报文。

RFC5709 是在 RFC2328 定义的认证框架下，对认证算法做了增加和丰富；而 Bhatia 提出的拓展加密认证方式则是对 RFC2328 认证框架的修改，改动较大。

综合上述机制，路由器接口收到一个携带认证数据的报文后，首先查找该接口是否配置了报文中指定的 Key ID 的活跃密钥，进一步检查该报文的认证序列号是否不小于前一个报文的序列号，最后依据认证数据长度，确定认证算法，按照算法规程计算该报文摘要，并与报文中携带的认证数据进行比对。任何一步检查不通过，就认定为认证失败，进而丢弃该报文。

2.4　TTL 安全机制

按照协议规定，OSPF 路由器发出的 OSPF 报文的 TTL 值设定为 1，确保

OSPF 报文不会被错误转发，避免产生不可预料的结果。但是，攻击者可能会利用这一特点发起拒绝服务攻击。

考虑如图 2.18 所示的网络场景，攻击者产生 TTL 为 2 且目的 IP 地址为 R1 接口的 OSPF 邻居报文，该报文经过 R2 转发后到达 R1 路由器的 OSPF 进程；R1 的 OSPF 进程在进行必要的 TTL 检查后，进入报文解析过程，通过对该报文处理及判决后识别错误，最终丢弃报文。由于缺少必要的异常检测机制，OSPF 进程需要耗费一定处理资源解析并识别这种异常的报文，如果攻击者发送大量的伪造报文，将会引起 OSPF 进程占用大量 CPU 资源，产生拒绝服务。

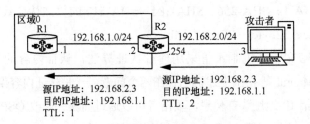

图 2.18　针对 OSPF 的 TTL 攻击场景

RFC 5082 给出了通用 TTL 安全机制（Generalized TTL Security Mechanism, GTSM）。GTSM 基于这样的事实：绝大多数的邻居会话协议是建立在直连接口上的。可以通过设定期望的 TTL 值识别来自远端的攻击数据。由于是直连邻居会话，邻居发出的 IP 报文没有经过路由器的转发，所以 TTL 值不会发生变化。因此，邻居之间可以设定期望的 TTL 为 255，抵御远端的攻击。仍考虑图 2.18 所示的场景，如果 R1 启动 TTL 安全机制，只有 TTL 为 255 的报文才进行后续处理。此时，无论攻击者如何构造 IP 攻击报文，报文都会经过路由器 R2 转发，当报文到达 R1 时，TTL 已经变为 254，那么 R1 可以快速识别出该恶意报文，并丢弃，从而节省了后续报文解析及处理过程，节省大量 CPU 资源。

实际网络较为复杂，OSPF 邻居可能会在非直连邻居之间建立，例如通过虚链路、跨越 IP/MPLS 隧道等。这个时候可以为 OSPF 设定一个 TTL 范围，只有在该范围的报文才予以接收。这种基于 TTL 的方法可以在报文解析的早期就能快速识别出远程攻击，从而节省了后续处理过程，一定程度上缓解了拒绝服务产生的可能性。

通常启动 OSPF TTL 安全机制的协议进程，默认发出的 OSPF 报文 TTL 会设定为 255，且只会接收 TTL 为 255 的报文。如果邻居非直连而是在路由 N 个跳之外，那么就需要依据具体情况对 OSPF 进程进行配置，这个时候 OSPF 只会接收在 N 跳以内的节点发送的报文，也就是说只会接收 TTL 值在 $255{-}N$ 到 255 之间的报文。

2.5　小结

本章阐述了 OSPF 协议基本原理和会话机制，详细介绍了 OSPF 状态机的 3 个阶段、8 个状态以及状态迁移过程。OSPF 通过 Hello 消息的交互，自动发现邻居、建立邻居关系，并根据网络接口类型确定是否进一步建立邻接关系。建立邻接关系的首要步骤就是彼此之间进行 LSDB 的同步，相互学习拓扑和路由信息，从而建立相同的网络视图。OSPF 共有 5 种消息类型直接运行在 IP 之上，因此，OSPF 协议需要有自己的可靠消息传送机制。OSPF 的自动邻居发现机制容易引入安全问题，可以采用明文认证机制和密文验证机制，确保只与可信邻居建立会话。对于非直连邻居，可以基于 GTSM 提升安全性。

参 考 文 献

[1]　IETF. OSPF version 2[R]. 1998.

[2]　IETF. OSPF for IPv6[R]. 2008.

[3]　IETF. Multi-topology (MT) routing In OSPF[R]. 2007.

[4]　IETF. Issues with existing cryptographic protection methods for routing protocols[R]. 2010.

[5]　IETF. Security extension for OSPFv2 when using manual key management[R]. 2015.

[6]　IETF. The generalized TTL security mechanism (GTSM)[R]. 2007.

第 3 章
基于链路状态数据构建基础拓扑

3.1　LSA 的全网一致性维护机制

路由器在完成全网链路状态信息收集后才能进行正确的路由计算，生成无环路由。每台路由器生成的链路状态信息通过洪泛方式在全网扩散。路由器的洪泛过程实际很简单：每个路由器将其自身的链路状态信息发送给所有与之建立会话的邻居，每个邻居路由器将链路状态信息整合到本地链路状态数据库，同时，将该链路状态信息进一步向其邻居扩散，直到扩散到网络中的所有路由器。

3.1.1　利用老化机制，及时清除陈旧 LSA

链路状态路由协议的关键点就是所有路由器都拥有相同的链路状态数据库信息，这就意味着链路状态信息在洪泛过程中不能被任何一个中间路由器修改。

如图 3.1 所示，当路由器 A 因为某种原因故障，路由器 B 可以通过二层协议或者 Dead 定时器发现这一故障，修改并洪泛链路状态信息，使得其他路由器获知路由器 A 和 B 之间的链路断开。于是，其他路由器将会产生与图 3.1 中路由器 E 相同的网络视图。此时，路由器 B、C、D、E、F 均失去到达路由器 A 的路由，但是，路由器 A 的链路状态信息却永久驻留在这些路由器的链路状态数据库中。

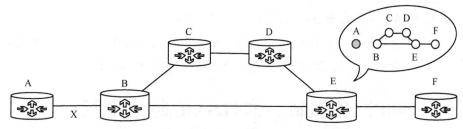

图 3.1　链路失效对链路状态数据库的影响

为了解决这个问题，需要为 LSA 绑定一个属性，在 OSPF 中这个属性就是"寿命"（age）。寿命属性描述了一条 LSA 自诞生时刻起在网络中生存的时间。在路由器生成 LSA 时，便为其赋予一个初始的寿命值 0 并保存在自己的链路状态数据库中。路由器 LSA 设定一个接口发送时延参数（默认为 1s），当 LSA 需要从该接口向邻居洪泛时，便在该 LSA 寿命值的基础上增加这个时延参数值后再发送出去。当路由器从邻居收到 LSA 后，会记录该 LSA 信息以及相应寿命字段，这个寿命字段不是一成不变的，而是随着该 LSA 在本地驻留时间而增加。

设置寿命字段的目的是保证网络中陈旧的 LSA 信息能够被移除出去，所以，OSPF 定义了 LSA 最大寿命（MaxAge）为 3600s，也就说，如果一条 LSA 在寿命增加到 3600s 后便被路由器自动从本地链路状态数据库中删除，而不需要该 LSA 的源发路由器主动删除。因为有了寿命字段，图 3.1 中路由器 A 故障时间达到 3600s 后，其他路由器都将自动清除路由器 A 的链路状态信息，完成数据库的同步。

有了最大寿命字段后，就必须引入定时刷新机制。如果源发 LSA 的路由器在最大寿命到期之前没有及时更新寿命值，那么其他路由器会将其对应的 LSA 清除掉。因此，源发 LSA 的路由器会在最大寿命值一半（1800s）时重新洪泛自己的 LSA 信息。

同时，LSA 有了最大寿命这一属性，使得链路状态信息可以实现主动删除。如果路由器希望清除自己源发的某条 LSA，可以将该 LSA 的寿命字段设置为 3600s，邻居路由器收到该消息后，便会立刻将该 LSA 从自己的链路状态数据库中删除，并继续扩散给其他的路由器，此时寿命字段保持 3600s 不变。图 3.1 中路由器 B 在发现与路由器 A 的链路失效后，便针对该链路发送一条寿命值为

3600s 的 LSA，即可将该链路状态信息从全网中删除。

需要注意的是，寿命值为 3600s 的 LSA 是对 LSA 的特殊定义，含义就是删除该 LSA。此时，"优选寿命值小的 LSA"规则是不能生效的。

3.1.2　利用序列号机制，控制 LSA 的进一步洪泛

水平分割机制禁止从本接口收到的消息再次从本接口发出，在一定程度上减少了路由器再次收到相同消息的概率。但是，在冗余链路较多的网络中，路由器从多个接口收到相同消息的可能性是非常大的。如果路由器同时收到同一条 LSA 信息的多份副本，那么随便选择哪一条都无所谓。如果 LSA 信息不一样，那么就必须给出大家需要遵循的规则，确保网络中不会洪泛重复的 LSA 信息，同时也要确保最新的 LSA 信息能够在全网洪泛。如图 3.2 所示，路由器 A 的链路状态通告会通过路由器 D 和路由器 B 到达路由器 E。路由器 E 会收到两条 LSA ID 一致而寿命字段不一致的链路状态信息。这两条信息可能是同时到达的，也有可能不是同时到达的。路由器 E 在 LSA ID 相同的条件下会选定寿命字段较小的通告消息。因为寿命越小就意味着该 LSA "诞生"得较晚，也就更加新鲜。通过寿命这一属性就可以确保重复的 LSA 不会被进一步洪泛。

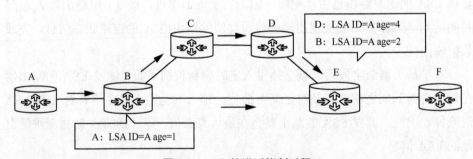

图 3.2　LSA 的洪泛抑制过程

优先选择寿命字段小的 LSA，这一规则是有前提条件的，即 LSA 的值必须一样。如果 LSA 的值不一样，就会产生问题。按照 OSPF 默认的实现方式，寿命字段在一定程度上能够反映该 LSA 洪泛过程中的传播时延。网络中存在与接

收、处理、传播等相关的处理过程，可能会出现寿命值大的 LSA，比寿命值小的 LSA 更加新鲜的情况。例如，如图 3.3 所示，如果路由器 A 因为环境的变化，在通告一条 LSA 消息（LSA 值为 X）后，又通告了该 LSA 的更新（LSA 值变为 Y），这两条 LSA 的 ID 一样，只是值不一样。这样两条消息到达路由器 E 后，单凭寿命字段认为 LSA 值为 X 的 LSA 是最新的，而实际上路由器 A 希望大家选用 LSA 值为 Y 的那条通告。

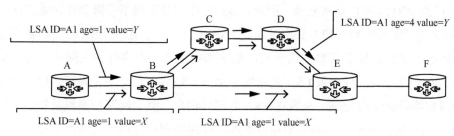

图 3.3　携带 age 字段的 LSA 洪泛过程

为了解决这一问题，需要引入 LSA 的另一个属性，即序列号。序列号由源发 LSA 的路由器进行控制，用于描述 LSA 的新旧程度。源发 LSA 的路由器通过增加序列号的值的方式来告知其他路由器 LSA 发生了变化，请优选序列号大的那条 LSA。在引入 LSA 序列号后，图 3.3 中路由器 E 就可以通过比较序列号的方式，选定寿命为 4 且序列号更大的那个 LSA。

比较序列号和寿命这两个属性，前者是由源发 LSA 的路由器产生和修改，其他路由器只能传播的一个值，它刻画的是 LSA 在源点上的变化。而后者虽然由源发 LSA 路由器产生，但是任何其他路由器在传播过程中都可以修改（注意寿命值为 3600s 的 LSA 为特例），它刻画的是 LSA 在整个网络中的生存时间。序列号和寿命是 LSA 两个不同维度的属性。通过序列号识别源发 LSA 的新旧，确保新的 LSA 能够在全网中畅通无阻；组合序列号和寿命属性，确保相同序列号不同寿命的 LSA 只会被接收路由器洪泛一次，避免重复的 LSA 传播泛滥，节省了网络带宽和路由器的处理资源，提升了协议效率。

跟寿命值一样，序列号既然是一个数值，那么必然有取值范围的问题，进而引入了序列号的使用规则。

OSPF 的序列号采用 32 位，取值范围可达 43 亿。如果路由器 1s 更新一次 LSA，那么序列号需要经过 130 年才能达到上限，到那时路由器早就报废了。然而，实际运行环境必须要考虑序列号达到上限时的情况，万一什么原因导致它真的到了这个上限，那该怎么处理呢。采用的方法有两种：一种有限循环计数方法；另一种无限循环计数方法。前者被链路状态路由协议采纳并部署在 ARPANET 中，出乎意料的是，正是这种无限循环计数方法导致了 1980 年 10 月 27 日的 ARPANET 全网瘫痪。因此，OSPF 序列号采用了有限循环计数方法。OSPF 通过联合序列号和寿命字段判定 LSA 的新旧：当源发 LSA 的路由器在序号到达上限后，如果又要发送更新，则应当先发送一个序号为上限值且寿命值为 3600s 的 LSA，将这条 LSA 从全网中删除，然后再发送序号为初始序号且寿命为初始寿命值的 LSA。从发送 LSA 的清除消息，到全网路由器重新安装新的 LSA 有一定的时延，因为先删除后添加，在路由变化过程中可能会对数据转发产生影响。

与序列号有关的另一个问题就是路由器重启后的序列号如何确定。路由器重启后并不知道之前向邻居通告的 LSA 序列号信息，故通告的 LSA 序列号只能设定为初始序号。对于其他路由器而言，由于一直保留着路由器重启之前通告的 LSA（尚未达最大寿命），其序列号必然大于或等于初始序号。此时会看到，其他路由器持有 LSA 信息陈旧但序列号较大，重启路由器源发的 LSA 较新但是序列号较小。按照优选较大序列号 LSA 的原则，重启路由器就无法及时刷新其他路由器中保存的相应 LSA 信息。这虽然是一种异常情况，但也提供了解决该问题的方法。重启路由器虽然不知道重启前的 LSA 序列号最终值，好在这个值会在其他路由器中保存，可以利用保存在其他路由器中的 LSA 序列号实现重启路由器的序列号恢复。具体机制是：当一个路由器收到了序列号为初始序号的 LSA，如果其本地数据库存储了该 LSA 信息，且序列号大于初始序号，则该路由器在丢弃该初始序号 LSA 的同时，将其持有的 LSA 信息重新发给重启路由器。通过这种反馈方法，可以让重启路由器从邻居学习到其重启之前的 LSA 序列号，于是在这个序列号的基础上增加 1 后重新发送该 LSA，进而刷新保持在其他路由器上的 LSA 状态，使得全网 LSA 状态保持一致。

3.1.3　利用校验和与确认机制，确保 LSA 的可靠传输

各种确认机制是为了保证所有路由器拥有相同的链路状态数据库，是保证全网收敛无环路的核心要求。但是，LSA 消息在传播过程中可能会因为各种原因损坏，例如，链路传输可靠性问题导致 LSA 被篡改，本地操作失误导致存储时发生改变等。所以，必须要依靠一种机制来检测传输和存储过程中 LSA 的变化。这个机制就是 IP 系统中经常使用的校验和机制。对于 LSA 而言，校验和的计算应该覆盖除了寿命字段以外的整个 LSA 域。之所以不把寿命字段考虑在内，是因为 LSA 在传送过程中，每经过一个路由器都会被修改，即使存储在本地，也会随时间推移而发生变化。如果把寿命字段考虑在内，会导致每个路由器记录的 LSA 消息的校验和都不一样，在具体部署实施时难以进行错误排查。

3.2　LSA 格式初探

LSA 包含通告路由器 ID、链路状态 ID（LS ID）、LSA 类型、序列号、寿命、校验和等，其描述的主要是 LSA ID 及 LSA 属性相关信息，并不涉及 LSA 具体内容，可以放置在 LSA 头部信息承载。图 3.4 给出 LSA 头部信息的格式，表 3.1 给出了 LSA 头部信息字段描述。

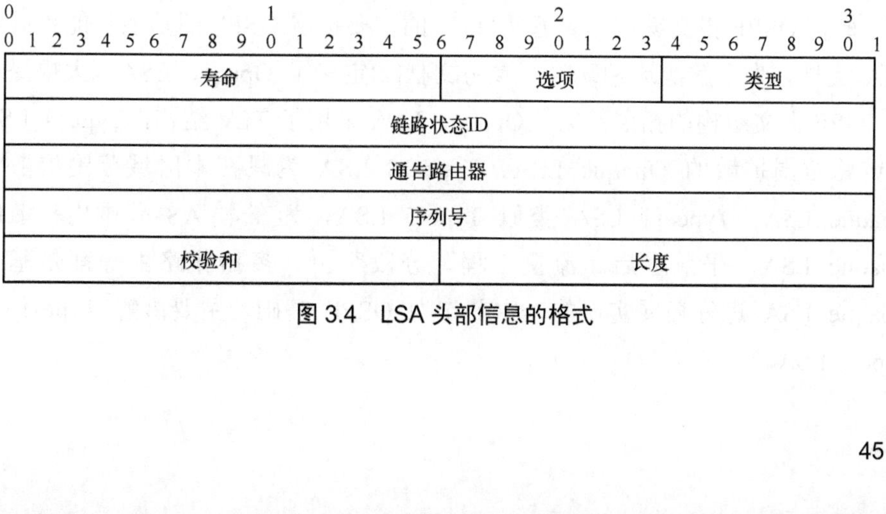

图 3.4　LSA 头部信息的格式

表 3.1　LSA 头部信息字段描述

字段名称	长度/bit	功能描述
寿命	16	LSA 自诞生起经过的时间，以 s 为单位。该值随 LSA 传播变化，存储在 LSDB 中时也随时间变化，值最大为 3600
选项	8	参见 Hello 消息中选项字段定义
类型	8	1:Router LSA;2:Network LSA;3:Summary LSA;4:ASBR LSA;5:AS-External LSA;6:Group membership LSA;7:NSSA LSA;8:External attributes LSA for BGP;9:Opaque LSA(Link scope);10:Opaque LSA(Area scope);11:Opaque LSA(AS scope)
链路状态 ID	32	依据 LSA 类型不同而不同
通告路由器	32	产生该 LSA 的路由器 RID
序列号	32	基于序列号判断 LSA 的新旧，最小值是 0x80000001，最大值是 0x7FFFFFFF。序列号 0x80000000 被用于配合寿命字段实现序列号可靠循环
校验和	16	除了寿命字段以外其他域的检验和
长度	16	LSA 总长度，包括 LSA 头部，以字节为单位

LSA 头部信息只描述了一个路由器拥有一组何种类型的链路状态信息，这种类型的链路状态信息的具体内容还需结合不同的 LSA 类型进行细化描述。有时为了描述方便，经常用 Type-n LSA 或者 LSAn 简要表达对应 LSA，例如，Type-3 LSA/LSA3 就表示汇总 LSA（Summary LSA）。LSA 具体内容域与 OSPF 协议的设计密切相关。

Type-1 和 Type-2 LSA 主要用于拓扑构建；Type-3/4/5/7 LSA 用于路由传播；Type-6 LSA 用于多播 OSPF（MOSPF），标识多播成员，但 MOSPF 基本被淘汰了；Type-8 LSA 为 External-attribute-LSA，用于将 BGP 路由引入 OSPF 进行互操作时，承载 BGP 的 AS 路径等信息，目前支持的厂商非常少。

最初 OSPF 报文编码不是基于 TLV 的，要扩展 OSPF 的功能只能扩展其 LSA 类型。为了解决这种缺陷，参考文献[2]定义了 Opaque LSA，大幅提升了 OSPF 报文结构的拓展能力。Opaque LSA 采用了 TLV 结构，Type-9 LSA 为链路范围扩散的 Opaque LSA；Type-10 LSA 为只在本区域范围扩散的 Opaque LSA；Type-11 LSA 类似 Type-5 LSA，为在本 AS 范围内扩散的 Opaque LSA。平滑重启、流量工程、分段路由、多拓扑路由等都是基于 Opaque LSA 进行拓展实现的。本节作为 OSPF 基础，主要讲解 Type-1 和 Type-2 LSA。

OSPF 作为链路状态信息路由协议，需要掌握全网拓扑信息，并基于拓扑信息计算最短路径树。因此，LSA 应该携带能够描述网络拓扑的信息，这个信息就是链路状态。结合前文描述，链路状态包含链路的类型、链路的两个端点以及附属在该链路上的其他信息，例如链路代价、链路带宽等。OSPF 为此定义了两种 LSA：一种为路由器 LSA（Router LSA），另一种为网络 LSA（Network LSA），前者用于描述实体路由器的链路状态信息，后者用于描述虚拟路由器的链路状态信息。

3.2.1　路由器 LSA（Type-1 LSA/LSA1）

在路由器 LSA 中将链路远端的链路标识定义为链路 ID，将近端的链路标识定义为链路数据，详细的路由器 LSA 内容格式如图 3.5 所示，表 3.2 给出了 LSA 内容字段描述。

0　　　　　　　　　　1　　　　　　　　　　2　　　　　　　　　　3
0 1 2 3 4 5 6 7 8 9 0 1 2 3 4 5 6 7 8 9 0 1 2 3 4 5 6 7 8 9 0 1

H	*	*	Nt	W	V	E	B	0	链路数量
链路ID									
链路数据									
链路类型								ToS度量数量	度量
…									
ToS度量编号								0	ToS度量

图 3.5　路由器 LSA 内容格式

表 3.2　路由器 LSA 内容字段描述

字段名称	长度/bit	功能描述
V	1	置 1 表示路由器是虚链路端点
E	1	置 1 表示路由器是 ASBR。对于 NSSA 的 ABR 而言，如果担负 LSA7 转 LSA5 角色，那么它会向所有接收 LSA5 的区域发送 LSA1 时，设置该比特
B	1	置 1 表示路由器是 ABR
W	1	置 1 表示路由器是一个通配的多播接收者
Nt	1	置 1 表示路由器是 NSSA 边界路由器，且该路由器总是无条件的将 LSA7 转为 LSA5，这个角色是由管理员明确配置的
H	1	置 1 表示路由器支持主机路由器能力

（续表）

字段名称	长度/bit	功能描述
链路数量	16	LSA 中携带的链路信息数量
链路 ID	32	与链路类型有关，以下给出了不同链路类型条件下，该域填写的具体内容： 1—链路对端路由器 RID； 2—DR 的接口 IP 地址； 3—网段/子网号； 4—虚链路的对端路由器 RID
链路数据	32	与链路类型有关，以下给出了不同链路类型条件下，该域填写的具体内容： 1—对于有编号接口，为接口 IP 地址，对于无编号接口，为接口索引号（MIB-II If Index）； 2—接入多点接入网络的接口 IP 地址； 3—Stub 网络的子网掩码； 4—虚链路接口的索引号（MIB-II If Index）
链路类型	8	1—点到点链路；2—传送网络；3—Stub 网络；4—虚链路
ToS 度量数量	8	该链路承载的 ToS 数量
度量	16	该链路的代价
ToS 度量编号	8	ToS 度量编号
ToS 度量	16	ToS 代价

从表 3.2 中的描述来看，链路 ID 通常为本地接口连接的对端路由器 RID，链路数据通常为本地接口 IP 地址。

ToS 度量数量字段用于与 OSPFv2 之前的标准（RFC1853 及前身）相互兼容。最初的设计意图是做 QoS 路由，基本思想是对于不同的 ToS 值，链路可以配置不同的度量值。对同一个目的节点，每一个节点可针对不同的 ToS 类型，计算不同的 ToS 路径，支撑基于 ToS 路由的实现。此时，目的网络相同但 ToS 值不同的 IP 报文将被按照不同的转发路径进行转发。当 ToS 度量数量为 N 时，度量字段后有 N 个 32 位字段，其中包含 ToS 编号和与之对应的 ToS 度量。实践证明仅基于 ToS 是无法实现服务质量保证的，所以，RFC2328 中取消了这个应用，ToS 度量数量字段总为 0，也就是只支持基于目的 IP 地址的路由。

下面通过一个示例，结合具体链路类型阐述链路状态信息包含的内容，其中略去了对 ToS 和度量域的描述。

图 3.6 给出了一个网络拓扑，该拓扑中路由 R1 有 4 个物理接口，通过串口 s0 连接 R2，通过串口 s1 连接 R3，其中 s0 为有编号接口配置 IP 地址 12.0.0.1/30，s1 为无编号接口，接口索引为 1。R1 通过 f0/1 接入多节点接入网络，与 R5 和 R6 在同一个广播域。接口 f0/0 配置了 IP 地址，但是尚未连接邻居。R1 还通过一条虚链路连接 R4。下面分析 R1 不同接口类型条件下的链路状态描述。

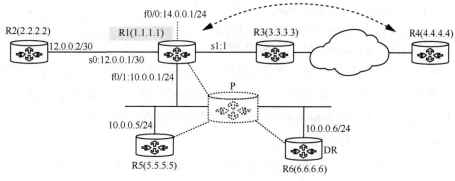

图 3.6　路由器 LSA 网络拓扑示例

- 点到点接口 s0 和 s1

PPP、HDLC、串型接口等使用点到点链路描述，即使是点到多点（Point to Multipoint）类型，同样使用点到点链路类型描述。点到点链路的通信对端是明确的，因此，在点到点接口上可以采用编号方案，配置 IP 地址，也可以采用无编号方案，不影响路由转发。

图 3.6 中 R1 的 s1 没有配置 IP 地址，链路状态描述如下。

Link State ID：1.1.1.1
Advertising Router: 1.1.1.1
    Link Connected to: Another Router (Point to Point)
      (Link ID) Neighboring Router ID: 3.3.3.3
      (Link Data) Router Interface Address: 0.0.0.1

串口 s0 配置 IP 地址 12.0.0.1/30，连接 R2，链路状态描述如下。

```
Link State ID：1.1.1.1
Advertising Router: 1.1.1.1
    Link Connected to: Another Router (Point to Point)
        (Link ID) Neighboring Router ID: 2.2.2.2
        (Link Data) Router Interface Address: 12.0.0.1
```

s0 配置了 IP 地址，掩码为 30，网络号为 255.255.255.252，因为从 s0 链路状态信息来看，无法获知该接口的网络信息。所以，必须引入另外一种链路类型传输网络信息，即 Stub 网络。因此，s0 同时产生下面的链路状态描述。

```
Link State ID：1.1.1.1
Advertising Router: 1.1.1.1
    Link Connected to: a Stub Network
        (Link ID) Network/Subnet Number: 12.0.0.0
        (Link Data) Network Mask: 255.255.255.252
```

综上，对于链路类型为点到点的接口，且采用了编号方案，OSPF 使用了两个链路描述：一个是点到点链路，用于描述链路对端连接的路由器 ID 及本地的接口 IP 地址；另一个是 Stub 网络，用于描述此链路的子网信息。

- 无邻居接口 f0/0

如果在路由器的一个接口上激活 OSPF，但该接口上没有任何 OSPF 邻居，则该接口使用 Stub 网络描述。不管这个接口的二层封装是何种类型（以太网、PPP、HDLC 等），只要该接口上没有 OSPF 邻居，那么应该用 Stub 网络链路类型描述。

如图 3.6 所示，R1 的无邻居接口 f0/0 上配置了 14.0.0.1/24 地址，链路状态描述如下。

```
Link State ID：1.1.1.1
Advertising Router: 1.1.1.1
    Link Connected to: a Stub Network
        (Link ID) Network/Subnet Number: 14.0.0.0
        (Link Data) Network Mask: 255.255.255.0
```

Loopback 接口默认使用 32bit 掩码，避免转发不必要的路由，节省资源。因为 Loopback 接口永远不会存在邻居，也是无邻居接口，必然采用 Stub 网络描述链路信息。Loopback 接口 IP 地址无论配置什么掩码，OSPF 都将其对应的链路数据填写为 255.255.255.255（即掩码为 32byte 的主机路由）。如果希望 OSPF 将 Loopback 接口真实掩码通告，就需要手动更改接口的链路类型，例如，改为点到点或者多点接入网络等，在不同厂商的设备中会有不同的实现方式。

- 多点接入接口 f0/1

如果接口接入多点接入网络，那么就意味着通过该接口可以与多个节点通信，这种接口采用传送网络（Transit Network）链路类型描述。为了避免全互连会话，在多点接入网络中存在一个虚拟路由器，它由 DR 扮演，DR 的 IP 地址就是该虚拟路由器的 RID。所以，传送网络链路类型描述的就是该接口连接到虚拟路由器的信息。

如图 3.6 所示，R1 的 f0/1 接口激活了 OSPF，配置 IP 地址 10.0.0.1/24，并且有两个 OSPF 邻居 R5 和 R6，它们都在 10.0.0.0/24 网段，该网络上的虚拟路由器由 R6 扮演（假定 R6 为 DR），因此，虚拟路由器的 RID 为 10.0.0.6，R1 多点接入接口 f0/1 的链路状态描述如下。

```
Link State ID：1.1.1.1
Advertising Router: 1.1.1.1
    Link Connected to: a Transit Network
        (Link ID) Designated Router Address: 10.0.0.6
        (Link Data) Router Interface Address: 10.0.0.1
```

- 虚链路接口

通过虚链路接口可以跨越多个 OSPF 路由器建立 OSPF 会话，其具体用法参见第 5.3 节虚链路。因为虚链路连接的对端是具体明确的，所以虚链路类型接口的描述方式与点到点链路基本相同，链路 ID 为虚链路所连接的路由器 RID，链路数据为本地到达虚链路端点的接口 IP 地址或者接口编号。

如图 3.6 所示，R1 通过接口 s1 与 R4 建立虚链路，则 R1 虚链路接口的链路状态描述如下。

```
Link State ID：1.1.1.1
Advertising Router: 1.1.1.1
    Link Connected to: a Virtual Link
        (Link ID) Neighboring Router ID: 4.4.4.4
        (Link Data) Router Interface Address: 0.0.0.1
```

3.2.2　网络 LSA（Type-2 LSA/LSA2）

路由器 LSA 的各种链路类型，尤其传送网络类型，描述了多点接入接口的链路状态信息。该类型接口连接到一个虚拟路由器，但其网段信息没有被明确刻画，同时虚拟路由器的接口信息也没有在路由器 LSA 中被定义。为此，OSPF 定义了第二个 LSA，即网络 LSA，用于描述虚拟路由器的接口信息以及该多点接入网络的掩码信息。

虚拟路由器通过若干接口连接属于同一个多点接入网络的多台路由器，因为是虚拟的，它到其他路由器的链路代价为 0。虚拟路由器不会自己产生 LSA，其 LSA 由 DR 代为产生。因此，虚拟路由器的 ID 就是 DR 路由器在该多点接入网络上的接口 IP 地址，网络 LSA 的链路状态 ID 就是 DR 的 IP 地址。网络 LSA 内容格式如图 3.7 所示，LSA 内容字段的描述见表 3.3。

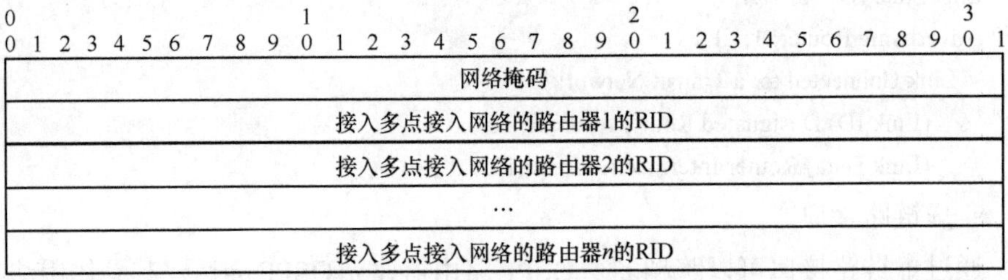

图 3.7　网络 LSA 内容格式

表 3.3　网络 LSA 内容字段描述

字段名称	长度/bit	功能描述
网络掩码	32	多点接入网络的网络掩码
接入多点接入网络的路由器 RID	32	虚拟路由器所连接的所有邻居路由器的 RID。虚拟路由器不是真实的节点，它通过 DR 产生 LSA，故这里的 RID 包含 DR 的 RID

图 3.6 拓扑中，R1、R5 和 R6 所在的多点接入网络中 R6 为 DR，掩码为 255.255.255.0，虚拟路由器 P（实际上是作为 DR 的 R6）产生的网络 LSA 的描述如下。

Link State ID：10.0.0.6
Advertising Router: 6.6.6.6

Network Mask: 255.255.255.0
Attached Router: 1.1.1.1
Attached Router: 5.5.5.5
Attached Router: 6.6.6.6

3.3　基础路由计算

3.3.1　链路度量

每台运行 OSPF 的路由器都会产生 Type-1 LSA，如果是在多点接入环境还要由 DR 生成 Type-2 LSA。每个路由器通过汇总这些信息生成网络拓扑，并计算最短路径。最短路径是通过累加路径上所有节点的度量值实现的。在前文 LSA 的描述中仅侧重于链路连接关系的描述，本节进行链路度量的阐述。由于虚拟路由器不是一个真实的节点，所以 Type-2 LAS 的链路描述中并没有链路度量。

OSPF 的标准规范中并未对接口链路度量给出明确的定义，只要求该值大于0。这样不同厂商的 OSPF 实现可能会为相同的链路分配不同的缺省度量。Cisco 给出了一套缺省链路度量的计算方法，而且其他厂商基本沿用这个方法。Cisco 定义的 OSPF 缺省链路度量（metric）的计算方法为：

$$OSPF\ 的度量值=参考带宽÷链路带宽 \qquad (3.1)$$

其中，链路带宽单位为 bit/s。OSPF 的链路度量与链路的带宽成反比，带宽越高，链路代价越小，表示 OSPF 到目的节点的距离越近。默认参考带宽为 100Mbit/s，OSPF 度量值称为代价，计算方法为：

$$10^8÷带宽 \qquad (3.2)$$

举例来说，FDDI 或快速以太网的链路代价为 1，2Mbit/s 串行链路的链路代价为 48，10Mbit/s 以太网的链路代价为 10。常见链路类型带宽以及对应的 OSPF 度量值见表 3.4。

表 3.4　常见链路类型带宽以及对应的 OSPF 度量值

链路类型	带宽/(Mbit·s⁻¹)	OSPF 度量值
Serial（串口）	56000	1785
DS0	64000	1562
T1	1544000	64
E1	2048000	48
令牌环	4000000	25
以太网	10000000	10
令牌环	16000000	6
T3	44736000	3
快速以太网（FE）	100000000	1
吉比特以太网（GE）	100000000	1
OC-3	155520000	1
OC-12	622080000	1
10Gbit/s 以太网	10000000000	1
100Gbit/s 以太网	100000000000	1

从表 3.4 看出，如果带宽高于 100Mbit/s，在默认情况下，链路代价都是 1，此时，OSPF 无法正确区分高速链路，进而影响选路，产生次优路由。默认参考带宽设置为 100Mbit/s 是由当时的历史条件决定的，现在十兆、百兆链路基本很少见了，但在 OSPF 协议推出时，百兆链路尚属于超高速链路。

链路代价是可以手动修改的。修改方式有两种：一种为修改默认参考带宽；另一种为直接修改代价（cost）。

默认参考带宽是所有路由器都遵循的一个参考标准，相当于国家的计量单位。否则路由器就有可能导致选择次优路径。有时一条路径比另一条的 cost 值高，并不是它的带宽比另一条小，可能是它的参考带宽比较大。因此，有必要在所有的路由器上使用同样的参考带宽，这样才有可比性。

修改参考带宽是很有意义的，在默认的参考带宽下，百兆、千兆、万兆的接口代价都为 1，无法反映真实差异。此时可以使用万兆作为参考带宽，那么百兆接口的代价为 100，千兆接口的代价为 1，区分度足够大。需要注意的是 Loopback 接口的 cost 为 1，不受参考带宽的影响。

如果修改参考带宽，应该在全网修改。如果直接修改接口的代价值，则应当在链路两端的接口上同时修改，否则会导致一条链路的两个方向的度量值不同，使得来回数据流经过不同的路径。如图 3.8 所示，从 R1 到 R6 的最短路径为 R1—R2—R4—R5—R6，而从 R6 到 R1 的最短路径为 R6—R5—R3—R2—R1。

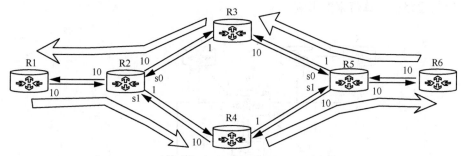

图 3.8　链路代价不一致导致的非对称流量

　　链路代价是有方向的。LSA 通告的链路代价可以理解为出口代价，在进行最短路径计算时，总是将链路的出口代价进行累加。如图 3.8 中 R2—R3 链路代价，R2 将该链路代价设为 10，R3 将该链路代价设为 1，在最短路径计算时究竟选择哪个值呢？这与最短路径算法首先计算到哪个节点有关。如果最短路径计算从节点 R1 开始，先搜索到 R2，再进一步向外搜寻时，将 R2—R3 的代价理解为 10。如果最短路径首先计算节点 R3，那么将 R2—R3 的代价理解为 1。从这里可以进一步分析发现，修改接口的链路代价，是无法影响流量的入口方向的，只能影响流量的出口方向。图 3.8 中，R6 去往 R1 的流量从 s0 接口进入 R2，R2 是无法通过修改 s0 口的链路代价将入口流量调整到 s1 的。相反，R1 去往 R6 的流量默认从 R2 的 s1 口发出，R2 可以将 s1 接口代价修改为 100，使得去往 R6 的流量从 s1 口发出调整为从 s0 发出。

　　链路代价的方向性被很好地应用在多点接入网络中。图 3.9 所有链路代价都是 1，路由器 A、B、C、D、E 在同一个广播网络，按照前文网络 LSA 的描述，该广播网络上的 DR 会代表虚拟路由器 P 生成网络 LSA，表明虚拟路由器 P 与 A、B、C、D、E 之间的链路（链路代价为 0）。与此同时，路由器 A、B、C、D、E 在各自通告的路由器 LSA 中会描述与虚拟路由器 P 的链路，且链路代价为 1。此时，路由器 A 和路由器 E 之间的路径代价为链路 A→P 的代价（=1）和链路 P→E 的代价（=0），即 1+0=1。反过来，路由器 E 到路由器 A 的路径代价就是链路 E→P 的代价（=1）与 P→A 的代价（=0），即 1+0=1。广播网上实体路由器到虚拟路由器的链路代价与虚拟路由器到实体路由器的链路代价不一致，保证了广播网上所有实体路由器之间的链路代价一致，消除了虚拟路由器的引入给最短路径计算带来的影响。

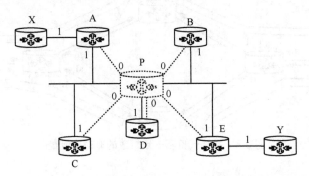

图 3.9   多点接入网络中的非对称链路代价

ARPANET 在运行 SPF 路由协议时，采用了自适应性路由度量值，以处理时延、传播时延、包长、链路带宽等参数作为链路代价，使链路代价随参数动态变化。这种方法可以使最短路径能够反映真正端到端的最优性能，但是会导致链路状态的频繁更新，所有节点频繁进行最短路径计算，转发平面不断修改路由，导致网络不稳定。吸纳了 ARPANET 上运行 SPF 路由算法时动态链路度量给网络带来的诸多问题，OSPF 在设计之初，便规定了可配置的非自适应性路由度量值方法，并一直延续至今。

OSPF 协议的功能被定义为构建网络拓扑，实现最短路径计算。如果让协议同时以服务质量为目标构建拓扑和路由，可能导致整个网络不可用。因为 IP 本身是尽力而为的，如果希望提供服务质量相关的能力，需要在基础路由上通过其他方式支撑。

3.3.2   基于基础 LSA 的拓扑生成和最短路径计算

基础 LSA 信息按照协议机制在全网快速可靠地传播，使网络中的每一个节点都可以拥有该网络的完整拓扑信息，这个拓扑信息在 OSPF 中就是链路状态数据库。链路状态数据库刻画了整个网络中的节点、连接点之间的互联关系以及节点之间的互联代价。节点、边和边上权重构成了一个有向连通图 $G=(V, E)$，然后通过 Dijkstra 算法求解由 G 中指定节点 v0 到其他各个节点的最短路径。

　　下面通过一个具体示例完整描述网络中任意节点在完成链路状态数据库建立后，如何勾画网络拓扑，并基于 Dijkstra 算法计算其到达任意节点的最短路径的过程。

　　给定一个 OSPF 网络，网络中存在 5 台路由器，假定为 R1,R2,…,R5，路由器的 ID 依次为 1.1.1.1, 2.2.2.2,…,5.5.5.5。从路由器 R1 上读取链路状态数据库信息如下。

```
LS Age: 259
Options: (No ToS-Capability, DC)
LS Type: Router Links
Link State ID: 1.1.1.1
Advertising Router: 1.1.1.1
LS Seq Number: 80000005
Checksum: 0x5166
Length: 72
Number of Links: 4
    Link Connected to: a Stub Network
    (Link ID) Network/Subnet Number: 1.1.1.1
    (Link Data) Network Mask: 255.255.255.255
      Number of ToS metrics: 0
       ToS 0 Metrics: 1
    Link Connected to: Another Router (Point to Point)
    (Link ID) Neighboring Router ID: 2.2.2.2
    (Link Data) Router Interface Address: 12.0.0.1
      Number of ToS Metrics: 0
       ToS 0 Metrics: 3
    Link Connected to: a Stub Network
    (Link ID) Network/Subnet Number: 12.0.0.0
    (Link Data) Network Mask: 255.255.255.0
      Number of ToS Metrics: 0
       ToS 0 Metrics: 3
    Link Connected to: Another Router (Point to Point)
    (Link ID) Neighboring Router ID: 3.3.3.3
    (Link Data) Router Interface Address: 0.0.0.9
      Number of ToS Metrics: 0
       ToS 0 Metrics: 2
```

LS Age: 331

Options: (No ToS-Capability, DC)

LS Type: Router Links

Link State ID: 2.2.2.2

Advertising Router: 2.2.2.2

LS Seq Number: 80000003

Checksum: 0x45E3

Length: 96

Number of Links: 6

  Link Connected to: a Stub Network

    (Link ID) Network/Subnet Number: 2.2.2.2

    (Link Data) Network Mask: 255.255.255.255

    Number of ToS Metrics: 0

     ToS 0 Metrics: 1

  Link Connected to: a Transit Network

    (Link ID) Designated Router Address: 24.0.0.5

    (Link Data) Router Interface Address: 24.0.0.2

    Number of ToS Metrics: 0

     ToS 0 Metrics: 8

  Link Connected to: Another Router (Point to Point)

    (Link ID) Neighboring Router ID: 3.3.3.3

    (Link Data) Router Interface Address: 23.0.0.2

    Number of ToS Metrics: 0

     ToS 0 Metrics: 3

  Link Connected to: a Stub Network

    (Link ID) Network/Subnet Number: 23.0.0.0

    (Link Data) Network Mask: 255.255.255.0

    Number of ToS Metrics: 0

     ToS 0 Metrics: 3

  Link Connected to: Another Router (Point to Point)

    (Link ID) Neighboring Router ID: 1.1.1.1

    (Link Data) Router Interface Address: 12.0.0.2

    Number of ToS Metrics: 0

     ToS 0 Metrics: 2

  Link Connected to: a Stub Network

    (Link ID) Network/Subnet Number: 12.0.0.0

    (Link Data) Network Mask: 255.255.255.0

Number of ToS Metrics: 0
ToS 0 Metrics: 2

LS Age: 75
Options: (No ToS-Capability, DC)
LS Type: Router Links
Link State ID: 3.3.3.3
Advertising Router: 3.3.3.3
LS Seq Number: 80000003
Checksum: 0x12F6
Length: 96
Number of Links: 6
  Link Connected to: a Stub Network
   (Link ID) Network/Subnet Number: 3.3.3.3
   (Link Data) Network Mask: 255.255.255.255
   Number of ToS Metrics: 0
   ToS 0 Metrics: 1
  Link Connected to: Another Router (Point to Point)
   (Link ID) Neighboring Router ID: 4.4.4.4
   (Link Data) Router Interface Address: 34.0.0.3
   Number of ToS Metrics: 0
   ToS 0 Metrics: 3
  Link Connected to: a Stub Network
   (Link ID) Network/Subnet Number: 34.0.0.0
   (Link Data) Network Mask: 255.255.255.0
   Number of ToS Metrics: 0
   ToS 0 Metrics: 3
  Link Connected to: Another Router (Point to Point)
   (Link ID) Neighboring Router ID: 2.2.2.2
   (Link Data) Router Interface Address: 23.0.0.3
   Number of ToS Metrics: 0
   ToS 0 Metrics: 5
  Link Connected to: a Stub Network
   (Link ID) Network/Subnet Number: 23.0.0.0
   (Link Data) Network Mask: 255.255.255.0
   Number of ToS Metrics: 0
   ToS 0 Metrics: 5

Link Connected to: Another Router (Point to Point)
  (Link ID) Neighboring Router ID: 1.1.1.1
  (Link Data) Router Interface Address: 0.0.0.10
   Number of ToS Metrics: 0
    ToS 0 Metrics: 10

LS Age: 338
Options: (No ToS-Capability, DC)
LS Type: Router Links
Link State ID: 4.4.4.4
Advertising Router: 4.4.4.4
LS Seq Number: 80000003
Checksum: 0x2D08
Length: 72
Number of Links: 4
  Link Connected to: a Stub Network
   (Link ID) Network/Subnet Number: 4.4.4.4
   (Link Data) Network Mask: 255.255.255.255
    Number of ToS Metrics: 0
     ToS 0 Metrics: 1
  Link Connected to: Another Router (Point to Point)
   (Link ID) Neighboring Router ID: 3.3.3.3
   (Link Data) Router Interface Address: 34.0.0.4
    Number of ToS Metrics: 0
     ToS 0 Metrics: 4
  Link Connected to: a Stub Network
   (Link ID) Network/Subnet Number: 34.0.0.0
   (Link Data) Network Mask: 255.255.255.0
    Number of ToS Metrics: 0
     ToS 0 Metrics: 4
  Link Connected to: a Transit Network
   (Link ID) Designated Router Address: 24.0.0.5
   (Link Data) Router Interface Address: 24.0.0.4
    Number of ToS Metrics: 0
     ToS 0 Metrics: 8

LS Age: 339
Options: (No ToS-Capability, DC)
LS Type: Router Links

Link State ID: 5.5.5.5

Advertising Router: 5.5.5.5

LS Seq Number: 80000002

Checksum: 0x5053

Length: 48

Number of Links: 2

  Link Connected to: a Stub Network

   (Link ID) Network/Subnet Number: 5.5.5.5

   (Link Data) Network Mask: 255.255.255.255

   Number of ToS Metrics: 0

    ToS 0 Metrics: 1

  Link Connected to: a Transit Network

   (Link ID) Designated Router Address: 24.0.0.5

   (Link Data) Router Interface Address: 24.0.0.5

   Number of ToS Metrics: 0

    ToS 0 Metrics: 8

Routing Bit Set on this LSA

LS Age: 399

Options: (No ToS-Capability, DC)

LS Type: Network Links

Link State ID: 24.0.0.5 (Address of Designated Router)

Advertising Router: 5.5.5.5

LS Seq Number: 80000001

Checksum: 0xBD1B

Length: 36

Network Mask: /24

    Attached Router: 5.5.5.5

    Attached Router: 2.2.2.2

    Attached Router: 4.4.4.4

首先分析 R1 的链路状态信息，得知该路由器拥有 3 个接口：

- Loopback 接口：接口 IP 地址为 1.1.1.1/32，权重为 1；
- 无编号 P2P 接口：接口编号为 9，连接到邻居 R3（3.3.3.3），链路代价为 2；
- 有编号的 P2P 接口：接口 IP 地址为 12.0.0.1/24，连接到邻居 R2（2.2.2.2），链路代价为 3。

依次分析其他 LSA 信息，还原出包含拓扑连接、链路权重等信息的网络拓扑，如图 3.10 所示。

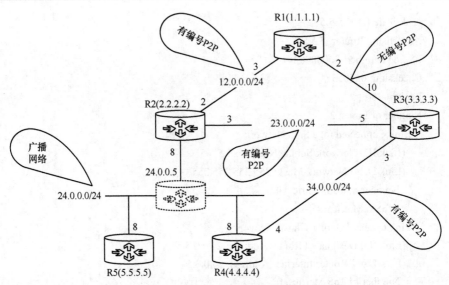

图 3.10　基于基础 LSA 还原出的网络拓扑

　　基于链路状态数据库就可以构建如图 3.10 所示的网络拓扑，通过该拓扑可以复现整个网络的组网拓扑、接口类型、接口地址分配以及链路带宽等一系列信息。对该网络连接图进一步抽象描述，仅保留节点和边的权重信息，就可以得到通过图论刻画的拓扑图，如图 3.11 所示。利用 Dijkstra 算法可以计算出拓扑图中任意一个节点到达其他节点的最短路径树。

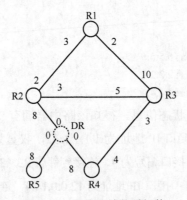

图 3.11　网络连接关系拓扑

　　按照 SPF 算法，针对图 3.11 所示的拓扑图，求解节点 R1 的最短路径树，得到以节点 R1 为根的最短路径树如图 3.12 所示。

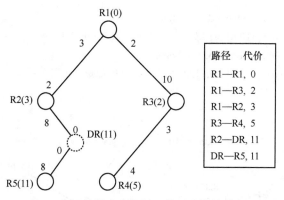

图 3.12　以 R1 为根的最短路径树及其到达其他节点的路径代价

在最短路径树形成后，以最短路径树为基础，计算到达所有网络前缀的路由。在基础 LSA 通告的 Stub 信息中，准确描述了网络前缀与节点之间的连接关系与度量。以 2.2.2.2/32 为例，虽然它是 R2 的一个 Loopback 接口，但是 LSA 通告中，R2 到达它的链路代价为 1。从最短路径树可以得知，R1 到达 R2 的路径代价为 3，所以，R1 到达 2.2.2.2/32 的路径代价为 4，出接口为 Ethernet/1，下一跳为 12.0.0.2。综合所有网络前缀与对应节点的关联关系，可以得到 R1 到达所有网络前缀的最短路径树，如图 3.13 所示。

将网络前缀挂接到以 R1 为根的最短路径上后，结合出接口、下一跳等信息，最终形成了 R1 的路由表，如下。

```
        1.0.0.0/32 is Subnetted, 1 Subnets
C           1.1.1.1 is Directly Connected, Loopback0
        3.0.0.0/32 is Subnetted, 1 Subnets
C           3.3.3.3 is Directly Connected, POS2/0
        12.0.0.0/24 is Subnetted, 1 Subnets
C           12.0.0.0 is Directly Connected, Ethernet1/1
        34.0.0.0/24 is Subnetted, 1 Subnets
O           34.0.0.0 [110/5] via 3.3.3.3, 00:06:04, POS2/0
        2.0.0.0/32 is Subnetted, 1 Subnets
O           2.2.2.2 [110/4] via 12.0.0.2, 00:06:04, Ethernet1/1
        4.0.0.0/32 is Subnetted, 1 Subnets
O           4.4.4.4 [110/6] via 3.3.3.3, 00:06:04, POS2/0
        5.0.0.0/32 is Subnetted, 1 Subnets
O           5.5.5.5 [110/12] via 12.0.0.2, 00:06:04, Ethernet1/1
```

```
          23.0.0.0/24 is Subnetted, 1 Subnets
O             23.0.0.0 [110/6] via 12.0.0.2, 00:06:04, Ethernet1/1
          24.0.0.0/24 is Subnetted, 1 Subnets
O             24.0.0.0 [110/11] via 12.0.0.2, 00:06:04, Ethernet1/1
```

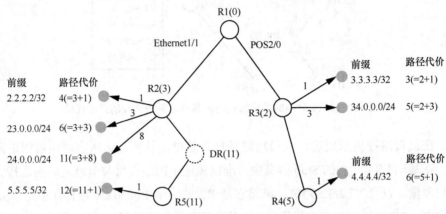

图 3.13　将网络前缀挂接到以 R1 为根的最短路径树

　　灰色底纹部分分别描述了 R1 到达对应前缀的路径代价、下一跳 IP 地址或者节点以及出接口信息。需要注意的是 R1 的 POS2/0 接口为无编号接口，该接口从 Loopback 接口借用 IP 地址，并通过 PPP 封装后与 R3 通信。R1 和 R3 之间没有网段，R1 将 3.3.3.3 视为直连接口，将到 3.3.3.3 的路由作为直连路由，这是针对无编号接口直连邻居路由的一种呈现形式。实际上，在 OSPF 的路由信息库中仍然认为到达 3.3.3.3/32 的路径代价为 3，通过从 R1 的 OSPF RIB 输出中可以验证这一点，RIB 如下。

```
R1#show ip ospf rib detail
OSPF Local RIB for Process 1
Codes: * - Best, > - Installed in Global RIB
*     1.1.1.1/32, Intra, Cost 1, Area 0
        SPF Instance 4, Age 00:02:12
        Flags: Connected, HiPrio
          via 1.1.1.1, Loopback0, Flags: Connected
            LSA: 1/1.1.1.1/1.1.1.1
*>    2.2.2.2/32, Intra, Cost 4, Area 0
        SPF Instance 4, Age 00:02:02
```

```
        Flags: RIB, HiPrio
          via 12.0.0.2, Ethernet1/1, Flags: RIB
        LSA: 1/2.2.2.2/2.2.2.2
*     3.3.3.3/32, Intra, Cost 3, Area 0
      SPF Instance 4, Age 00:02:02
      Flags: HiPrio
        via 3.3.3.3, POS2/0, Flags: None
      LSA: 1/3.3.3.3/3.3.3.3
*>    4.4.4.4/32, Intra, Cost 6, Area 0
      SPF Instance 4, Age 00:02:02
      Flags: RIB, HiPrio
        via 3.3.3.3, POS2/0, Flags: RIB
      LSA: 1/4.4.4.4/4.4.4.4
*>    5.5.5.5/32, Intra, Cost 12, Area 0
      SPF Instance 4, Age 00:01:43
      Flags: RIB, HiPrio
        via 12.0.0.2, Ethernet1/1, Flags: RIB
      LSA: 1/5.5.5.5/5.5.5.5
```

3.4　小结

本章阐述了基于链路状态数据构建基础网络拓扑的机制。在邻居会话建立后，每个 OSPF 路由器都会产生自己的链路状态信息，并以洪泛方式通告给其他 OSPF 路由器。保证每一个路由器持有相同的 LSDB 是实现无环路径的关键，为每条 LSA 信息设置一个寿命字段，通过老化机制可以及时清除网络中陈旧的 LSA 信息；基于 LSA 的序列号机制，判断 LSA 的"新鲜"程度，从而减少不必要的洪泛和重启之后的序列号恢复。校验和与 LSA 确认机制是保障 LSA 可靠传送的有效手段。OSPF 通过路由器 LSA 和网络 LSA 共同描述网络拓扑及相应的子网前缀，每个节点通过融合这两类 LSA 就可以构建网络拓扑，通过运行 SPF 算法计算最短路径树以及到达每个网段的路由。OSPF 的链路代价是人工指定的，厂商通常按照自定义的规则将链路带宽映射为链路代价，在减少配置操作的同时，可以实现面向带宽的最优路径计算。

参 考 文 献

[1]　IETF. Vulnerabilities of network control protocols: An example[R]. 1981.

[2]　IETF. The OSPF opaque LSA option[R]. 2008.

[3]　IETF. The OSPF not-so-stubby area (NSSA) option[R]. 2003.

[4]　IETF. Host router support for OSPFv2[R]. 2020.

第 4 章

基于拓展 LSA 构建全域拓扑

4.1　OSPF 区域

4.1.1　规模拓展时面临的问题

自治系统（Autonomous System，AS）是指处于同一管理机构的、共享相同路由策略的区域的集合。OSPF 是运行在自治系统内部的路由协议，负责维护自治系统内部拓扑，建立内部路由。当自治系统规模很大时，如果每一台运行 OSPF 的路由器都将链路状态信息在整个 AS 内洪泛，将会消耗大量网络资源、路由器的计算和存储资源。此时，网络中任何一条链路发生变化，都将波及其他路由器，并引起所有路由器重新进行一次 SPF 路由计算。当链路状态数据库中保存的记录数以千计时，SPF 算法计算最短路径树的时间将大幅增长，路由器的计算资源将被大幅消耗。

最短路径树的计算仅仅依赖于网络中的链路状态数据库，而与网络中路由器的处理能力无关。OSPF 要求网络中的所有路由器都要维护相同的链路状态数据库。但是受限于网络部署过程中的实际情况，不能保证所有路由器具备相同的处理性能。当网络中绝大多数是高端路由器，只有少数低端路由器时，低端路由器将成为该网络的短板。受限于其处理能力，在运行 SPF 算法计算最短路径树时，很可能其他多数路由器都已经完成并建立了路由，而这些低端路由器却一直处于计算状态，长时间得不到路由计算结果。对于链路状态路由器协议，路由器的路由计算不依赖于其他路由器，当一台路由器计算出路由后可以直接使用该路由进行数据转发，无须等待其下游路由器完成路由计算。如果下游路由器未能计算出路由，将导致进入该路由器的流量被丢弃或者沿非收敛路径进行转发。能否在尽可能相近的时间内计算路由对于数据转发的意义重大。当 OSPF 域规模增大时，路由器处理性能也是影响其规模部署的一个因素。

更进一步，为了保证与自治系统外部的通信，还需要将自治系统外部路由引入 OSPF 域内。这样自治系统外部的路由变化，也直接波及域内的每一个路由器。如果 OSPF 路由计算都与其他路由器的链路状态变化、外部路由变化紧密相关，OSPF 协议的扩展性会很差，无法在大规模网络部署。

4.1.2　OSPF 路由分层划域

为了减少链路状态变化对整个网络域的影响，降低低端路由器给网络带来的约束，分离域内与域外路由的相互干扰，使 OSPF 能够适用于大规模网络，一个直接的思路就是将网络分层划域。将一个自治系统网络划分为多个 OSPF 区域，一方面可以控制链路状态信息扩散范围，将链路状态变化的影响限制在一个区域内，同时，相应减少了路由器维护的链路状态条目数，进而提升 SPF 算法执行速度，降低因链路状态洪泛而消耗的链路带宽和路由器资源。

将一个网络划分为多个区域后，区域内部的路由器拥有相同的链路状态数据库，并基于 SPF 算法，生成自己的最短路径树。不同的区域拥有不同的链路状态数据库，拥有各自的最短路径树。划域的方法将原来所有路由器拥有相同链路状态数据库，所有路由器进行相同的 SPF 算法，并计算出同一棵最短路径树的过程进行了分解，将一个大树分割到一个个的区域内部进行单独的小树的计算。区域分割的目的是减少复杂性，提升可扩展性，但带来的问题就是互通性如何保证。在划分了区域后，需要跨越区域边界的路由器将不同区域互联起来，使得区域之间能够互通。更进一步，在整个 OSPF 域中也需要设定一个或多个路由器用于跨越 OSPF 域和其他协议域（例如 BGP）的互通。

通过分割域的方法自然形成了分层路由结构。将一个自治系统网络划分为多个 OSPF 区域，属于同一个区域的通信使用域内路由；属于不同区域，但在一个自治系统内部的通信使用域间路由；属于自治系统外部的通信则使用外部路由。

这种分区域方式可以将网络划分为 3 层：区域内、区域间和区域外。

　　首先，路由分层将链路状态的洪泛消息限制在区域内部。当区域内部拓扑发生变化时，变化信息仅限制在当前区域，不会扩散到其他区域。OSPF分层划域结构如图 4.1 所示，一个自治系统被划分为 3 个区域。通过划分区域的方式可以将链路状态的洪泛限制在区域内部，每一个区域内的路由器维护各自的链路状态数据库信息。同一个区域内的路由器拥有相同的链路状态数据库，即持有相同的拓扑信息，这个拓扑信息描述的是当前区域的拓扑，而与其他区域无关。通过区域划分，将链路状态信息的传播范围限制在区域内部。

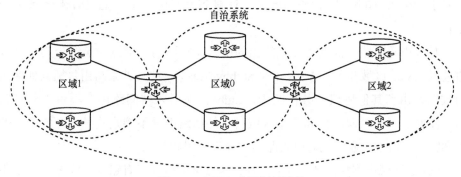

图 4.1　OSPF 分层划域结构

　　其次，区域划分后，区域之间不再传递链路状态信息，而是将链路状态信息转为路由信息后进行传递。这样在获知其他区域路由的同时，又不需要引入其链路状态，既确保了网络的连通性又提升了网络的稳定性。当网络中链路状态变化时，只影响到当前域内路由器，这些路由器需要重新进行拓扑计算。对于其他区域，网络拓扑并没有发生变化，不需要重新进行拓扑计算，只需要在原来的拓扑上更新路由信息，从而节省网络带宽资源和路由器的计算资源，同时提升了协议的收敛速度和扩展性。

　　最后，区域划分后可以对自治系统外部路由进行有效的管理。网络管理者可以有规划地选择外部路由的引入点，将外部路由传播范围控制在处理能力强的核心区域上，既可消除外部路由变化对整个域的影响，又能保持与外部路由的最优连通性。

4.1.3　区域划分

对 OSPF 区域划分后，为区分不同区域，需要对每个区域编号，用于区域标识。一个自治系统内部的区域编号必须是唯一的，区域编号采用 4byte 长度，能够支持约 43 亿个区域，对于任何自治系统，都能满足需求。

OSPF 的区域可以分为两类，一类是骨干区域，另一类是普通区域。骨干区域的区域号必须为 0（或者 0.0.0.0），普通区域的区域号为非 0 值。所有普通区域必须与骨干区域相连，普通区域不能与普通区域直接相连。骨干区域功能类似于一个大 Hub，所有普通区域都连接到骨干区域上，通过骨干区域进行交互。

对于普通区域，依据对外来路由的引入需求不同，又进一步细分为常规普通区域、Stub 区域和 NSSA（Not So Stubby Area）。此处外来路由包括其他区域的域间路由和其他协议的外部路由。Stub 区域引入域间路由，不引入外部路由。NSSA 引入域间路由和从本区域引入外部路由，不接收从骨干区域引入的外部路由。常规普通区域对引入路由方面没有限制。

OSPF 区域类型如图 4.2 所示，普通区域可以引入所有路由。Stub 区域 3 不允许连接外部路由域，只能引入域间路由 RA/RB/RN，不能引入外部路由 RE1

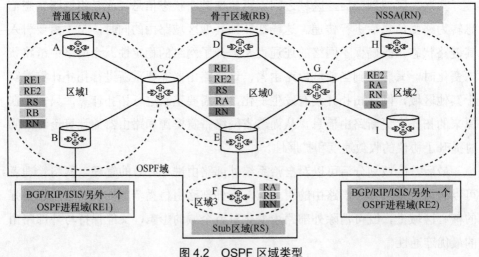

图 4.2　OSPF 区域类型

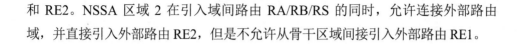

和 RE2。NSSA 区域 2 在引入域间路由 RA/RB/RS 的同时，允许连接外部路由域，并直接引入外部路由 RE2，但是不允许从骨干区域间接引入外部路由 RE1。

4.1.4　路由器类型

OSPF 使用 4 种不同的路由器类型支持分层路由结构。按照路由器在区域中位置的不同分为 4 类：区域内部路由器（Internal Router，IR）、区域边界路由器（Area Border Router，ABR）、骨干路由器（Backbone Router，BR）、自治系统边界路由器（AS Boundary Router，ASBR）。每一种类型的路由器有不同的部署位置和特点。

（1）区域内部路由器

如果一个路由器的所有接口都在一个区域内，则该路由器为区域内部路由。区域内部路由器属于一个区域，只需要维护一份链路状态数据库。如图 4.2 所示，路由器 A、D、F、H 等属于区域内部路由器，区域内部路由器只能与本区域内的其他路由器交换链路状态信息。

（2）区域边界路由器

将多个区域连接起来的路由器称为区域边界路由器。区域边界路由器至少有一个接口属于骨干区域，至少有一个接口属于非骨干区域。图 4.2 中路由器 C、E、G 就是区域边界路由器。

区域边界路由器连接不同的区域，为了确保与同一个区域中其他路由器维护一致的链路状态数据库，区域边界路由器需要针对每一个连接的区域维护一份链路状态数据库。区域划分的目的是隔离不同区域之间的拓扑信息扩散，虽然区域边界路由器同时连接不同区域，但是要保证不同区域内的链路状态信息独立交换，不能相互交叉。这样，每个区域边界路由器要维护多个链路状态数据库，一个对应骨干区域，剩余的分别对应其他非骨干区域。

区域边界路由器将链路状态数据库隔离的同时，还要将不同区域的链路状态信息聚合转换为路由信息，扩散到其他区域。即使区域边界路由器连接多个非骨干区域，也不允许这些非骨干区域之间直接交互，都需要区域边界路由器将区域内的链路状态信息转为路由信息后才能进行转发扩散，具体原因将在第

4.2.1 节阐述。

（3）骨干路由器

如果路由器有至少一个接口属于区域 0，则该路由器被称为骨干路由器。例如图 4.2 中路由 C、E、G。从这个定义来看，区域边界路由器属于骨干路由器的一种类型。骨干路由器还有一种类型，即它的所有接口都属于区域 0。此时的骨干路由器位于区域 0 的内部，并不连接任何非骨干区域，例如图 4.2 的路由器 D，骨干路由只会与其他骨干路由器或者区域边界路由器相连。骨干路由负责维护骨干区域的拓扑信息和其他区域的路由信息。

（4）自治系统边界路由器

OSPF 协议在运行过程中要从其他协议引入路由，从而获取外部路由信息，这些外部路有可能来自 BGP、RIP、ISIS 或者其他 OSPF 进程。引入外部路由的路由器被称为自治系统边界路由器，自治系统边界路由必须运行除当前 OSPF 协议之外的其他协议或者另外一个 OSPF 协议进程，从这个协议获取路由信息，并发布到 OSPF 域中。如图 4.2 中路由器 B 和 I 属于自治系统边界路由器。由于 Stub 区域不允许引入外部路由，因此，自治系统边界路由器不能位于 Stub 区域。

路由器的类型与实际部署位置和区域有关，单从功能上来讲，路由器可以简单归纳为 3 种：内部路由器，所有接口归属于一个区域；区域边界路由器，其接口归属于不同的区域；自治系统边界路由器，其接口归属于不同的区域。这 3 种路由器的功能特性不一，在交互过程中需要通告给域内其他路由器，便于进行协议相关操作，在 OSPF 的路由器 LSA 中专门定义了 V/B/E 比特位用于指示路由器类型。

4.1.5　路由类型

OSPF 的区域划分产生了 3 种不同的路由类型，分别是域内路由、域间路由和外部路由。

（1）域内路由

限定在单个区域内传播的路由被称为域内路由。此时，源路由器和目的路由器都在一个区域内部，OSPF 跨域通信路径如图 4.3 所示，路由器 A 和 B 之间的通信路径就是通过域内路由寻路的。向域内路由发送数据不会经过其他区域。域内路由实际上是由本区域链路状态信息构成的，不依赖于其他区域任何信息。

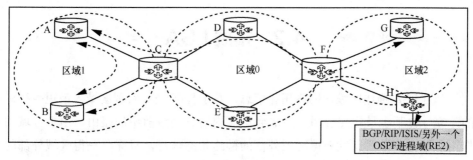

A

D

G

C

F

区域1

区域0

区域2

B

E

H

BGP/RIP/ISIS/另外一个
OSPF进程域(RE2)

图 4.3　OSPF 跨域通信路径

（2）域间路由

跨越区域进行传播的路由被称为域间路由。此时，向域间路由发送数据，必须经过另一个区域。如果源路由器和目的路由器在两个非骨干区域，那么数据首先从源路由器所在的区域到达区域边界路由器，然后穿越骨干区域、经过目的节点所在的区域边界路由器、域内路径才能最终到达目的路由器。如图 4.3 中路由器 A 和 G 之间的数据转发就是由域间路由指引的，依次经过了区域边界路由器 C、骨干路由器 D、区域边界路由器 F，最后到达目的节点 G。

域间路由是对区域内网络信息的聚合。区域边界路由器将非骨干区域路由聚合后，通过骨干区域进行扩散，并借助其他区域边界路由器传播到其他区域。这样每个区域都可以获取到其他区域的路由信息，从而实现了整个 OSPF 域内的互通。域间路由是对域内路由的聚合，可以消除区域内拓扑变化对其他区域路由的影响，提高了 OSPF 协议的稳定性和扩展性。

（3）外部路由

从其他路由协议学习后并在整个 OSPF 区域内传播的路由被称为外部路由。外部路由会传播到每一个区域，也可以将外部路由聚合后再传播。通过外部路由，区域内的每一个路由器都知道到达 OSPF 协议外部节点的最优路径。

在图 4.3 中，路由器 B 通过外部路由获知经过路由器 H 可以到达外部，进一步借助域间路由获知可以通过路由器 C 达到路由器 H，而路由器 C 知道可以通过路由器 F 到达路由器 H。因此，去往外部的数据分组会沿路径 B→C→E→F→H 最终离开 OSPF 域。

4.2 拓展 LSA

基础 LSA 描述区域内网络拓扑信息，基于基础 LSA 实现区域内最短路径树的建立，并基于最短路径树，生成到达域内所有网络前缀的路由。由于分域的作用，域内路由器无须获得区域外部的链路状态信息，只需要获得区域外部的网络信息。OSPF 专门设定了拓展 LSA 承载区域外的网络信息，包括域间路由和外部路由。拓展 LSA 与基础 LSA 不同，不是随便哪个路由器就可以生成的，只由某些特殊类型路由器产生。

4.2.1 汇总网络 LSA（Type-3 LSA/LSA3）

把一个区域内的路由传播到另一区域最简单直接的方法是由跨接在两个区域上的区域边界路由器 ABR 负责。

（1）汇总网络 LSA 内涵要素分析

如图 4.4 所示，ABR R2 分别针对区域 A 和区域 B 建立了最短路径树，并计算到达区域内所有网络前缀（Prefix）信息。为了让不同区域的路由器 R1 和 R4 获得彼此的网络前缀信息，R2 通过汇总网络 LSA 通告 R1："R2 到达 P2 的路径代价为 z"，通告 R4："R2 达到 P1 路径代价为 w"。对于 R1 而言，R1 已经计算得到到达 R2 的路径代价（Cost）为 u，下一跳（Nexthop）为 Ru，并获知通过 R2 花费代价 z 可以到达 P2，于是 R1 就得出经过 R2 到达 P2 的路径代价为 $u+z$，下一跳为 Ru。同理，R1 也可以得出经过 R3 到达 P2 的路径代价为 $v+y$，下一跳为 Rv。R1 通过比较这两条路径代价可以选择路径代价最小的作为最优路径，从而实现跨区域最优路由的计算。

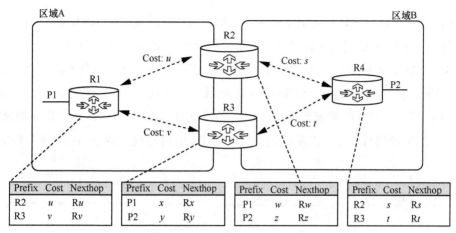

图 4.4　OSPF 跨域路由信息通告

　　从上述过程来看，ABR 需要针对每个区域内的每一条网络前缀，生成对应的汇总网络 LSA 并扩散到另一个区域，汇总网络 LSA 在区域内传播时不做改变，确保每个域内路由器获得相同的汇总 LSA 信息，之后域内路由器通过累加自身到 ABR 的代价和 ABR 到目的网络前缀的路径代价，计算到达其他域的网络前缀的路径代价，并优选出最短路径路由。

　　回顾域间路由的传播和计算过程，域间路由的传播虽然被称为链路状态信息的传播，但本质上来说，它已经是距离矢量的范畴了。最短路径树仅限于区域内部，对于每个区域内部路由器，外部路由必须要通过 ABR 获取。每个区域内部路由器对整个 OSPF 网络的能见范围不会超过 ABR，因此，必须相信ABR 能够正确通告网络信息。这种路由信息传播和计算的方式是典型的距离矢量协议特性。

　　前述过程描述了通过汇总网络 LSA 在相邻两个区域之间进行路由传播的过程。OSPF 在实际网络区域划分时可能会划分更多的区域，此时就会出现多个区域之间互联和汇总网络 LSA 跨区域进行传播的问题。下面通过示例阐述汇总网络 LSA 在这种情况下的传播。针对图 4.4 进行拓展，在区域 A 左侧添加另一个区域 C，R1 变成 ABR 用于互联区域 C 和区域 A，如图 4.5 所示。当前状态为R1 已经计算得出到达区域 B 的网络前缀 P2 的路由，目前存在两条路径，一条来自 R2，另一条来自 R3。假定经过 R2 的路径代价低，于是 R1 选择下一跳为

Ru 且代价为 $u+z$ 的路径为最优路径。与此同时，区域 C 中，R5 依据基础 LSA 已经建立了区域 C 的最短路径树，并计算得到到达 R1 的路径代价为 g，下一跳 为 Rg。R1 在收到 R2 和 R3 通告的包含 P2 的汇总网络 LSA 并计算出最优路由 后，需要将该汇总路由进一步向区域 C 扩散："通过 R1 可以达到 P2，路径代 价为 $u+z$"。当 R5 收到该汇总网络 LSA 后，通过累加本地到 R1 的代价 g 与 R1 到 P2 的路径代价 $u+z$，进而得到本地到达 P2 的路径代价为 $g+u+z$，下一跳为 Rg。

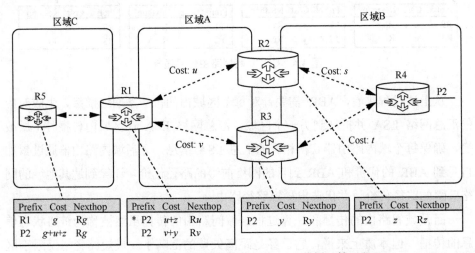

图 4.5　跨越骨干区域的汇总网络 LSA 传播计算过程

　　结合汇总网络 LSA 的传播和计算，总结归纳上述过程。第一步，区域 A 和 区域 B 的边界路由器 R2 针对区域 B 内所有网络前缀生成汇总网络 LSA 并在区 域 A 内通告"通告路由器 R2，到达网络前缀 P 的代价为 C1"。该消息扩散到 区域 A 边界路由器 R1 后，R1 计算并进一步向区域 C 进行通告"通告路由器 R1，到达网络前缀 P 的代价为 C2"。区域 C 的内部路由获得该汇总网络 LSA 信息，计算得到网络前缀 P 路径，并生成路由信息。汇总网络 LSA 在区域之间 传播和最短路径计算过程中重点关注了 3 个信息：通告汇总网络 LSA 的路由器 ID、汇总网络前缀信息、网络前缀掩码以及 ABR 到达该网络前缀的路径代价。

　　（2）汇总网络 LSA 格式

　　汇总网络 LSA 格式如图 4.6 所示。汇总网络 LSA 将 LSA 头部域的链路状态

ID 字段复用，用于承载汇总的网络前缀信息，所以，区域内的每个网络前缀将会对应生成的一条汇总网络 LSA。LSA 其他域的定义保持不变。LSA 内容字段的描述见表 4.1。

图 4.6　汇总网络 LSA 格式

表 4.1　汇总网络 LSA 内容字段描述

字段名称	长度/bit	功能描述
网络掩码	32	汇总网络前缀所对应的网络掩码
度量	24	从 ABR 到通告的网络前缀的路径代价，与路由器 LSA 的 16 比特度量字段不同，此处为 24bit，以便更为精确地反映路径代价
ToS 度量编号	8	兼容性考虑，实际未用
ToS 度量	16	ToS 代价。兼容性考虑，实际未用

汇总网络 LSA 由区域边界路由器产生，并向骨干区域和非骨干区域传播。如前文所述，汇总网络路由的计算和传播过程与距离矢量协议类似，所以，该 LSA 在传播过程中每经过一个区域边界路由器，就会将 LSA 中"通告路由器 ID"修改为当前路由器的 ID，并更新度量值后再进行该消息的传播。所以，汇总网络 LSA 的传播过程中只有区域边界路由器对消息中"通告路由器 ID""度量"进行修改，其他路由器都采用类似基础 LSA 的传播方式传播。

（3）域间路由环路

域间路由传播建立在各个区域拓扑已经生成的基础上，汇总网络 LSA 只在 ABR 上产生，并在传播过程中被 ABR 计算和修改，实际操作过程可类比距离矢量协议机制理解。OSPF 分域之后的距离矢量特性如图 4.7 所示，忽略了区域内部的网络拓扑连接，只保留 ABR 的拓扑连接。ABR R2 将区域内 A 的网络前缀 P 通告给 R3："通告路由器 R2，到达 P 的代价为 u"，R3 收到该路由通告后，计算新的路径代价后通告给 R4："通告路由器 R3，到达 P 的代价为 $u+v$"，R4 收到该路由器通告后，计算并通告给 R5，使得 R5 最终计算出到达区域外网络前缀 P 的最优路径。从这个过程来看，每个 ABR 都是基于前一个 ABR 通告的路由信息以及本地到该 ABR 的代价进行本地路由计算，生成本地路由后再进一步向其他邻居扩散，对于这种域间路由信息的传播和计算与距离矢量协议机制相同。

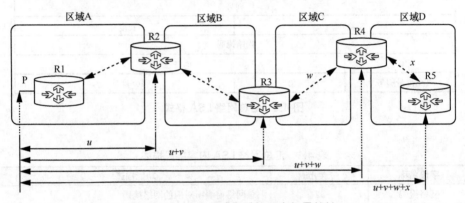

图 4.7　OSPF 分域之后的距离矢量特性

　　既然汇总网络 LSA 的传播和计算是按照距离矢量协议机制进行的，那么必然存在距离矢量协议所面对的路径环路问题。为了避免环路，距离矢量协议引入了水平分割、毒性逆转等机制。对于 OSPF，也需要相应机制来解决该问题。

　　1）水平分割

　　汇总网络 LSA 消息以逐跳方式传播，与距离矢量协议一样，对于通告路由前缀的消息而言，其传播方向应该离目的网络越来越远，而不应该是越来越近。对于 OSPF 的汇总网络 LSA 而言，可以定义为从某个区域收到的汇总网络 LSA 消息不应当再通告给该区域。如图 4.7 所示，对于跨越区域 B 和区域 C 的 ABR R3 而言，接收区域 B 的汇总路由和经过区域 B 中继而来的区域 A 的汇总路由，这些路由在区域 C 内进行扩散并进一步传播到区域 D，但是这些路由不允许再次传播给区域 B。

2）骨干区域

OSPF 解决区域间拓扑环路的方法如图 4.8 所示。如果区域拓扑上存在环，如图 4.8（a）所示，OSPF 域间路由将产生环路。OSPF 通过网络设计的方法消除产生拓扑环路的可能性，它引入了骨干区域概念，让网络中只存在一个骨干区域，其他区域必须连接到骨干区域上，如图 4.8（b）所示，任意两个非骨干区域不允许直接连接和交互路由信息，只能通过骨干区域进行互联互通。这种网络设计的方法解决了 OSPF 区域间的拓扑环路问题。

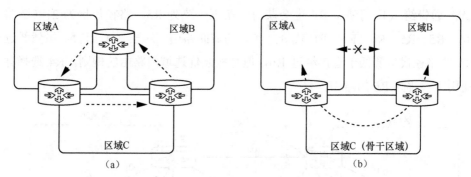

图 4.8　OSPF 解决区域间拓扑环路的方法

因此，OSPF 要求所有的非骨干区域必须与骨干区域直接相连，这使得区域间的路由传递不能直接发生在两个非骨干区域之间，从而规避了域间路由环路的发生，也使得 OSPF 的区域架构在逻辑上形成了一个 Hub-spoke 的星形拓扑。

（4）区域间最优路由选择

区域内部采用 SPF 算法，计算生成树，得到到达目的节点或者网络的最短路径。区域内的最短路径与最优路径是等价的。在引入域间路由之后，采用了另外一套路由计算方法，使得最优路径的概念发生了变化。此时仍通过累加节点之间的链路代价计算路径代价，但是在比较两条路径优劣时，不完全以路径代价为参考依据。即最短路径并不一定是最优路径。在进行最优路径选择时，优先考虑区域的影响，在区域影响相同的条件下，优选最短路径。

规则 1：域内路径要优于域间路径。如果分别通过基础 LSA 和汇总网络 LSA 获得到达目的网络的路由，则优选域内路径。

规则 2：同为域间路径，骨干区域路径要优于非骨干域内路径。对于一个区域边界路由器而言，如果分别从骨干区域和非骨干区域收到到达目的网络的路由，则优选经过骨干区域的路径。

为了更好理解上述两种情况，考虑如图 4.9 所示的网络拓扑进行最优路径计算。对于 R4 而言，其中一个接口属于区域 20，通过 SPF 算法可以计算得到到达 P1（6.6.6.6/32）的路径代价为 101（链路 R4—R6、R6—P1 代价之和），下一跳为 R6 的域内路由。同时，R5 作为 ABR 会针对区域内的 P1 生成汇总网络 LSA 通告给 R4。于是，R4 也会获得一条下一跳为 R5，路径代价为 21（链路 R4—R5、R5—R6、R6—P1 代价之和）的域间路由。对于 R4 而言，虽然经过 R5 的路径代价要低于直接经过 R6，但是按照优选域内路由的规则，R4 选择并使用下一跳为 R6 的路由。

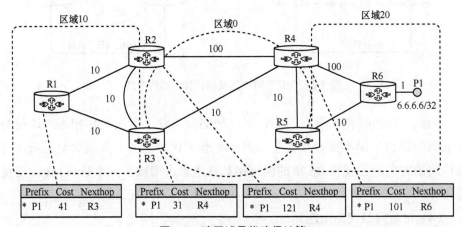

图 4.9　跨区域最优路径计算

该拓扑中，R4 和 R5 都是 ABR，会分别针对 P1 生成域间路由，并扩散到区域 0 内的 ABR R2 和 R3，R2 和 R3 会进一步将路由 P1 在区域 10 以内扩散。对于路由器 R2，它会拥有关于 P1 的 4 条汇总网络 LSA 信息，如下。

Summary Net Link States (Area 0)

LS Age: 312

Options: (No ToS-Capability, DC, Upward)

LS Type: Summary Links (Network)

Link State ID: 6.6.6.6 (Summary Network Number)

Advertising Router: 4.4.4.4

LS Seq Number: 80000005

Checksum: 0xE9C1

Length: 28

Network Mask: /32

　　　ToS: 0　Metric: 101

Routing Bit Set on this LSA

LS Age: 687

Options: (No ToS-Capability, DC, Upward)

LS Type: Summary Links (Network)

Link State ID: 6.6.6.6 (Summary Network Number)

Advertising Router: 5.5.5.5

LS Seq Number: 80000004

Checksum: 0x46BC

Length: 28

Network Mask: /32

　　　ToS: 0　Metric: 11

　　　　　Summary Net Link States (Area 10)

LS Age: 468

Options: (No ToS-Capability, DC, Upward)

LS Type: Summary Links (Network)

Link State ID: 6.6.6.6 (Summary Network Number)

Advertising Router: 2.2.2.2

LS Seq Number: 80000006

Checksum: 0xECB1

Length: 28

Network Mask: /32

　　　ToS: 0　Metric: 121

LS Age: 538

Options: (No ToS-Capability, DC, Upward)

LS Type: Summary Links (Network)

Link State ID: 6.6.6.6 (Summary Network Number)

Advertising Router: 3.3.3.3

LS Seq Number: 80000005

Checksum: 0x49AC

Length: 28

Network Mask: /32

ToS: 0   Metric: 31

这 4 条汇总网络 LSA，其中两条来自骨干区域路由器 R4（4.4.4.4）和 R5（5.5.5.5），另外两条来自非骨干区域 R3（3.3.3.3）和 R2（2.2.2.2）。注意，R2 的汇总网络 LSA 是为自己生成的。按照优选骨干区域路由规则，只会从 R4 和 R5 中选择。R2 到 R4 的路径代价与 R4 到 P1 的代价之和为 201（100+101），而 R2 到 R5 的路径代价与 R5 到 P1 的代价之和为 121（110+11），所以，R2 会优选经过 R5 的路径为最优路径，其下一跳为 R4。在这里可以看到，虽然 R2 经过 R3 到达 P1 的路径代价为 41（10+31），是所有 4 条路径之中代价最小的路径，但是按照规则 2，这条最短路径不能作为最优路径。

从上面的例子中可以看到，在进行最优路径选择过程中，并没有完全将路径代价作为唯一的参考因素，产生了一些与预期不一致的数据转发过程。例如，按照当前的选路方法，路由器 R2 和 R3 认为数据按照路径 R4—R5—R6—P1 进行转发，实际上，当数据到达路由器 R4 后，沿路径 R4—R6—P1 进行转发了，这正是因为 R4 在进行路径选择时并没有采用最小路径代价的原因。

4.2.2　AS 外部 LSA（Type-5 LSA/LSA5）

AS 外部 LSA 用于将 OSPF 协议域之外的路由传播到 OSPF 域内，这个功能由 ASBR 完成。

（1）AS 外部路由优劣的衡量方式

外部路由来自另外一个协议域，也有可能来自另外一个自治系统。不同协议描述路由的方法和标准是不一样的，例如 RIP 采用跳数；BGP 采用多重属性；即使同样是 OSPF 协议，采用的链路参考带宽不同，也会导致相同的路径代价数值对应的路径代价含义不一样。之所以讨论协议之间的路径代价衡量标准的差异，是因为将外部路由引入 OSPF 域时，需与 OSPF 域内的路径代价兼容。

OSPF 域路径代价与外部域路径代价的关系如图 4.10 所示，OSPF 域的 ASBR R2 和 R3 将同时从外部引入一条到达 Prefix 的外部路由。R1 已经获知到

R2 和 R3 的 OSPF 路径代价，同时也可以获知 R2 和 R3 分别到达 Prefix 的路径权重。对于 R1 而言，进行最优路径选择时会有 3 种方案。

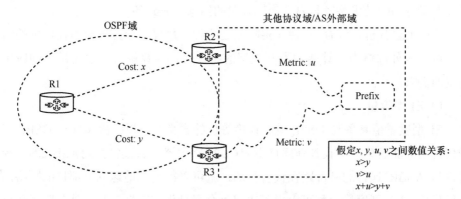

图 4.10　OSPF 域路径代价与外部域路径代价的关系

1）外部最优方案

将整个 OSPF 域视为一个整体，不考虑域内数据转发成本，只追求数据能够以最小的代价从当前 OSPF 域到达目的网络，在图 4.10 拓扑中，R1 只考虑外部路径代价，且 R2 到达 Prefix 的外部路径代价 u 小于 R3 到达 Prefix 的外部路径代价 v，R1 会选择经过 R2 的路径为最优路径。

2）内部最优方案

将整个外部域视为一个整体，不考虑域外的数据转发成本，只追求数据能够以最小域内代价从本域发出，完全不考虑数据离开本域后需要花费多少代价到达目的网络。在图 4.10 拓扑中，R1 只考虑内部路径代价，且 R1 到达 R3 的内部路径代价 y 小于到 R2 的内部路径代价 x，R1 会选择经过 R3 的路径为最优路径。

3）全局最优方案

将 OSPF 域和外部域同等对待，认为两个域的路径代价具备相同的含义，能够直接进行叠加运算。此时在进行最优路径计算时，将域内路径代价和域外路径代价进行相加，计算出到达目的网络的综合路径代价。在图 4.10 拓扑中，R1 会选择经过 R3 的路径为最优路径，因为经过域内和域外路径代价叠加后，经过 R3 的路径代价最小。

上述 3 种最优路径选择方案中"内部最优方案"实际上可以用"全局最优方

案"实现，只要在"全局最优方案中"将所有 ASBR 引入的同一个网络前缀的外部路径代价设置为相等，那么全局最优与内部最优是等价的，此时按照全局最优方案得到的最优路径与内部最优方案的结果是一致的。

通过上述分析，综合 3 种（实际上是两种）最优路径方案对路径代价的需求，可以为外部路由设计两种不同类型的路径代价计算模式，以满足不同应用场景的需求。

1）E1 型度量

E1 型度量值具备与 OSPF 链路代价等价的含义，可以直接实现与 OSPF 路径代价的叠加运算。接收到外部路由的OSPF路由器，通过将其到ASBR的路径代价与 ASBR 通告的外部路径代价相加，就可以得到本地达到外部目的网络的路径代价。E1 型度量模型可以用于实现"全局最优方案"，且在外部路径代价相等的条件下退化为"内部最优方案"。

2）E2 型度量

E2 型度量值不具备与 OSPF 链路代价等价的含义，在 OSPF 域内进行路径代价计算时，不能与内部路径代价直接叠加。接收到外部路由的 OSPF 路由器，直接将 ASBR 通告的外部路径代价视为本地达到外部目的网络的路径代价，这种计算方法可以用于实现"外部最优方案"。

在 E2 型度量模式下，也会存在两条外部路径的 E2 代价一样的情况，此时，OSPF域内路由器应该做出何种选择来打破这种平衡呢？有两种方法，一种为随机选择，另一种为优选到达 ASBR 路径代价最小的路径。下面分析两种方法的不同。在图 4.11 中，路由器 R3 和路由器 R4 到达外部网络 Prefix 的路径代价采用 E2 型度量，且代价值是一致的，对于 R1 和 R2 而言，会从 R3 和 R4 收到两条等代价的路径，假定 R1 随机选择经过 R1—R2—R4 到达外部网络，同时 R2 随机选择经过 R2—R1—R3 到达外部网络，此时去往外部网络 Prefix 的数据会在 R1 和 R2 之间往返转发。这种在外部路径代价相同时，随机选择出口的策略会引入了环路问题。因此，在 E2 型度量相同条件下，不能采用随机选择出口路径方法，而应采用优选到达 ASBR 路径代价最小的路径。即使到达 ASBR 路径的代价相等，只要按照统一的打破平衡的规则（例如优选下一跳 IP 地址大的路径等），就可以防止环路的产生。E2 型度量模型可以实现"外部最优方案"，且在外部路径代价相等的条件下退化为"全局最优方案"。

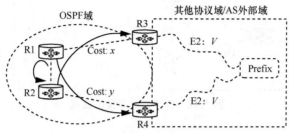

图 4.11 在外部路径代价相等情况下随机选择出口节点导致环路

将数据以最低的代价送达目的节点是数据传送的首要目标,对于 E2 型度量模型,缺省实现"外部最优",即使在外部路径代价相等的条件下仍然能够实现"全局最优",因此,协议在引入外部路由时缺省采用 E2 型度量。

(2)到达 AS 外部网络的最佳出口点

ASBR 的作用就是负责通告外部路由,这就意味着通过 ASBR 可以到达相应的外部网络。因此,ASBR 作为整个 OSPF 域的关口,是通往"外部世界"的一个出口。这个出口究竟是否为最佳出口则取决于 ASBR 的具体网络场景。

如果 ASBR 存在于到达外部网络的最优路径上,那么 ASBR 就是最佳出口节点,反之,则意味着 ASBR 并不是最佳出口点。读者自然会问,既然外部路由都是由 ASBR 通告的,那为何最优路径还不经过 ASBR 呢?

考虑如图 4.12 所示的场景,路由器 R2、R3、R4 在同一个多点接入网络上,路由器 R2 和 R3 同属于 OSPF 域,它们之间运行 OSPF 协议。R3 作为 OSPF 域的 ASBR,与 R4 之间运行其他协议(例如 RIP),并将外部路由注入 OSPF 域。R2 作为 OSPF 域内路由器会从 R3 收到外部路由通告,获知可以通过 R3 到达外部网络。对于 R2 而言,它只知道 R3 是 OSPF 域的出口,于是将所有去往外部网络的数据交付给 R3,然后再由 R3 交付给 R4 进行中继转发。R2、R3、R4 在同一个多点接入网络中,实际上,R2 可以将去往外部网络的数据直接交付给 R4,而不需要经过 R3 进行中转。在这种网络场景下,R3 虽然作为 ASBR,是整个 OSPF 域的出口,但是对某些路由器(例如 R2 而言),R3 却不是最优出口。

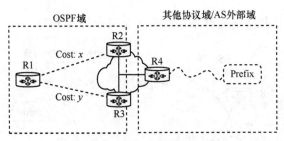

图 4.12　OSPF 域最佳出口点

　　在这种场景下，R3 会生成 ICMP 重定向消息，告知 R2 将去往外部网络的下一跳设置为 R4 而不是 R3。如果 R2 能够按照 R3 的 ICMP 重定向指示更改下一跳，则可以纠正这种次转发模式，当然，R2 可能不去响应这个重定向消息。因此，最佳方案应该是从路由协议角度出发，找到避免产生这种情况的方法。

　　仍以图 4.12 场景为例，如果 R3 在通告外部路由之前，做一下外部网络接口（通往外部网络的出接口）检测，发现外部接口为多点接入网络，那就意味着可能存在另一台路由器接入该多点接入网络。R3 在通告外部路由信息时，直接将其到达外部网络的下一跳 IP 地址一起随外部路由通告一起发送。OSPF 域的路由器收到外部路由通告后，就会获得两个出口，一个是 R3（即 R3 的 RID），另一个是 R3 去往外部网络的下一跳（即 R4 连接 R3 的接口 IP 地址）。在这种情况下，R2 将直接将去往外部的数据直接交付处于同一个多点接入网络上的外部路由器 R4，而不再需要经过 R3 中转。

　　ASBR 在通告外部路由信息时携带的两个出口信息：一个为 ASBR 的 RID，另一个定义为转发地址（Forwarding Address，FA）。转发地址并不总是存在的，只有在 ASBR 的外部出口为多点接入网络时，FA 的存在才有意义。每一个 OSPF 路由器如果收到的 AS 外部 LSA 中含有 FA（即 FA 为非 0），则在计算到达外部网络的最优路径时，必须使用转交地址作为到达外部网络的出口，而不再是 ASBR。需要注意的是，一旦 LSA5 中包含 FA，则所有 OSPF 路由器都将基于 FA 计算到达外部的路由，当本地没有到达 FA 的路由时，即使本地拥有到达 ASBR 的路由，到达外部网络的路径也无法建立。所以，一旦决定采用 FA 作为到达外部网络的出口，就必须保证 FA 所在网络信息在整个 OSPF 域内可达；否则，就必须将 FA 置为 0，进而明确指示要采用 ASBR 作为到达外部网络的出口。

　　OSPF 域的路由器必须预先知道到达转发地址 FA 的路由才能计算到达外部网络的最优路径。这就意味着转发地址 FA 所在的网络信息必须先于 ASBR 通告的携带 FA 的 AS 外部 LSA。这个严格的时序上的关系可以由 ASBR 保证。

　　ASBR 在通告 AS 外部网络路由时，如果发现去往外部网络的出接口为多点接入网络接口，接口的网络前缀被发布到 OSPF 中，并且该接口没有被设定为被动接口（被动接口上是没有任何 OSPF 邻居的），在上述 3 个条件满足时，ASBR 会在通告的 LSA5 中携带 FA。从这个过程来看，ASBR 首先将 FA 所在的多点接入网络在 OSPF 域发布，之后才通告 LSA5，从而保证 OSPF 域的所有路由器在收到 LSA5 时，都已经建立了到达 FA 的路由，进而能顺利计算出到达外部网络的最优出口。

　　（3）AS 外部 LSA 格式

　　综合前面两节对 AS 外部路由的描述，图 4.13 给出了 AS 外部 LSA 格式。与汇总网络 LSA 格式类似，AS 外部 LSA 也是将 LSA 头部域的链路状态 ID 字段复用，用于承载 AS 外部的网络前缀信息，针对 OSPF 域外的每个网络前缀将会对应生成的一条 AS 外部 LSA。LSA 头部域的其他域的定义保持不变。LSA 内容字段的描述见表 4.2。

图 4.13　AS 外部 LSA 格式

表 4.2　AS 外部 LSA 内容字段描述

字段名称	长度/bit	功能描述
网络掩码	32	AS 外部网络前缀所对应的网络掩码
E	1	外部路由采用的度量类型，0:E1 型度量；1:E2 型度量
度量	24	从 ASBR 到通告的网络前缀的路径代价
转发地址	32	默认为 0，如果存在则指 ASBR 到达外部路由的下一跳接口 IP 地址
外部路由 Tag	32	ASBR 在引入路由时携带的一个标签，主要用于对一组路由进行标记，便于 OSPF 域的路由器按照统一的策略批处理这些路由
ToS 开始字段		为了与 OSPF 之前版本兼容

　　LSA 字段中 E 比特位用于标识该路由采用 E1 型度量还是 E2 型度量。转发地址则用于在多点接入网络中更准确地识别最好的 OSPF 域的出口。外部路由 Tag 是在路由上附属的一个属性信息，用于对路由的批量处理。该 Tag 可以理解为一个标识，通过配置方式让多条相同特点的外部路由携带相同的 Tag，这样 OSPF 域的路由器可以基于这个 Tag 进行精确的路由控制。例如，假定从 AS 外部引入了 1000 条路由，其中 100 条来自 RIP，900 条来自 BGP，如果区域 10 只允许引入 RIP 路由，区域 20 允许引入所有路由，区域 30 只允许引入 BGP 路由，在不使用 Tag 的情况下，需要针对每一条路由配置。但是，如果 ASBR 引入 RIP 路由时设置 Tag 为 100，引入 BGP 路由时设置 Tag 为 200，那么在区域边界路由器上只针对 Tag 值配置一条路由策略就可以实现前述路由控制的目标。

　　AS 外部 LSA 由 ASBR 生成，而 ASBR 可能位于非骨干区域内，也可能位于骨干区域内，ASBR 既可以是区域内部路由器，也可以是区域边界路由器。对于 AS 外部 LSA，由 ASBR 生成，并经过其他 OSPF 路由器中继，在中继过程中保持"通告路由器 ID"字段不变，从而保证所有 OSPF 路由器都能准确计算到达"通告路由器"——ASBR 的最优路径。所以，在 AS 外部 LSA 的传播过程中，所有路由器对该 LSA 中路由相关域均不做修改，其转发操作类似于基础 LSA 的传播方式。

　　（4）多种度量条件下的最优路由选择

　　从 LSA3 的路由的选择过程可知，在引入 LSA3 后，不能简单按照最短路径进行最优路径选择。同样，在引入 LSA5 路由后，OSPF 域的最优路由选择变得更为复杂。

图 4.14 给出了 OSPF 域和 RIP 互联拓扑，该拓扑中包含两个 OSPF 区域：一个为骨干区域 0，另一个为普通区域 1。R3 和 R4 为 OSPF 域的 ABR，R2 和 R6 为 RIP 路由器。R1 和 R7 作为 ASBR，通过 RIP 与 R2 互联，并引入 RIP 域的路由。R5 与 R6 之间通过 RIP 互联，同时，R5 将 R5—R6 接口视为 OSPF 接口，将该网络前缀 P：56.0.0.0/24 在 OSPF 域内扩散。OSPF 域中各链路代价已在图 4.14 中标出。下面所有讨论都围绕前缀 P 在 R3 上的 LSA 信息和路由展开。

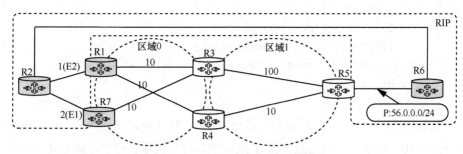

图 4.14　OSPF 域和 RIP 互联拓扑

前缀 P 通过基础 LSA 在区域 1 内传播，使得 R3 通过 R5 的 Type-1 LSA 获知前缀 P 的信息，Type-1 LSA 信息如下。

```
OSPF Router with ID (3.3.3.3) (Process ID 1)
                Router Link States (Area 1)
    LS Age: 866
    Options: (No ToS-Capability, DC)
    LS Type: Router Links
    Link State ID: 5.5.5.5
    Advertising Router: 5.5.5.5
    LS Seq Number: 8000000B
    Checksum: 0x2E2D
    Length: 72
    Number of Links: 4
      Link Connected to: A Stub Network
      (Link ID) Network/Subnet Number: 5.5.5.5
      (Link Data) Network Mask: 255.255.255.255
        Number of ToS Metrics: 0
        ToS 0 Metrics: 1
```

Link Connected to: A Stub Network
(Link ID) Network/Subnet Number: **56.0.0.0**
(Link Data) Network Mask: **255.255.255.0**
Number of ToS Metrics: 0
ToS 0 Metrics: 10
Link Connected to: A Transit Network
(Link ID) Designated Router Address: 35.0.0.3
(Link Data) Router Interface Address: 35.0.0.5
Number of ToS Metrics: 0
ToS 0 Metrics: 100
Link Connected to: a Transit Network
(Link ID) Designated Router Address: 45.0.0.4
(Link Data) Router Interface Address: 45.0.0.5
Number of ToS Metrics: 0
ToS 0 Metrics: 10

通过 SPF 算法得出到达 P 的路径代价为 Cost[R3−R5]+Cost[R5−P]= 100+10=110。这条路径是通过区域 1 直达的，称为区域内路径，即到达 P 的区域内路径代价为 110。

前缀 P 到达区域边界路由器 R3 和 R4 后，转化为 LSA3 在区域 0 内洪泛，这样 R3 在区域 0 内便会产生两条 LSA，一条为自身转化产生，另一条来自 R4，LSA3 信息如下。

OSPF Router with ID (3.3.3.3) (Process ID 1)
Summary Net Link States (Area 0)
LS Age: 835
Options: (No ToS-Capability, DC, Upward)
LS Type: Summary Links (Network)
Link State ID: **56.0.0.0** (Summary Network Number)
Advertising Router: 3.3.3.3
LS Seq Number: 80000002
Checksum: 0xA2E6
Length: 28
Network Mask: **/24**
ToS: 0 **Metric: 110**

LS Age: 875
Options: (No ToS-Capability, DC, Upward)

LS Type: Summary Links (Network)

Link State ID: **56.0.0.0** (Summary Network Number)

Advertising Router: 4.4.4.4

LS Seq Number: 80000001

Checksum: 0xFEE1

Length: 28

Network Mask: **/24**

　　ToS: 0　**Metric: 20**

R3 到达 R4 的路径代价为 Cost[R3−R1−R4]=10+10=20，R4 到 P 的路径代价为 Cost[R4−R5−P]=10+10=20。所以 R3 经过 R4 到达 P 的路径代价为 Cost[R3−R1−R4]+Cost[R4−R5−P]=20+20=40。这条路径是跨越区域 0 间接到达 P 的，称为区域间路径，即到达 P 的域间路径代价为 40。

因为路由器 R5 和 R6 之间运行 RIP，所以，前缀 P 也会被 R6 通过 RIP 传递到 R2，进而到达 R1 和 R7。R1 和 R7 运行了 RIP，并将 RIP 路由引入 OSPF 中，其中 R1 在引入外部路由时，设定外部路由度量为 E2 型，代价为 1，Tag 为 111111；R7 在引入外部路由时，设定外部路由度量为 E1 型，代价为 2，Tag 为 777777。这些外部路由通过 LSA5 在 OSPF 域内洪泛（RIP 的优先级低于 OSPF，要想让 R1 和 R7 将 RIP 路由前缀 P 引入 OSPF 中，需要设置 RIP 优先级高于 OSPF），并到达 R3，R3 收到的 LSA5 信息下。

　　　　OSPF Router with ID (3.3.3.3) (Process ID 1)

　　　　　　Type-5 AS External Link States

LS Age: 10

Options: (No ToS-Capability, DC)

LS Type: AS External Link

Link State ID: **56.0.0.0** (External Network Number)

Advertising Router: 1.1.1.1

LS Seq Number: 80000001

Checksum: 0x9C20

Length: 36

Network Mask: /24

　　Metric Type: 2 (Larger Than any Link State Path)

　　ToS: 0

　　Metric: 1

　　Forward Address: 0.0.0.0

External Route Tag: 111111

LS Age: 94
Options: (No ToS-Capability, DC)
LS Type: AS External Link
Link State ID: 56.0.0.0 (External Network Number)
Advertising Router: 7.7.7.7
LS Seq Number: 80000001
Checksum: 0xF4CE
Length: 36
Network Mask: /24
    Metric Type: 1 (Comparable directly to link state metric)
    ToS: 0
    Metric: 2
    Forward Address: 0.0.0.0
    External Route Tag: 777777

按照 E1 型和 E2 型度量计算规则计算到达 P 的路径代价：

E1 型度量规则：Cost[R3−P]= Cost[R3−R7]+ Cost[R7−P]=10+2=12

E2 型度量规则：Cost[R3−P]= Cost[R1−P]=1

这条路径是跨越其他协议域的路径，称为域外路径，即到达 P 的域外路径代价分别为：经过 R7 的 E1 型路径代价 12 和经过 R1 的 E2 型路径代价 1。

综合上述 3 种情况、4 种度量方式，R3 得到了到达目的网络 P 的 4 种路径代价如下：

- 域内路径代价 110；
- 域间路径代价 40；
- E1 型域外路径代价 12；
- E2 型域外路径代价 1。

每种度量方式就如同一种度量标尺，通过不同类型的标尺度量出来的值是不具备可比性的，因此，需人为规定这些 "标尺" 之间的优先级。LSA3 的度量规则中已经阐明，域内路径优于域间路径，现在需要对该规则进一步拓展，并定义如下规则：OSPF 路由器从多个层面收到关于同一个目的网络的前缀时，首先比较该网络前缀的通告类型，在类型相同的条件下，比较路径代价。不同通告类型对应的路径优先级为：

域内路径＞域间路径＞E1 型域外路径＞E2 型域外路径

按照该规则要求，可以得出路由器 R3 到达 P 的最优路径。通过查看 R3 的路由表印证上述规则：

```
        56.0.0.0/24 is subneted, 1 subnets
O       56.0.0.0 [110/110] via 35.0.0.5, 00:30:15, Ethernet1/5
```

在同时拥有区域内、区域间、外部路径的条件下，R3 选择下一跳为 R5（35.0.0.5）的域内路径，路径代价为 110。下面通过关闭一些链路，依次消除最优路径，浮现次优路径，逐步验证上述优先级规则的作用。

首先，将 R3 与 R5 连接的接口关闭，R3 失去到达 P 的域内路径，此时，R3 只拥有区域间和外部路径。R3 选择下一跳为 R1（13.0.0.1）的域间路径，路径代价为 40：

```
        56.0.0.0/24 is subneted, 1 subnets
O IA    56.0.0.0 [110/40] via 13.0.0.1, 00:00:00, Ethernet1/3
```

进一步，将 R4 与 R5 连接的接口关闭，使得 R3 失去到达 P 的域间路径，此时，R3 仅拥有外部路径：一条为 E1 型度量，另一条为 E2 型度量。R3 选择下一跳为 R7（37.0.0.7）的 E1 型外部路径，路径代价为 12：

```
        56.0.0.0/24 is subneted, 1 subnets
O E1    56.0.0.0 [110/12] via 37.0.0.7, 00:00:03, Ethernet1/7
```

最后，将 R3 与 R7 连接的接口关闭，使得 R3 仅拥有一条 E2 型外部路径。R3 选择下一跳为 R1（13.0.0.1）的 E2 型外部路径，路径代价为 1：

```
        56.0.0.0/24 is subneted, 1 subnets
O E2    56.0.0.0 [110/1] via 13.0.0.1, 00:00:01, Ethernet1/3
```

可以看出，针对同一条路由，依据传播路径和方式的不同，OSPF 采用了不同的度量标尺进行测量。度量标尺存在优劣之分，在相同度量标尺条件下，再通过比较度量值进一步识别路径优劣。既然衡量路由的度量标尺的优劣是协议规定的，在实际应用过程中也可以根据具体情况修改，但是不建议这么做。

4.2.3   ASBR LSA（Type-4 LSA/LSA4）

在 LSA5 消息的洪泛过程中，通告路由器 ID 没有发生变化，始终为 ASBR 的路由器 ID，这样每台 OSPF 路由器首先计算到 ASBR 的距离，然后再迭代 ASBR

到达外部网络的距离，进而实现路径代价的计算。而 ASBR LSA 就是用于传播 ASBR ID 信息的，使得每台 OSPF 路由器都能计算出到达 ASBR 的路径代价。

（1）ASBR LSA 存在的必要性

从前文中可以了解，LSA3 采用与距离矢量类似的传播方式类似，每经过一个 ABR 就重新计算路径代价，并更新通告路由器 ID，这样每台 OSPF 路由器只需要计算自身到达 ABR 的距离，并迭代 ABR 到目的网络的距离，从而实现到区域间网络前缀的路径代价的计算。如果 ASBR 生成的 LSA5 到达 ABR 后，ABR 也采用 LSA3 的传播方式进行传播，那么每台 OSPF 路由器就可以采用与 LSA3 类似的迭代计算方式，计算出到达外部网络的路径代价，而不需要知道本地到达 ASBR 的距离。如图 4.15 所示，R4 作为 ASBR 采用 E1 型度量，生成 LSA5，在区域 2 内洪泛，作为 ABR 的 R3 接收后更新 Cost 域和 AdvRID 域，并进一步在区域 0 洪泛，最后，连接区域 1 的 ABR R2 将 AdvRID 替换为 R2，累加计算 R2 到外部网络的路径代价为 $y+x+V$。对于 R1，只需要将自身到达 R2 的路径代价与 R2 到外部网络的路径代价迭代就可以得到到达外部网络的路由和路径代价。对于 E2 型度量而言，可以采用类似方式进行外部网络前缀的传播。整个过程中，OSPF 路由器根本不需要知道到达 ASBR 的路径代价就可以计算出到达外部网络的路由和路径代价，那么为何还需要专门设计 LSA4 传递 ASBR 信息呢？

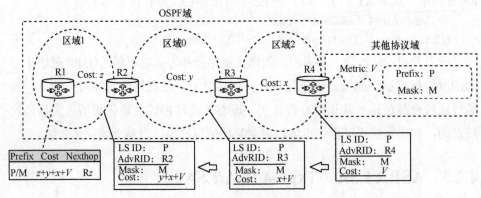

图 4.15　沿用 LSA3 方式传播 LSA5

为了回答这个问题，需要先掌握 LSA4 的传播和外部网络前缀的路径代价计算方法。下面阐述OSPF路由器如何计算到达 ASBR 的路径代价以及如何进一步迭代外部路径代价，计算出到达外部网络的最优路由。

实际上 ASBR 与区域内的任意一条网络前缀类似，只不过它没有掩码信息。所以，OSPF 采用与 LSA3 相同的方式传播 LSA4 信息，如图 4.16 所示，区域边界路由器 R3 检测到区域 2 中 R4 为 ASBR，且通过 SPF 算法计算得到到达 R4 的代价为 x，于是 R3 负责生成 LSA4，并在区域 0 中洪泛。区域边界路由器 R2 收到后，更新路径代价为 $y+x$，并替换通告路由器 RID 为 R2 后，将该 LSA 在区域 1 中洪泛，最终区域 1 中路由器 R1 得到到达 ASBR 的路径代价和最优路由。与此同时，ASBR R4 生成LSA5，该LSA被区域边界路由器 R3、R2 中继，从而使得所有区域都收到该 LSA 信息。LSA5 在传播过程中，路由器不对该 LSA 进行路径计算及通告路由器 ID 的更新。路由器 R1 在收到 LSA5 后，获知通过 ASBR R4 花费代价 V 到达外部网络 P，而本地到达 ASBR R4 的路径代价为 $z+y+x$，下一跳为 Rz。通过迭代计算，就可以得到到达外部网络 P 的路径代价为 $z+y+x+V$，下一跳为 Rz，计算结果与图 4.15 所示方法得到的结果一致。

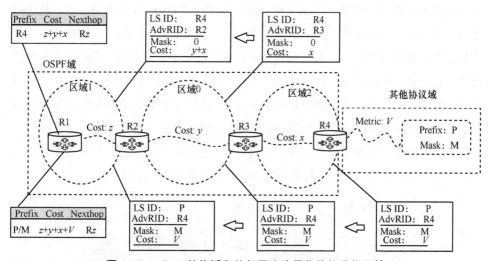

图 4.16　LSA4 的传播和外部网络路径代价的迭代计算

比较上述两种方法，OSPF 路由器在迭代计算到达外部网络的最优路径时计算次数和计算量都是相当的。前者是迭代自身到 ABR 和 ABR 到外部网络的路径代价，后者是迭代自身到 ASBR 和 ASBR 到外部网络的路径代价。而不同之处主要体现在 LSA 洪泛过程中 ABR 的计算次数和计算量。前一种方法在 LSA 生成后，每经过一个 ABR 都要进行一次路径计算和消息域修改，而且这个操作是与外部路由数量紧密关联的，外部路由越多，消耗的 ABR 计算资源越多。后一种方法在 LSA5 生成后，整个洪泛过程中，所有路由器都不需要做路径计算和消息域修改操作，路由器计算资源与外部路由的数量不相关。唯一需要 ABR 进行路径计算和消息域修改的是 LSA4，而 LSA4 的数量取决于 ASBR 数量，对于整个 OSPF 域而言，ASBR 数量远小于外部路由数量。所以，采用组合 LSA4 和 LSA5 进行外部路由计算的方法，将 ABR 针对每条外部路由的路径计算转化为针对每个 ASBR 的路径计算，将外部路由引入 ABR 的路径计算解耦，消除外部路由引入 ABR 带来的计算压力，提升整个 OSPF 协议的扩展性。

除了协议扩展性方面的考虑，组合 LSA4 和 LSA5 进行外部路由计算的方法能够找到更优的出口路径。当采用 E2 型度量方法时，若到同一条外部网络前缀的外部路径代价相等，则优选到达 ASBR 的路径。如果按照图 4.15 所示方法来传播外部路由，则 OSPF 路由将无法获知 ASBR 的信息，仅能区分到达本区域 ABR 的优劣，无法发现最优的出口路径。如图 4.17 所示，路由器 R1 和 R4 均为 ASBR，从这两个节点引入外部网络前缀，并采用 E2 型度量方式。对于 R5 而言，从 R3 和 R4 收到外部网络前缀信息，在外部路径代价相等条件，如果依据到达 ABR 的路径代价计算外部路由，R5 到 R3 的路径代价（10）小于 R5 到 R4 的路径代价（20），则优选 R3 作为下一跳，并沿路径 R3—R2—R1 访问外部网络。如果依据到达 ASBR 的路径代价计算外部路由，则优选 R4 作为下一跳，并沿 R5—R4 到达外部网络。实际上，从全局角度来看，选择 R4 作为出口节点是全局最优的，这种最优化目标只有在组合 LSA4 和 LSA5 进行外部路由计算的条件下才能实现。

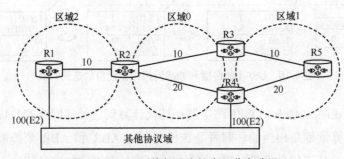

图 4.17　R5 到外部网络的出口节点选择

（2）ASBR LSA 格式

ASBR LSA 格式如图 4.18 所示。ASBR LSA 将 LSA 头部域的链路状态 ID 字段复用，用于承载 ASBR 的 RID，每个 ASBR 都对应生成一条 LSA。该 LSA 仅用于传输 ASBR 的 RID 信息，不需要网络掩码信息（将其全设置为 0）。LSA 头部域的其他域定义保持不变。

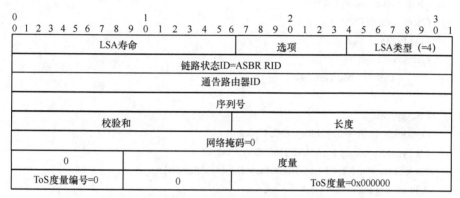

图 4.18　ASBR LSA 格式

ASBR LSA 由区域边界路由器产生，并向骨干区域和非骨干区域传播。ASBR LSA 与汇总网络 LSA 消息格式和传播方式是一样的，该 LSA 在传播过程中每经过一个区域边界路由器，就会将 LSA 中"通告路由器 ID"修改为当前路由器的 ID，并更新度量值后再进行该消息的传播。LSA4 和 LSA3 的作用也基本类似，前者是跨区域传播节点信息，后者则是跨区域传播网络前缀信息。

需要说明的是，通过 LSA3 传送的 ASBR RID 网络前缀信息与通过 LSA4 传送的 ASBR RID 信息是不一样的。前者计算的是 ABR 到达网络前缀的路由，后者计算的是到达 ASBR 节点的路由。虽然两条路由在路径上是重合的，但是路径代价是不一样的。因为需要经过 ASBR 节点才能到达 ASBR RID 网络前缀，所以，到达 ASBR RID 网络前缀的路径代价会更大。以图 4.17 为例，其中 R1 作为 ASBR，其 RID 为 1.1.1.1，区域边界路由器 R2 将该信息以 LSA4 分别经过 R3 和 R4 传播到 R5，其中 R3 和 R4 到 R1 的路径代价分别为 20 和 30，R5 持有的关于 R1 的 LSA4 信息如下。

OSPF Router with ID (5.5.5.5) (Process ID 1)

Summary ASB Link States (Area 1)

Routing Bit Set on this LSA

LS Age: 776

Options: (No ToS-Capability, DC, Upward)

LS Type: Summary Links(AS Boundary Router)

Link State ID: 1.1.1.1 (AS Boundary Router Address)

Advertising Router: 3.3.3.3

LS Seq Number: 80000002

Checksum: 0xB95D

Length: 28

Network Mask: /0

    ToS: 0 **Metric: 20**

LS Age: 502

Options: (No ToS-Capability, DC, Upward)

LS Type: Summary Links(AS Boundary Router)

Link State ID: 1.1.1.1 (AS Boundary Router Address)

Advertising Router: 4.4.4.4

LS Seq Number: 80000003

Checksum: 0xFD0A

Length: 28

Network Mask: /0

    ToS: 0 **Metric: 30**

    R1 的 RID 所对应的网络前缀为 1.1.1.1/32，区域边界路由器 R2 将该信息以 LSA3 经过 R3 和 R4 传播到 R5，其中 R3 和 R4 到 R1 的网络前缀 1.1.1.1/32 路径 代价分别为 21 和 31，R5 持有的关于 R1 的 LSA3 信息如下。

        OSPF Router with ID (5.5.5.5) (Process ID 1)

          Summary Net Link States (Area 1)

Routing Bit Set on this LSA

LS Age: 592

Options: (No ToS-Capability, DC, Upward)

LS Type: Summary Links(Network)

Link State ID: 1.1.1.1 (Summary Network Number)

Advertising Router: 3.3.3.3

LS Seq Number: 80000002

Checksum: 0xD145

Length: 28

Network Mask: /32

> 　　　　　ToS: 0　**Metric: 21**
>
> 　　LS Age: 60
> 　　Options: (No ToS-Capability, DC, Upward)
> 　　LS Type: Summary Links(Network)
> 　　**Link State ID: 1.1.1.1 (Summary Network Number)**
> 　　Advertising Router: 4.4.4.4
> 　　LS Seq Number: 80000003
> 　　Checksum: 0x16F1
> 　　Length: 28
> 　　**Network Mask: /32**
> 　　　　　ToS: 0　**Metric: 31**

R3 到达 R1（1.1.1.1）和 R1 网络前缀 1.1.1.1/32 的路径代价相差 1，这个 1 恰好就是 R1 到达网络前缀 1.1.1.1/32 的链路代价。从这个例子中，能够领会 RID 和 RID 对应的网络前缀的区别。实际上 RID 标识的是网络中的节点，没有任何网络前缀的含义，可以采用任何方式，这里选用 IP 地址方式是为了简化操作。

（3）面向 ASBR 的最优路由选择

外部网络前缀的路径代价采用迭代本地到 ASBR 路径代价和（或）ASBR 到外部网络的路径代价进行计算。规则有如下两条：

1）针对特定 ASBR，按照区域间最优路由选择规则，选定到达 ASBR 的最优路径，然后，依据外部路由类型计算得到到达外部路由的路径代价；

2）对同一条外部路由而言，OSPF 域同时存在多个 ASBR 可以到达，优选到达 ASBR 路径代价最小的。

下面以 E2 型度量为例，解释上述两条规则的作用。

如图 4.19 所示网络拓扑，R1 和 R4 为 ASBR，R5 收到外部路由 67.0.0.0/24 的 LSA5 信息如下。

> 　　　　　OSPF Router with ID (5.5.5.5) (Process ID 1)
> 　　　　　　　Type-5 AS External Link States
> 　　Routing Bit Set on this LSA
> 　　LS Age: 157
> 　　Options: (No ToS-Capability, DC)
> 　　LS Type: AS External Link
> 　　Link State ID: 67.0.0.0 (External Network Number)
> 　　Advertising Router: 1.1.1.1

LS Seq Number: 80000002

Checksum: 0x3590

Length: 36

Network Mask: /24

  Metric Type: 2 (Larger than any Link State Path)

  ToS: 0

  Metric: 100

  Forward Address: 0.0.0.0

  External Route Tag: 111111

LS Age: 124

Options: (No ToS-Capability, DC)

LS Type: AS External Link

Link State ID: 67.0.0.0 (External Network Number)

Advertising Router: 4.4.4.4

LS Seq Number: 80000002

Checksum: 0x1E6B

Length: 36

Network Mask: /24

  Metric Type: 2 (Larger than any Link State Path)

  ToS: 0

  Metric: 100

  Forward Address: 0.0.0.0

  External Route Tag: 444444

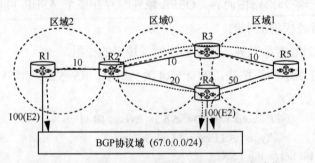

图 4.19　E2 型度量时，R5 到 ASBR 的多条路径

  R5 分别收到 R1 和 R4 通告的关于外部网络前缀 67.0.0.0/24 的信息，两者均采用 E2 型度量，且外部路径代价一致。对于 R5 而言，需要先计算出到达每一

个 ASBR 的路径代价，然后再进一步比较到达不同 ASBR 的路径代价，从而优
选出最优出口。

R5 收到的关于 ASBR 的 LSA4 信息如下。

```
                   OSPF Router with ID (5.5.5.5) (Process ID 1)
                       Summary ASB Link States (Area 1)
Routing Bit Set on this LSA
LS Age: 1952
Options: (No ToS-Capability, DC, Upward)
LS Type: Summary Links(AS Boundary Router)
Link State ID: 1.1.1.1 (AS Boundary Router Address)
Advertising Router: 3.3.3.3
LS Seq Number: 80000001
Checksum: 0xBB5C
Length: 28
Network Mask: /0
        ToS: 0    Metric: 20


LS Age: 104
Options: (No ToS-Capability, DC, Upward)
LS Type: Summary Links(AS Boundary Router)
Link State ID: 1.1.1.1 (AS Boundary Router Address)
Advertising Router: 4.4.4.4
LS Seq Number: 80000002
Checksum: 0xFF09
Length: 28
Network Mask: /0
        ToS: 0    Metric: 30


LS Age: 1914
Options: (No ToS-Capability, DC, Upward)
LS Type: Summary Links(AS Boundary Router)
Link State ID: 4.4.4.4 (AS Boundary Router Address)
Advertising Router: 3.3.3.3
LS Seq Number: 80000001
Checksum: 0x956C
Length: 28
Network Mask: /0
        ToS: 0    Metric: 30
```

ABRR2 感知到 R1 为 ASBR，于是生成 RID 为 1.1.1.1 的 LSA4，该 LSA 经过 R3 和 R4 后传播给 R5，路径代价分别为 20 和 30，R5 分别计算经过 R3 和 R4 到达 R1 的路径代价，并选择 R5—R3—R2—R1 路径到达外部网络。

同时，作为 ABR 的 R2 也感知到 R4 为 ASBR，于是生成 RID 为 4.4.4.4 的 LSA4，经过 R3 后传播到 R5，使得 R5 获知经过 R5—R3—R2—R4 路径能到达 R4、且路径代价为 40。R4 既是 ABR 也是 ASBR，但是它作为 ABR 不会针对自己生成 LSA4 信息，因为对于同区域的 R5 而言，它通过基础 LSA 已经基于 SPF 算法得到到达 4.4.4.4 的最短路径及路径代价，不需要 LSA4 信息。针对 ASBR R4、R5 拥有两条路径：一条是区域间路径 R5—R3—R2—R4，路径代价为 40；另一条是区域内路径 R5—R4，路径代价为 50。按照优选区域内路径的规则，针对出口点 R4，R5 选择 R5—R4 路径。

整个 OSPF 域存在 R1 和 R4 两个出口，R 到达 R1 的最优路径为 R5—R3—R2—R1，代价为 30。R5 到达 R4 的最优路径为 R5—R4，代价为 50。R5 最优的域出口为 R1。

更进一步，如果将 R4—R5 的链路代价改为 30，则 R5 到达两个出口点 R1 和 R4 的路径代价相等，此时，虽然 R4 为区域内路径，R1 为区域间路径，但因为两者描述的是不同出口点，就不能以区域内或区域间区分优先级了。因此，R5 将同时使用 R1 和 R4 作为出口，并建立指向 R4 和 R3 的等代价路由，其路由表如下。

```
        67.0.0.0/24 is Subneted, 1 Subnets
O E2    67.0.0.0 [110/1000] via 45.0.0.4, 00:18:08, Ethernet1/4
                 [110/1000] via 35.0.0.3, 00:00:11, Ethernet1/3
```

（4）LSA4 的产生时机

配置 OSPF 协议进程中引入外部路由时，路由器将会变成 ASBR。为了让当前域的其他路由器获知这一信息，ASBR 会通过路由器 LSA 将信息扩散。在 LSA1 中存在路由器类型的标志位 V/E/B，当 E=1 时，表明产生该 LSA 的路由器为 ASBR。

当 ABR 从某个区域收到的路由器 LSA 中携带 E 比特位置 1，则从该 LSA 中提取通告路由器 ID，生成 LSA4，向其他区域扩散。

ASBR 的角色仅与配置路由重发布有关，而与是否发布外部路由无关。

4.3　融合 5 类 LSA 形成全域拓扑与路由

前文对拓展 LSA 的要素组成、生成机制、传播方式以及如何进行最优路径选择等问题进行了分析与阐述。下面从一个区域内部路由器的视角，讨论分析如何综合基础 LSA 和拓展 LSA 构建整个 OSPF 域拓扑，并计算到达相应网络前缀的路由。

在第 3 章中，描述了基于基础 LSA 可以构建整个区域的拓扑图，在拓扑结构上运行 SPF 算法可以生成整个区域的最短路径树，得到到达区域内每一个节点的最短路径。基于最短路径树，计算到达区域内所有网络前缀的路由。回顾第 3.3.2 节的示例，基于基础 LSA 就可以计算得到如图 4.20 所示的最短路径树以及区域内网络前缀的路由。下面以此例为基础，探讨 Type-3/4/5LSA 在最短路径树拓扑和外部网络前缀路由方面的作用，并从 R1 的视角查看拓扑和路由的计算过程。

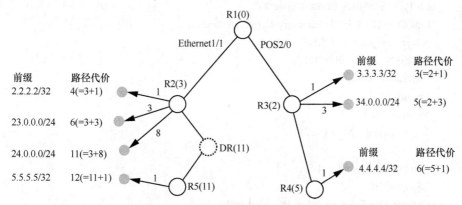

图 4.20　R1 基于基础 LSA 生成的最短路径树及区域内网络前缀的路由

对于区域内路由器而言，其他区域的拓扑信息对于其计算到达区域外网络前缀的最优路径没有任何帮助，不管其他区域的拓扑信息如何，所有区域内的路由器只有通过本区域的 ABR 才能到达其他区域，所以，它只需要知道到达这些区域外网络前缀的最优 ABR 即可。因此，从拓扑角度来看，区域外的网络前缀实际上就是挂接在 ABR 的网络前缀，这些网络前缀就如同 ABR 产生的基础 LSA 中的 Stub 链路。

假定 R1 收到的 LSA3 信息如下。

OSPF Router with ID (1.1.1.1) (Process ID 1)

Summary Net Link States (Area 2)

Routing Bit Set on this LSA

LS Age: 269

Options: (No ToS-Capability, DC, Upward)

LS Type: Summary Links (Network)

Link State ID: 6.6.6.6 (summary Network Number)

Advertising Router: 5.5.5.5

LS Seq Number: 80000001

Checksum: 0x4CB9

Length: 28

Network Mask: /32

    ToS: 0   Metric: 11

Routing Bit Set on this LSA

LS Age: 259

Options: (No ToS-Capability, DC, Upward)

LS Type: Summary Links (Network)

Link State ID: 7.7.7.7 (Summary Network Number)

Advertising Router: 5.5.5.5

LS Seq Number: 80000001

Checksum: 0x8275

Length: 28

Network Mask: /32

    ToS: 0   Metric: 21

Routing Bit Set on this LSA

LS Age: 310

Options: (No ToS-Capability, DC, Upward)

LS Type: Summary Links (Network)

Link State ID: 56.0.0.0 (Summary Network Number)

Advertising Router: 5.5.5.5

LS Seq Number: 80000001

Checksum: 0x7C6A

Length: 28

Network Mask: /24

    ToS: 0   Metric: 10

Routing Bit Set on this LSA

LS Age: 270

> Options: (No ToS-Capability, DC, Upward)
> LS Type: Summary Links(Network)
> Link State ID: 67.0.0.0 (Summary Network Number)
> Advertising Router: 5.5.5.5
> LS Seq Number: 80000001
> Checksum: 0x5180
> Length: 28
> Network Mask: /24
> ToS: 0　Metric: 20

　　基于 LSA3 的 Advertising Router 字段可以识别出本区域的 ABR 为 R5（5.5.5.5），R1 会在基础最短路径树的 R5 节点上增加区域间网络前缀信息 6.6.6.6/32（Metric:11）、7.7.7.7/32（Metric:21）、56.0.0.0/24（Metric:10）和 67.0.0.0/24（Metric:20），得到如图 4.21 所示网络前缀拓扑树。可以看到 LSA3 并不拓展最短路径树，R1 建立到多个网络前缀的路由过程与建立到 R5 通告的 5.5.5.5/32 的过程一样。

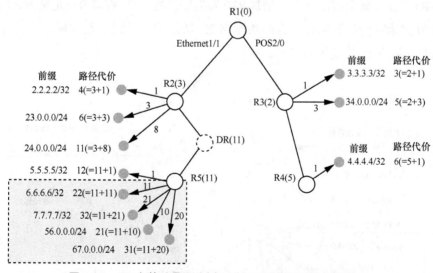

图 4.21　R1 在基础最短路树上增加区域间网络前缀拓扑树

　　与 LSA3 不同，LSA4 是对区域内最短路径树的拓展。ABR 通过 LSA4 通告区域内部路由器，ABR 花费多少代价可以到达另外一个节点（即 ASBR）。所以，LSA4 就如同 ABR 通告的一条点对点链路信息，在区域内部路由器收到

LSA4 后，要拓展其最短路径树。从这个角度来讲，LSA4 与基础 LSA 的点对点链路类型类似，其对区域内拓扑进行了拓展，产生"拓展的最短路径树"。假定 R1 收到的 LSA4 信息如下。

```
OSPF Router with ID (1.1.1.1) (Process ID 1)
Summary ASB Link States (Area 2)
  Routing Bit Set on this LSA
  LS Age: 257
  Options: (No ToS-Capability, DC, Upward)
  LS Type: Summary Links(AS Boundary Router)
  Link State ID: 7.7.7.7 (AS Boundary Router Address)
  Advertising Router: 5.5.5.5
  LS Seq Number: 80000001
  Checksum: 0x6A8D
  Length: 28
  Network Mask: /0
      ToS: 0   Metric: 20
```

R1 会在基础最短路径树上增加 RID 为 7.7.7.7 的节点（将该节点定义为 R7），并计算到达它的最短路径，得到如图 4.22 所示的拓展最短路径树。可以看到 LSA4 拓展了 R1 的最短路径树。

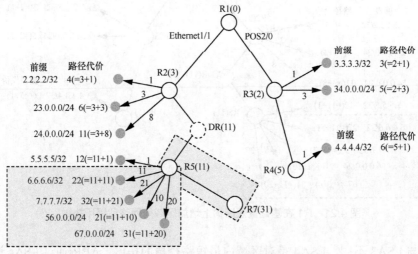

图 4.22　R1 基于 LSA4 生成拓展最短路径树

从拓扑角度理解，LSA5 的作用与 LSA3 类似。LSA3 用于刻画 ABR 到区域间网络前缀的信息，LSA5 用于刻画 ASBR 到外部网络前缀的信息。假定 R1 收到的 LSA5 信息如下。

> OSPF Router with ID (1.1.1.1) (Process ID 1)
>
> Type-5 AS External Link States
>
> Routing Bit Set on this LSA
>
> LS Age: 309
>
> Options: (No ToS-Capability, DC)
>
> LS Type: AS External Link
>
> Link State ID: 78.0.0.0 (External Network Number)
>
> Advertising Router: 7.7.7.7
>
> LS Seq Number: 80000001
>
> Checksum: 0xAD9D
>
> Length: 36
>
> Network Mask: /24
>
> Metric Type: 1 (Comparable Directly to Link State Metric)
>
> ToS: 0
>
> Metric: 100
>
> Forward Address: 0.0.0.0
>
> External Route Tag: 777777

R1 会在"拓展最短路径树"的节点 R7 上增加关于外部网络前缀 78.0.0.0/24
（Metric：100）的信息，得到如图 4.23 所示的网络前缀拓扑树。

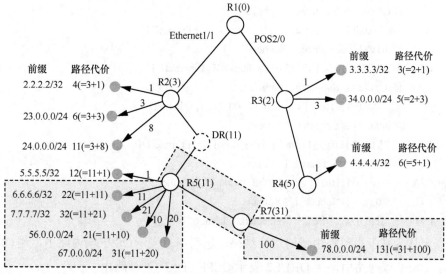

图 4.23 R1 在拓展最短路径树上增加外部网络前缀拓扑树

综上，区域内部路由器依托"基本的最短路径树"获知到达 ABR 的路径，得出到达区域间网络前缀的路由；依托"拓展的最短路径树"获知到达 ASBR 的路径，得出到达外部网络前缀的路由，最终 R1 计算整个 OSPF 域的路由信息如下。

```
        34.0.0.0/24 is Subneted, 1 Subnets
O          34.0.0.0 [110/5] via 3.3.3.3, 00:05:14, POS2/0
        1.0.0.0/32 is Subneted, 1 Subnets
C          1.1.1.1 is Directly Connected, Loopback0
        2.0.0.0/32 is Subneted, 1 Subnets
O          2.2.2.2 [110/4] via 12.0.0.2, 00:05:14, Ethernet1/1
        3.0.0.0/32 is Subneted, 1 Subnets
C          3.3.3.3 is Directly Connected, POS2/0
        4.0.0.0/32 is Subneted, 1 Subnets
O          4.4.4.4 [110/6] via 3.3.3.3, 00:05:14, POS2/0
        5.0.0.0/32 is Subneted, 1 Subnets
O          5.5.5.5 [110/12] via 12.0.0.2, 00:04:37, Ethernet1/1
        6.0.0.0/32 is Subneted, 1 Subnets
OIA     6.6.6.6 [110/22] via 12.0.0.2, 00:04:37, Ethernet1/1
        23.0.0.0/24 is Subneted, 1 Subnets
O          23.0.0.0 [110/6] via 12.0.0.2, 00:05:14, Ethernet1/1
        67.0.0.0/24 is Subneted, 1 Subnets
OIA     67.0.0.0 [110/31] via 12.0.0.2, 00:04:37, Ethernet1/1
        7.0.0.0/32 is Subneted, 1 Subnets
OIA     7.7.7.7 [110/32] via 12.0.0.2, 00:04:37, Ethernet1/1
        24.0.0.0/24 is Subneted, 1 Subnets
O          24.0.0.0 [110/11] via 12.0.0.2, 00:04:37, Ethernet1/1
        78.0.0.0/24 is Subneted, 1 Subnets
OE1     78.0.0.0 [110/131] via 12.0.0.2, 00:01:05, Ethernet1/1
        56.0.0.0/24 is Subneted, 1 Subnets
OIA     56.0.0.0 [110/21] via 12.0.0.2, 00:04:37, Ethernet1/1
        12.0.0.0/24 is Subneted, 1 Subnets
C          12.0.0.0 is Directly Connected, Ethernet1/1
```

上述为基于思科路由器的实验结果，思科用 O 表示 OSPF 域内路由，用 OIA 表示 OSPF 域间路由，用 OE1/E2 表示 OSPF 引入的外部路由。

4.4　最短路径算法的优化

对于链路状态路由协议，直观上理解，任何一个链路状态更新消息都会促使所有网络节点进行一次 SPF 计算，使得运行链路状态协议的路由器耗费大量的计算资源。实际上，目前路由器主控单元的计算能力已经得到普遍提升，而且 SPF 的运行次数也并非直观理解的那样频繁。

下面分析 R1 建立到达区域间和 AS 外部路由的情况。LSA3 携带了区域间的路由信息（注意不是拓扑信息），R1 在收到 R5 通告的 LSA3（例如 67.0.0.0/24）时，LSA3 不携带拓扑信息，R1 不需要运行 SPF，仅将相应路由挂在已有的最短路径树的对应节点 R5。R1 到达域间路由 67.0.0.0/24 的路径，与 R1 到达通告路由器 R5 路由是一致的，只是路径代价不一样。当存在多个 ABR 可以到达同一个域间路由时，只需要基于相应 ABR 计算各自路径代价，并从中选择代价最小的路径建立最优路由。可以看到整个路由计算过程依赖于最短路径树，但不对最短路径树产生影响，区域间的路由计算不会引起节点运行 SPF 算法。与之类似，承载 AS 外部路由的 LSA5，仅需基于"拓展的最短路径树"进行路由计算，也不会引起节点的 SPF 计算。

与 LSA3 和 LSA5 不同，LSA4 用于通告 ASBR 节点信息，将基础最短路径树延展为"拓展的最短路径树"。LSA4 是对最短路径的拓展，在 OSPF 网络中新增了节点以及到达该节点的路径。所以，当收到 LSA4 消息时，会触发每一个节点进行一次最短路径计算。对比最短路径树和"拓展的最短路径树"可以发现，对 LSA4 消息的处理只是在当前节点的最短路径树的末梢节点上再接续一个新的节点，并未改变基础最短路径树拓扑。这就意味着，在计算拓展最短路径树时，重新计算基础最短路径树是多余的，完全可以在不计算基础最短路径树的条件下，采用增量方式进行拓扑计算。因此，一种加速最短路径树计算的方法被提出，即增量 SPF（Incremental SPF，iSPF）算法，基本思路是如果在最短路径树的末梢节点上新增节点/删除节点，那么不需要重算最短路径树，只需要基于当前的最短路径树，计算并拓展到达新增节点的路径即可。

iSPF 算法被主流路由器厂商支持，并允许通过配置的方法在 SPF 和 iSPF 之间切换。iSPF 算法并非仅应用于末梢节点拓展的场景，在一些拓扑路径变化的场景下也可以使用，例如，当某条不在最短路径树的链路被删除时，对整个最短路径树不会产生影响，此时不需要运行 SPF 算法。与 SPF 算法相比，要支持 iSPF 算法，需要记录和保存一些额外的信息，便于在网络拓扑发生变化时，能够快速定位该变化是否对最短路径树产生影响，决定是进行全面的 SPF 计算还是增量式路径计算。

从前面的分析可以看出，LSA4 必然会引发 SPF 计算，但如果节点支持 iSPF 算法，那么可以减少很大的计算量。重新分析 LSA1 和 LSA2 消息与 SPF 计算的关联关系。在第 3 章中阐述，通过提取 LSA1 的点到点链路类型数据获得点到点链路拓扑信息，通过组合 LSA1 的多点接入链路 Link ID 数据与 LSA2 的 Attached Router ID 获得多点接入网络的拓扑信息，将这些信息组合在一起构建基础网络拓扑。通过提取 LSA1 的 Stub 类型数据获得点到点链路网络前缀信息，通过组合 LSA1 的多点接入链路 Link Data 与 LSA2 的网络掩码信息获得多点接入网络前缀信息。可以看到 LSA1 和 LSA2 结合了拓扑信息和路由信息，一条 LSA1/LSA2 既通告路由改变，也通告网络拓扑的改变，路由改变伴随着拓扑对应地改变。因此，LSA1/LSA2 触发节点进行 SPF 计算。例如，修改路由器的一个接口 IP 地址，并未改变网络的拓扑，但是链路拓扑数据与接口 IP 地址绑定，接口 IP 地址的改变会被理解为拓扑改变，需要重新进行 SPF 计算。LSA1/LSA2 传播范围是当前区域，任何的 LSA1/LSA2 消息都将会触发区域内所有路由器进行一次 SPF 计算。

将拓扑信息和网络前缀（路由）信息紧密绑定是 OSPFv2 的一个缺陷，这导致任何与路由相关的变化都会引起 SPF 计算，这与拓扑与路由分离的思路相违背。因此，在 OSPFv3 中将这一缺陷进行修正，将涉及网络前缀的内容从基础 LSA 中剥离，通过重新定义新的 LSA 类型进行承载，消除路由前缀改变对网络拓扑的影响，减少最短路径计算次数。

需要注意的是，同一条 LSA 究竟是否会引发最短路径计算，是引发 SPF 计算还是 iSPF 计算，不仅与通告的具体链路有关，也与处理这条链路状态 LSA 的节点在网络中的拓扑位置有关。例如，一条删除链路的 LSA 消息，不会触发路由器 A 进行任何最短路径计算，可能会触发路由器 B 执行 iSPF 计算，也可能会触发路由器 C 执行 SPF 算法，尽管这 3 台路由器都启用了 iSPF 算法。

4.5　隐藏传送域的网络前缀

基于基础 LSA 信息计算最短路径树，构建网络拓扑，并在拓扑上挂载网络前缀，从而建立相应网络前缀的路由。在某些场景中，出于安全考虑，只希望建立转发路径，不建立相应的路由，此时需要隐藏对应的网络前缀信息。

OSPF 骨干区域的主要作用是中继其他区域间的流量，但是骨干区域中的路由器都需要配置 IP 地址，按照标准的 OSPF 机制需要将骨干路由器的网络前缀信息通过 LSA 在骨干域内洪泛，形成对应的路由。这些路由进一步通过汇总 LSA 被扩散到其他区域，使得骨干路由器的相应地址能够被访问。

纯粹负责传送业务的骨干路由器完全可以隐藏路由器的网络前缀信息，消除其可能面临的安全隐患，同时也不影响非骨干区域之间数据的传送。

回顾基础 LSA 内容可以看出，网络前缀来自两个点：LSA1 中的链路类型 3（Stub 类型）、LSA2。其通常的字段格式示例如图 4.24 所示，LSA1 通告了网络前缀 12.0.0.0/24，LSA2 通告了网络前缀 10.0.0.0/16。要隐藏这些网络前缀信息，就需要修改 LSA 中网络前缀的通告方式，同时不能影响网络的连通性。RFC6860 基础标准 OSPF 规程进行了修改，涉及路由器 LSA 中点到点链路类型和网络 LSA 的字段生成。

LSA1 携带的网络前缀	LSA2 携带的网络前缀
LinkStateID：1.1.1.1 Advertising Router: 1.1.1.1 (Link ID) Network/subnet number: 12.0.0.0 (Link Data) Network Mask: 255.255.255.0 Type: 3 (a Stub Network) Metric: 10	LinkStateID：10.0.0.6 Advertising Router: 1.1.1.1 Network Mask: 255.255.0.0 Attached Router: 1.1.1.1 Attached Router: 2.2.2.2

图 4.24　承载网络前缀的 LSA 字段格式示例

4.5.1　点到点网络前缀信息的隐藏

在点到点网络中只存在两个节点，路由器源发"路由器 LSA"时会产生一条或者两条链路状态描述信息：链路类型 1 描述与邻居路由器的连接，链路类型 3 描述该链路上子网前缀信息。无编号网络不配置接口 IP 地址，没有子网前缀。对于有编号的点到点网络，需要配置接口 IP 地址，通过链路类型 3 通告子网前缀信息。

如图 4.25 所示的有编号点到点网络，R1 按照标准协议规程生成的 LSA 信息如下。

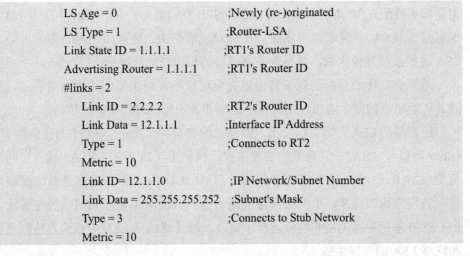

```
LS Age = 0                        ;Newly (re-)originated
LS Type = 1                       ;Router-LSA
Link State ID = 1.1.1.1           ;RT1's Router ID
Advertising Router = 1.1.1.1      ;RT1's Router ID
#links = 2
    Link ID = 2.2.2.2             ;RT2's Router ID
    Link Data = 12.1.1.1          ;Interface IP Address
    Type = 1                      ;Connects to RT2
    Metric = 10
    Link ID= 12.1.1.0             ;IP Network/Subnet Number
    Link Data = 255.255.255.252   ;Subnet's Mask
    Type = 3                      ;Connects to Stub Network
    Metric = 10
```

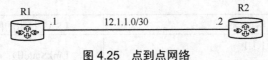

R1　.1　　12.1.1.0/30　　.2　R2

图 4.25　点到点网络

其中，链路类型 1 用于生成拓扑，构建最短路径树，链路类型 3 则用来通告对应子网前缀信息。如果要隐藏点到点子网前缀信息，则 R1 在通告路由器 LSA 时应略去链路类型 3 的描述，信息如下。

```
LS Age = 0                        ;Newly (Re-)Originated
LS Type = 1                       ;Router-LSA
Link State ID = 1.1.1.1           ;RT1's Router ID
```

```
        Advertising Router = 1.1.1.1        ;RT1's Router ID
        #links = 1
            Link ID = 2.2.2.2                ;RT2's Router ID
            Link Data = 12.1.1.1             ;Interface IP Address
            Type = 1                         ;Connects to RT2
            Metric = 10
```

4.5.2　广播网络前缀信息的隐藏

对于广播链路，由 DR 通告网络 LSA，并通过链路 ID 和网络掩码域通告广播网络前缀信息。若要隐藏广播网络前缀信息，又不影响网络的连通性，要求 DR 通告网络 LSA 时，将掩码域设定为 255.255.255.255。这样并不会改变网络 LSA 的链路状态 ID，也不会影响该子网上接入路由器列表的通告。

对于接收到网络掩码为 255.255.255.255 的路由器，不应当安装这条路由到其路由表中。如果路由器尚不支持网络前缀隐藏能力，那么它会按照正常的流程安装这条 32bit 掩码的主机路由。此时，这种方法并不能完全隐藏该广播子网前缀信息，但只会暴露 DR 接口地址信息，该子网上的其他路由器接口信息将被隐藏。

对于一个部分路由器支持网络前缀隐藏的网络，有的路由器安装这条路由，有的路由器却没有安装。这种情况下就产生了路由黑洞。通常这种情况是应被禁止的，但是对于隐藏传送域网络前缀信息，这种不一致恰巧能够将访问 DR 的流量引入黑洞，反而起到了保护作用。

4.5.3　非广播多点接入网络前缀信息的隐藏

非广播多点接入网络中由超过两台路由器接入，但是底层的物理媒介不一定能够使得这些路由器之间相互直通。在这种网络中，OSPF 定义了两种模式：非广播多点接入（Non-Broadcast Mulit-Access，NBMA）和点到多点模式。

对于 NBMA 接入模式，OSPF 仿真了一个广播网络，选举 DR，并由 DR 负责通告多点接入网络前缀信息。如果要隐藏该网络前缀信息，则采用广播网络处理方式。

对于点到多点模式，OSPF 将非广播网络视为一组点到点网络的集合。通过点到点链路类型描述能够直接通信的邻居，并通过 Stub 链路类型描述接口的子网前缀信息。

点到多点网络如图 4.26 所示，R1~R4 接入同一个非广播网络，除了 R2 和 R3 不能相互通信外，其他节点之间都可以相互通信。R2 通告的路由器 LSA 信息如下。

```
LS Age = 0                      ;Newly (Re-)originated
LS Type = 1                     ;Router-LSA
Link State ID = 2.2.2.2         ;RT2's Router ID
Advertising Router = 2.2.2.2    ;RT2's Router ID
#Links = 3
    Link ID = 1.1.1.1           ;RT1's Router ID
    Link Data = 10.1.1.2        ;Interface IP Address
    Type = 1                    ;Connects to RT2
    Metric = 10
    Link ID = 4.4.4.4           ;RT4's Router ID
    Link Data = 10.1.1.2        ;Interface IP Address
    Type = 1                    ;Connects to RT4
    Metric = 10
    Link ID = 10.1.1.2          ;Interface IP Address
    Link Data = 255.255.255.255 ;Subnet's Mask
    Type = 3                    ;Connects to Stubnetwork
    Metric = 0
```

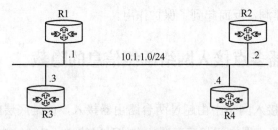

图 4.26　点到多点网络

为了隐藏点到多点子网前缀信息，采用与点到点网络相同的方式，即在通告路由器 LSA 时略去链路类型 3 的描述信息。

```
        LS Age = 0                      ;Newly (Re-)Originated
        LS Type = 1                     ;Router-LSA
        Link State ID = 2.2.2.2         ;RT2's Router ID
        Advertising Router = 2.2.2.2    ;RT2's Router ID
        #Links = 2
            Link ID = 1.1.1.1           ;RT1's Router ID
            Link Data = 10.1.1.2        ;Interface IP Address
            Type = 1                    ;Connects to RT2
            Metric = 10
            Link ID = 4.4.4.4           ;RT4's Router ID
            Link Data = 10.1.1.2        ;Interface IP Address
            Type = 1                    ;Connects to RT4
            Metric = 10
```

在采用网络前缀信息隐藏机制之前，应仔细考虑，一些 OSPF 机制对路由的建立是存在依赖性的。例如，通告外部网络信息时，需要填写转交地址，如果该地址对应的路由被隐藏，将导致无法建立到达外部网络的路由，或者产生次优路由。虚链路通常在非直连节点之间建立，会话的建立也要依赖于端点接口路由，如果对应接口子网前缀被隐藏，会导致会话无法建立。

4.6　小结

本章阐述了构建全域拓扑的机制。在网络规模增大后，任何一个路由节点链路状态变化都会引起所有 OSPF 路由器的计算。为了减少链路状态变化对整个网络域的影响，使 OSPF 能够适用于大规模网络，OSPF 采用分层划域架构，从而控制链路状态信息扩散范围、减少路由器维护的链路状态条目数，提升了 SPF 算法执行效率。分域之后，区域之间相互扩散的不再是链路状态信息，而是网络前缀信息。OSPF 引入了 LSA3 承载域间路由，引入 LSA5 承载 OSPF 域外路由，并通过引入 LSA4 优化外部路由的计算过程。对于每个路由节点，域间路由和外部路由都是在其最小生成树基础上进行延展就可以计算出相应的路由，因此，只要路由变化不影响到最短路径树，那么在计算路由时就不需要运行完整的 SPF 算法，进而可以进一步优化路由计算过程。从安全需求出发，

OSPF 路由器可以在通告 LSA 时隐去 Stub 类型，从而隐藏路由器的接入网段，使得 OSPF 路由器不能被其他节点访问。

参 考 文 献

[1]   IETF. Hiding transit-only networks in OSPF[R]. 2013.
[2]   IETF. OSPF version 2[R]. 1998.
[3]   IETF. OSPF for IPv6[R]. 2008.

第 5 章

拓展优化机制

5.1 面向消息约减的拓展机制

设定区域类型可以限定 LSA 的传播范围，路由聚合可以减少传播的路由数量，过滤策略进一步精简路由，通过合理的网络优化设计，可以大幅提升 OSPF 的扩展性，使 OSPF 支持大规模网络。

5.1.1 基于区域划分约束路由传播范围

区域划分可以提升 OSPF 协议的扩展性，一个普通路由器通过综合 5 类 LSA 信息实现最短径树生成和网络前缀路由计算。将处理能力较弱的路由器置于普通区域，虽然减少了其处理链路状态消息的数量，但是，当整个 OSPF 域的区域间路由或外部路由过多时，仍然可能导致低端路由器负载过重，无法及时计算路由甚至出现计算崩溃的情况。此时，分层划域并未解决主要问题，需要进一步对区域类型细分，约束网络前缀的扩散，减少大量路由信息对弱小路由器的冲击，提升 OSPF 协议的鲁棒性和扩展性。

（1）末梢（Stub）区域

为了整体屏蔽外部路由对区域内所有路由器的影响，定义了 Stub 区域。这种类型的区域仅引入区域间路由，不引入任何外部路由。因为不允许外部路由在 Stub 区域出现，所以 Stub 区域中是不能存在 ASBR 的。区域边界路由器作为引入外部网络的控制卡口，在识别接口接入 Stub 区域后，将不再向该接口发送 LSA4/LSA5，从而将外部路由信息隔离在 Stub 区域外。

Stub 区域在丢失了外部路由的情况下，域内路由器只能通过默认路由方式建立到达外部网络的路径。这条默认路由由区域边界路由器自动生成并向 Stub 域发布，由这条默认路由作为所有外部路由的替代，协助区域内部路由器建立到外部的路径。默认路由信息由 ABR 生成，采用 LSA3 格式封装并在 Stub 区域内洪泛。因为默认路由也采用 LSA3 的封装，所以，区域内部路由器在计算默认路由时与其他区域间路由计算方法一样。

Stub 区域内部路由器只需要计算并维护 OSPF 区域的路由。

因为丧失了到达外部网络的具体路由信息，当 Stub 域存在多个 ABR 时，区域内路由器只能依据到 ABR 的最小代价选择最优外部路由，而不是依据到达 ASBR 的最小代价优选外部路径。这样，尽管区域内部路由器优选的最优默认路径离 ABR 最近，但是，从整个 OSPF 域来看，该 ABR 并不一定是到达 ASBR 最近的 ABR，进而会产生非最优出口问题。在设置 Stub 区域时，必须仔细考虑这种场景对整个区域的影响。

（2）完全末梢（Totally Stub）区域

为了在整体屏蔽外部路由的基础上，再进一步整体屏蔽区域间路由对区域内路由器的影响，定义了 Totally Stub 区域。连接 Totally Stub 区域的区域边界路由器，不再向该区域发送 LSA4/LSA5，也不再发送承载区域间路由的 LSA3，只发送一条承载默认路由的 LSA3。由这条默认路由替代区域间和外部路由，协助区域内部路由器建立到外部的路由。与 Stub 区域类似，Totally Stub 区域的默认路由也是由 ABR 自动生成的。

Totally Stub 区域内部路由器只需要计算并维护 OSPF 区域的路由和一条区域间路由。

（3）非完全末梢区域（Not So Stub Area，NSSA）

Stub 区域不允许外部路由进入，也就是说禁止连接 Stub 域的 ABR 将 LSA4/LSA5 洪泛到 Stub 区域，也不允许内部存在 ASBR。但是实际运行过程，一些不允许从 ABR 引入外部路由的非骨干区域，其内部可能会存在 ASBR 的需求，延伸了另外一种与 Stub 区域类似，而又不是 Stub 的区域类型，称之为 NSSA。

与 Stub 区域内部路由相比，NSSA 内部路由器计算和维护的路由信息增多，增多的部分来自本区域 ASBR 引入的外部路由。由于 NSSA 存在 ABR 和 ASBR 两个出口，因此，NSSA 的 ABR 不会自动发布默认路由。

1）LSA7 消息格式

按照 NSSA 区域类型定义，由 ASBR 生成，并经过 ABR 中继传播的 LSA5 是不允许进入 NSSA 的。因此，Type-5 类型的 LSA 无法被 NSSA 区域的 ASBR 用来传播外部路由信息。为此，定义了新的 LSA 类型 LSA7，即 NSSA 外部 LSA。该 LSA 由 NSSA 内的 ASBR 生成，经过 NSSA 内路由器洪泛，用于且仅用于在 NSSA 传播外部路由信息。

LSA7 和 LSA5 的作用是一致的，只是 LSA7 用于承载外部网络信息并仅在 NSSA 传播；而 LSA5 用于承载外部网络信息且在非 NSSA 传播。NSSA 外部 LSA 格式如图 5.1 所示，可以看出 LSA7 与 LSA5 格式一致。

图 5.1　NSSA 外部 LSA 格式

2）LSA7 转化为 LSA5

从非 NSSA 产生的外部路由是不会通告给 NSSA 的，这是由 NSSA 的性质决定的。但是从 NSSA 引入的外部路由需要由 ABR 通告给其他的 OSPF 域。ABR 对于 LSA5 不做修改直接传播，而 LSA7 是不允许传播到 NSSA 外的，所以，就要求 ABR 将 LSA7 转为 LSA5 后再进行传播。

一旦 ABR 对 LSA 消息操作后再转发，就必须将 LSA 消息的通告路由器 ID 进行修改。所以，ABR 将 LSA7 转为 LSA5 后，该 LSA5 的通告路由器 ID 将由原来 NSSA 的 ASBR 变更为 ABR，这种"转换过的 LSA5"和通常的 LSA5 是不一样的。

"转换过的 LSA5"把通告路由器 ID 做了改变，其他路由器却无法获知这一改变，仍然按照通常方式计算外部路径代价，将会产生难以预期的结果。如图 5.2 所示，R2 作为 ABR，将 NSSA R4 产生的到达外部网络 Prefix 的 LSA7 转为 LSA5 后洪泛给 R1，该"转换过的 LSA5"的通告路由器 ID 由 R4 变为 R2，路径代价没有发生改变，R1 在计算到达外部网络 Prefix 的路径代价时，累计本地到通告路由器 ID 的路径代价和外部路径代价（假定为 E1 型度量），即 Cost[R1−R2]+Cost[R4−Prefix]。与之相比，ABR R3 连接普通区域，R3 在传播 R5 产生的 LSA5 时不做修改，此时，R1 到达外部网络 Prefix 的路径代价为 Cost[R1−R5]+Cost[R5−Prefix]。两者相比就可以发现，ABR 将 LSA7 转为 LSA5 后，导致其他路由器在计算外部路径代价时少算了 ABR 到 ASBR 的代价。

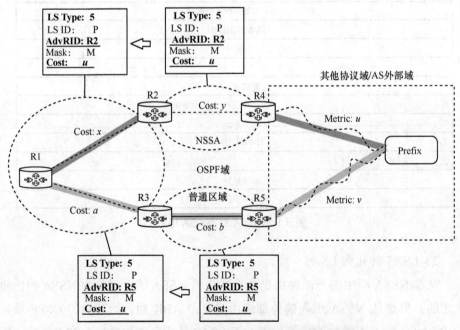

图 5.2　LSA7 转 LSA5 导致外部路径计算不准确

按照 LSA5 的路径代价计算规则，如果 LSA5 携带了转交地址，则在使用转交地址时进行外部路径代价计算。这为 LSA7 转 LSA5 时产生的路径代价计算不准确问题提供了有效的解决途径。所以，LSA7 总是携带转交地址。转交地址默认填写为 NSSA ASBR 的接口 IP 地址（随机选择，但该接口必须在 OSPF 域内）。仍以图 5.2 为例，R4 产生的 LSA7 的转交地址为 R4 在 OSPF 域的接口 IP 地址，R2 将该 LSA7 转为 LSA5 时，仅将通告路由器 ID 修改为 R2，并未改变转交地址域。R1 将通过累加本地到转交地址（即 ASBR）的代价计算外部路径代价，从而实现与"非转换的"LSA5 相同的外部路径计算结果。

LSA5 节点到达外部网络接口为多点接入网络类型时，关于最优出口的计算和选择问题，LSA7 也具备相同的特点：如果 NSSA ASBR 通向外部网络接口为多点接入网络类型，且接口信息在 OSPF 内发布、接口为非被动接口，那么 LSA7 的转发地址是与该 ASBR 外部网络接口直连的邻居路由器接口 IP 地址。

NSSA 的 ASBR 在通告外部网络前缀时总是携带转发地址 FA。OSPF 域的所有路由器也都是基于转交地址 FA 计算通过 NSSA 到达外部网络的最优路径。在外部网络前缀的迭代路由计算过程中，都不需要依赖于 NSSA ASBR 的信息。NSSA ABR 在收到 ASBR 通告的 LSA7 时，仅将 LSA7 转为 LSA5，并不会针对该 ASBR 生成对应的 LSA4 信息。以图 5.2 为例，路由器 R2 在收到 R4 通告的 LSA7 后，将其转为 LSA5 并洪泛至 R3，而不会针对 R4 生成 LSA4 信息。R3 收到 R2 通告的 LSA5，它会认为 R2 是 ASBR（该 LSA 的通告路由器 RID 为 R2）。R3 在进一步洪泛该 LSA 的同时，会针对 R2 生成一条 LSA4 并洪泛。虽然 NSSA 的 ABR 并不直接引入外部路由，但它负责将 LSA7 转为 LSA5，这就如同由它直接生成了 LSA5。

从上面的描述来看，从 NSSA 引入的外部路由的可达性与 NSSA ASBR 设置的转交地址 FA 密切相关。这意味着转交地址 FA 作为 NSSA 的网络信息必须传播到其他 OSPF 区域。实际上，NSSA 内的 FA 网络前缀可能由于管理需求，无法被通告给其他 OSPF 域，其他 OSPF 域也就无法建立对应的外部路由。为了解决这种问题，需要求 NSSA ABR 在将 LSA7 转为 LSA5 时强制将转交地址设定为 0，使得 NSSA 的外部路由不再与 FA 关联，而与 ABR 关联。

3）LSA7 转 LSA5 与 ABR 的关联关系

NSSA ASBR 生成 LSA7 将在 NSSA 内洪泛，如果 NSSA 存在不止一个 ABR，是否每一个 ABR 都需要执行 LSA7 转 LSA5 的操作呢？

前文分析中已经阐明，NSSA ASBR 生成的 LSA7 会随机选择一个接口地址填写到转交地址域。这个 LSA7 被转换为 LSA5 后，转交地址域并未发生改变。其他域的路由器都是基于该转交地址计算到达外部网络的路由的。以图 5.3 为例，路由器 R1 通告外部网络前缀 P 的转交地址填写为接口 e1/e2 的 IP 地址 ip1，假定 R2 负责 LSA7 转 LSA5，则 R4 和 R5 通过迭代到 ip1 所在网络的距离，计算到达 P 的下一跳分别为 R2 和 R3。同样，如果是 R3 负责 LSA7 转 LSA5，则 R4 和 R5 计算去往 P 的下一跳仍然分别为 R2 和 R3。所以，OSPF 路由器计算 NSSA 外部路由时，只与 NSSA ASBR 选择哪个接口 IP 作为转交地址有关，而与哪个 ABR 进行 LSA7 转 LSA5 无关。协议规定，当 NSSA 存在多个 ABR 时，只允许 RID 大的 ABR 进行 LSA7 转 LSA5，其他 ABR 都不能转换并扩散 NSSA 引入的外部路由信息。这样既减少了 LSA5 消息数量，也不会对路由计算产生任何影响。

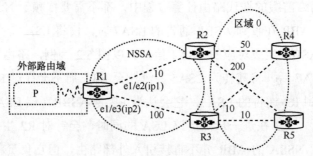

图 5.3　LSA7 to LSA5 转换与 ABR 的关系

既然 NSSA 只允许 RID 大的 ABR 进行 LSA7 转 LSA5，当拥有较小 RID 的 ABR 同时作为 ASBR 时会出现什么情况呢。考虑如图 5.4 所示的网络拓扑。假定 R2 的 RID 小于 R3，R2 作为 ABR 连接 NSSA 同时作为 ASBR 引入外部网络前缀 P。R2 会将 P 以 LSA5 在区域 0 内传播，同时会生成 LSA7 在 NSSA 内传播。R3 作为 NSSA 的 ABR，其 RID 大于该 NSSA 的另一个 ABR R2 的 RID，那么按照前述规则，R3 将会进行 LSA7 转 LSA5，并将转换后的 LSA 向外扩散。这实际上是对 Prefix 信息的重复性传播，消耗了额外的资源，而没有带来任何益处。

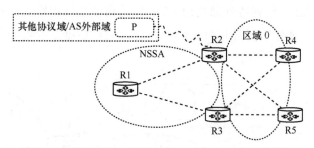

图 5.4　路由器既作 NSSA ABR 又作为 ASBR 的情况

因此，需要为这种情况定义特定的规则。OSPF 协议通过在 LSA7 的选项域中设定 P 比特位控制 LSA 的传播。当 NSSA 的 ABR 同时作为 ASBR 时，它生成 LSA7 的 P 比特位设置为 0（禁止传播），当 NSSA 的其他 ABR 收到该 LSA 时，即使自己的 RID 在该 NSSA 的 ABR 中最大，也不进行 LSA7 转 LSA5，从而终止了该 LSA 的进一步传播，通过这种方法，确保 NSSA 只有一个 ABR 进行 LSA7 转 LSA5。

4）由 LSA7 转换而来的 LSA5 与 LSA7 的路由优先级

按照 LSA7 的定义，LSA7 和 LSA5 不会出现在同一个区域。但是，LSA7 和 LSA5 可能会同时出现在一台路由器的链路状态数据中，这台路由器就是连接 NSSA 的 ABR。LSA5 不会被转换为 LSA7 向 NSSA 扩散，只会是 NSSA 的 LSA7 转为 LSA5 在骨干区域扩散。ABR 收到的关于同一条路由的 LSA5 和 LSA7 消息时，按照如下规则优选路径。

- 规则 1：如果 LSA7 的选项域中的标志位 P 为 1，则优选 LSA7 的路由。
- 规则 2：否则，优选到达 ASBR 路径代价小的路径。
- 规则 3：到达 ASBR 路径代价相同时，优选 LSA5 的路由。

下面通过一个例子分析这种优选规则的设计原理。

LSA7 和 LSA5 路由优先级比较如图 5.5 所示，当 NSSA 的 R1 引入外部路由 P2 时，LSA7 消息的标志位 P=1，这个消息要求 ABR 通告给其他的区域。假定由 R3 进行了 LSA7 转 LSA5，转换后的 LSA5 消息传播给 R2，数据库中包含承载外部路由 P2 的 LSA7 和 LSA5，这两条 LSA 携带的转交地址是一样的。R3 通过迭代计算到达转交地址的路由计算到达 P2 的路由。R2 到转交地址有两条路径：一条为域内 R2-R1，另一条为域间 R2-R4-R3-R1，按照优选域内路径原则，R2 计算到达外部路由 P2 的优选路径为域内路径，也就是优选了 LSA7 的路由。如果选择经过骨干区域路径，会使数据多经过一个区域，耗费更多网络资源。

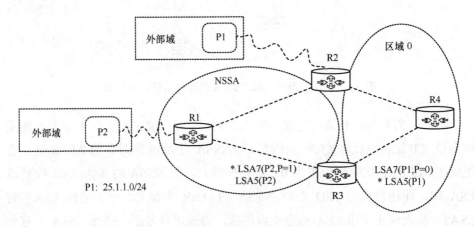

图 5.5　LSA7 和 LSA5 路由优先级比较

当 NSSA 的 R2 引入外部路由时，R2 会直接生成 LSA5 传播给 R3；同时，生成 LSA7 且 P=0，经过 R1 后传播给 R3。此时，R3 的链路状态数据库如下。

```
R3#show ip ospf data nssa-external 25.1.1.0
            OSPF Router with ID (3.3.3.3) (Process ID 1)
            Type-7 AS External Link States (Area 1)
    LS Age: 28
    Options: (No ToS-Capability, No Type 7/5 translation, DC)
    LS Type: AS External Link
    Link State ID: 25.1.1.0 (External Network Number )
    Advertising Router: 2.2.2.2
    LS Seq Number: 80000001
    Checksum: 0xAFB
    Length: 36
    Network Mask: /24
            Metric Type: 2 (Larger than any Link State Path)
            ToS: 0
```

```
              Metric: 20
              Forward Address: 0.0.0.0
              External Route Tag: 222222
R3#show ip ospf data external 25.1.1.0
              OSPF Router with ID (3.3.3.3) (Process ID 1)
                 Type-5 AS External Link States
     Routing Bit Set on this LSA
     LS Age: 48
     Options: (No ToS-capability, DC)
     LS Type: AS External Link
     Link State ID: 25.1.1.0 (External Network Number )
     Advertising Router: 2.2.2.2
     LS Seq Number: 80000001
     Checksum: 0x26E1
     Length: 36
     Network Mask: /24
              Metric Type: 2 (Larger than any Link State Path)
              ToS: 0
              Metric: 20
              Forward Address: 0.0.0.0
              External Route Tag: 222222
R3#show ip route
     25.0.0.0/24 is Subnetted, 1 Subnets
O E2    25.1.1.0 [110/20] via 34.1.1.4, 00:00:40, Ethernet1/4
     24.0.0.0/24 is Subnetted, 1 Subnets
```

R3 的链路状态数据库拥有经过 NSSA 的 R3-R1-R2 或者骨干区域 R3-R4-R2 的两条路径到达出口 R2。这两条路径分别经过区域 1 或者经过区域 0，当到达出口路由器 R2 的路径代价不一样时，R3 会优选代价低的路由。当两条路径代价相同时，骨干区域上的路由器拥有更高的性能，故选择经过骨干区域的路径更好。

（4）完全非纯末梢区域（Totally NSSA）

NSSA 如果期望整体屏蔽区域间路由，则可以定义 Totally NSSA。连接 Totally NSSA 的区域边界路由器，不再向该区域发送 LSA4/LSA5，也不再发送承载区域间路由的 LSA3，只发送一条承载默认路由的 LSA3。同时，由于本区域存在 ASBR，所以本区域会存在部分外部路由信息。

Totally NSSA 内部路由器只需要计算并维护 OSPF 本区域的路由、一条区域间的默认路由和若干条从本区域 ASBR 引入的外部路由。

（5）区域的默认路由

Stub 区域中 ABR 在屏蔽掉外部路由或者区域间路由时，都会自动生成默认路由。因为 ABR 是 Stub 区域内路由器通往外界的唯一通道，其自动生成默认路由注入 Stub 区域中，最终区域内路由器计算得到的外部路由，不会超出网络管理员的预期。

NSSA 整个区域通向外界的出口有两个：一个是区域内的 ASBR，另一个是区域的 ABR。如果 ABR 简单地自动生成默认路由，就可能导致 NSSA 内路由器计算的路径不能满足网络管理员所期望的路由计算结果。例如图 5.6 中，假定管理员期望 NSSA 内部路由器在转发到外部网络的数据时，在没有完全匹配路由的条件下，默认从 ASBR R5 发出。假定 NSSA ABR R2 产生了一条默认路由，该路由类型为区域间类型，而 ASBR R5 注入的默认路由类型为外部类型，按照路由类型的优先级，NSSA 区域内部路由器 R4 会优选 R2 作为默认路由的出口，从而无法实现管理员的数据转发要求。所以，在 NSSA 中 ABR 不会自动生成默认路由，而是让管理员在明确具体网络需求条件下，通过人为配置方法产生默认路由，确保最终的路由计算结果满足网络管理人员的预期。

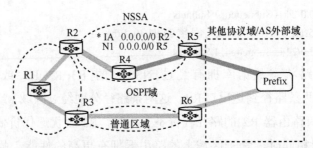

图 5.6　NSSA ABR 自动产生默认路由导致的无法实现管理需求示意图

深入讨论该问题，当管理员通过手工配置方式让 ABR 向 NSSA 通告默认路由时，默认路由是通过 LSA3 还是 LSA7 通告？

- 如果采用 LSA3 承载默认路由，按照前文分析，NSSA 只要 ABR 存在，域内路由器就使用 ABR 转发外部数据（即使通过 ASBR 的路径更短）。

- 如果采用 LSA7 承载默认路由，那么区域内的路由器就会比较经过 ABR 和 ASBR 到达外部前缀的路径代价，并优选路径代价最小者。

比较上述两者，可以看到采用 LSA7 承载默认路由，能够保证区域内的 OSPF 路由器发现更优的路径，而且管理员可以通过调整默认路由的权重进行路由的精确调整，与使用 LSA3 相比有更多优势。所以，在 NSSA 中，手工配置 ABR 向 NSSA 注入默认路由时，ABR 将会使用 LSA7 承载并在域内洪泛。

再考虑 Totally NSSA。ABR 将区域间路由屏蔽，使得 Totally NSSA 内路由器无法获得区域间路由信息。当 Totally NSSA 内部路由器访问外部网络时，可以按照本区域 ASBR 通告的路由进行数据转发。如果区域内部路由器要访问其他 OSPF 区域的网络时，缺少相应路由的指引，导致无路可寻。ABR 应当自动产生默认路由，以便引导区域内部路由器建立访问区域间网络的路由。该自动生成的默认路由用于引导区域间数据转发，默认路由采用 LSA3 承载。

对于 NSSA 的默认路由的产生以及承载类型可以这样理解：1）NSSA 不会自动生成默认路由；2）如果将 NSSA 设定为 Totally NSSA，则 ABR 自动产生 LSA3 承载的默认路由；3）其他情况下，要从 ABR 或者 ASBR 向 NSSA 注入默认路由，默认路由都是通过 LSA7 承载的。

（6）基于选项字段识别区域类型

当路由器的一个接口被划分到 Stub 区域后，从该接口发出的 Hello 报文中选项字段 E 比特位被设定为 0，表明该接口不允许任何 LSA4/LSA5 经过。如果从该接口接收到 E 比特位为 1 的 Hello 报文，则意味着邻居接口能够接收和发送 LSA4/LSA5。如果两者建立 OSPF 邻居关系，就存在从邻居收到 LSA4/LSA5 的可能性，这与 Stub 区域接口特性相违背。因此，如果相邻两台路由器彼此发出的 Hello 报文的选项字段 E 比特位不一致，则不会建立邻居关系。

与 Stub 类似，当路由器一个接口被划分为 NSSA 后，从该接口发出的 Hello 报文中选项字段 N/P 比特位被设定为 1，表示支持 NSSA 功能。与选项字段中的 E 位相同，如果邻居路由器之间交互的 Hello 报文中 N/P 位不匹配，也无法建立 OSPF 邻居。

选项字段 P 的含义是传播，仅用于 NSSA 的 LSA7 携带的选项域中。P 位的作用是告诉 ABR 是否将该 LSA7 转为 LSA5。如果期望将 NSSA ASBR 引入的外部网络在整个 OSPF 内传播，则 ASBR 在产生 LSA7 时应该将 P 设为 1。如果仅将 NSSA ASBR 引入的外部网络信息限定在 NSSA 内传播，则 ASBR 在生成 LSA7 时将 P 设为 0。ABR 在收到 LSA7 的选项 P 位为 0 时，将不进行转换，从而将外部网络信息限定在 NSSA。

选项 P 位的作用主要用于如下场景：如果一个 NSSA ABR 同时是 ASBR，它引入的外部路由信息会以 LSA5 格式封装后在骨干区域和其他非骨干区域传播，同时，也会以 LSA7 格式在 NSSA 传播。LSA7 在 NSSA 传播时必须将选项 P 位设定为 0，这样，该 NSSA 的其他 ABR 就不会将该 LSA7 转为 LSA5，否则会产生次优问题。

位于 Stub 和 NSSA 的路由器都应该清楚自己所在的区域类型，从而主动拒绝那些因为错误配置而进入 Stub/NSSA 的 LSA5。否则，当 LSA5 不小心引入 Stub 区域后，如果一部分路由器接收了 LSA5，一部分路由器没有接受，将导致该区域内路由器持有的链路状态信息不一致，进而引发不可预测的问题。

（7）LSA 在各类区域中的分布

结合 LSA 的功能，给出各类 LSA 在不同区域类型中的传播和分布情况，如图 5.7 所示。

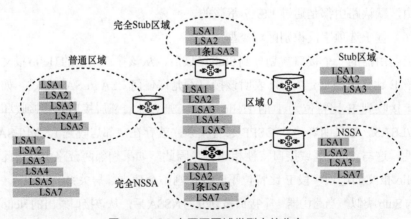

图 5.7　LSA 在不同区域类型中的分布

在普通区域和骨干区域，LSA1～LSA5 都允许存在。其他特殊类型的区域，则相应限制了承载外部路由和区域间路由的 LSA 出现。Totally Stub 只有一条承载默认路由的 LSA3 存在。相应地，Totally NSSA 则在 Totally Stub 区域之上，增加了 LSA7。

5.1.2 基于路由聚合精简路由数量

区域细分的思路是一种非黑即白的方法,要么引入外部路由,要么不引入。路由聚合方式是通过汇总路由方式减少引入的路由数量,与通过区域类型约束路由数量的方式相比,这种方法更为精确。

路由聚合,又被称为路由汇总,指把一组路由汇聚成一条路由条目的操作。这组路由被称为明细路由,所汇聚成的路由被称为汇总路由。在大型项目中路由聚合是必须考虑的一个重点事项。随着网络规模的逐渐增大,网络中的设备所需维护的路由表项也逐渐增加,路由表的规模也逐渐变大,而路由数据信息数据库的存储需要占用路由器的内存资源,路由的计算需要消耗路由器的计算资源,产生的路由转发表消耗查表匹配的硬件逻辑资源。在大型的网络中,路由聚合保证网络中路由畅通的同时,减小路由表的规模,提升 OSPF 的扩展性。路由汇总后,路由数量减少,节省了路由器有限的内存资源;路由数量减少,对应的通告路由的 LSA 消息自然减少,路由器进行路由计算的次数也对应减少,节省了路由器有限的计算资源;汇总路由还隐藏了被汇总的明细路由信息,使明细路由的变化也被隐藏,减少了路由更新和路由计算,进一步提升了网络的稳定性;与复杂的明细路由相比,当出现路由故障时,减少汇总路由更易于排查故障。

几乎所有的路由协议都支持路由汇总。RIP、EIGRP 等协议支持自动及手工路由汇总,而 OSPF 只支持手工路由汇总。OSPF 支持两种形式的手工路由汇总:一种部署在 ABR 上,用于汇聚区域内部的路由信息;另一种则部署在 ASBR 上,用于汇总 AS 外部路由信息。

(1) ABR 的区域间路由聚合

区域间路由聚合是一种利他的行为。ABR 负责将其连接的非骨干区域 A 的路由汇聚,然后通过骨干区域传播给其他非骨干区域 B、C 等。整个过程并没有减少 ABR 和区域 A 内路由器的路由数量,而是减少了在其他区域路由器中保存的区域 A 的路由信息。由于聚合的路由信息需要跨区域传播,所以,区域间路由聚合只能在 ABR 上实施,且通过 LSA3 承载传播。

区域间路由聚合传播如图 5.8 所示，区域 2 的边界路由器 R3 将该区域内的两条路由 2.2.2.0/26、2.2.2.64/26 聚合为一条前缀长度为 25 的路由 2.2.2.0/25，并通过 LSA3 洪泛到其他区域。最终区域 1 中的路由器 R1 只需要为区域 2 维护一条路由信息即可。与区域 2 一样，ABR R3 也可以将区域 3 的两条路由汇总为 2.2.2.128/25 通告。

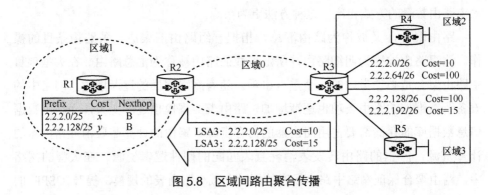

图 5.8　区域间路由聚合传播

如果路由前缀 2.2.2.0/25 和 2.2.2.128/25 同时存在于 ABR R3 上，那么 R3 是否可以进一步聚合为 2.2.2.0/24？答案是否定的。被 ABR 进行汇总的明细路由，必须以 LSA1/LSA2 出现在属于同一个区域的链路数据库中。所以，ABR 只能针对一个直连的非骨干区域进行路由聚合操作，来自不同区域的路由是不能被聚合的，来自非直连区域的路由也是不能被聚合的。ABR R2 持有的区域 2 和区域 3 的网络前缀信息是由 ABR R3 通过 LSA3 扩散来的，所以，区域 2 和区域 3 的路由聚合只能由 ABR R3 执行，无法由 ABR R2 执行。

ABR 汇总区域内多条明细路由过程中，不同明细路由的路径代价不一样，汇总路由路径代价默认与明细路由路径代价最小者保持一致。管理员也可以手工指定。

路由聚合是对明细路由的聚合，明细路由是聚合路由生成的基础。如果所有明细路由都不存在，那么聚合路由也会随之消失。当然，只要有一条明细路由存在，那么聚合路由就应该产生。

（2）ASBR 的外部路由聚合

OSPF 区域的分层编址和规划是由网络管理员完成的，管理员对该网络前缀数量应当有预期。但是对外部网络前缀的数量和变化并非管理员所能完全预期的。因此，在引入外部路由时，进行准确的路由聚合和路由过滤控制，对减少外部路由数量带给域内路由器的压力，提高 OSPF 域的扩展性和稳定性有很大益处。

外部路由是从 ASBR 引入的，也就决定了路由聚合实施的位置仅限于 ASBR（NSSA 例外），且仅对由该点导入的外部路由信息有效。从不同 ASBR 导入的外部路由进行再聚合时，如果存在网络前缀重叠，可能会导致 OSPF 域内路由器产生错误的路由选择。

外部网络前缀的聚合路由要依赖外部网络前缀的产生，如果 ASBR 没有任何外部网络前缀，那么外部路由聚合操作不会促使 ASBR 产生任何的聚合路由通告。

外部网络前缀存在两种度量方式，聚合路由的度量方式和路径代价决定于该聚合路由所覆盖的明细路由中路径代价值最小者。即外部聚合路由的路径度量类型与路径代价保持一致；在路径代价相同时，优先选择 E1 型度量类型。例如，假定 ASBR 引入如下两条外部路由，并将其汇总为 2.2.2.0/24 的聚合路由，则聚合路由的度量类型为 E2，代价为 100。

E1 2.2.2.0/25 Cost=1000

E2 2.2.2.128/25 Cost=100

（3）在 NSSA 的 ABR 上执行外部路由聚合

NSSA 内的 ASBR 可以直接引入外部路由，该 ASBR 可以实施相应的外部路由聚合策略，对外部路由进行聚合操作。

同时，NSSA ABR 负责将承载外部路由的 LSA7 转为 LSA5，所以，该 ABR 也是 ASBR，也可以实施外部路由聚合。

（4）路由聚合机制引入环路问题

路由聚合是对明细路由的一个汇总，网络管理员应当针对网络的规划和明细路由进行合理的路由聚合。如果单纯追求精简路由数量，而对明细路由进行过度聚合，就可能会产生路由环路。

如图 5.9 所示，ASBR R2 将 R3 下挂的子网 2.2.2.0/26 和 2.2.2.64/26 进行汇总。实际上这两个子网应该被汇总成 2.2.2.0/25，但由于错误配置，汇总成了 2.2.2.0/24，并向 R1 通告。同时，R1 作为整个 OSPF 域的主要数据出口，向整个

OSPF 域注入一条默认路由。假定 R2 下联主机向目的 IP 地址为 2.2.2.129 的主机发送数据，R2 收到该数据后，因为没有明细路由，所以按照默认路由，将数据发送至 R1。R1 从 R2 收到聚合路由 2.2.2.0/24，则目的 IP 地址为 2.2.2.129 的数据包正好匹配该路由，于是，数据又被转发给 R2，数据包在 R2 处又匹配了默认路由，被转给 R1，如此反复，直到报文的 TTL 递减为 0，这就出现了环路。

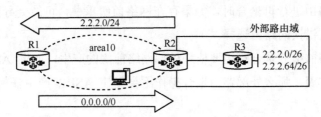

图 5.9　过度路由聚合引入的路由黑洞

上述示例描述了过度聚合引入的环路。实际上，即使管理员对明细路由进行了精确的聚合（例如将子网 2.2.2.0/26 和 2.2.2.64/26 严格聚合为 2.2.2.0/25），当子网丢失时，也会产生路由环路问题。假定管理员进行了正确的路由聚合，当链路故障导致子网 2.2.2.0/26 丢失时，按照聚合路由的产生规则，只要存在一条明细路由，那么聚合路由就应当存在。虽然子网 2.2.2.0/26 丢失，但是，聚合路由 2.2.2.0/25 仍然存在，此时发向目的网段为 2.2.2.0/26 的数据分组都将在 R1 和 R2 之间产生回环。

所以，只要配置了路由聚合，即使管理员做出了正确配置，仍然会在网络变化过程中出现"过度聚合"产生的环路问题。

为了解决这个问题，厂商在支持 OSPF 的路由聚合过程中，在执行路由汇总时自动产生一条聚合路由，该聚合路由指向 Null0 接口。图 5.9 中，R2 执行了路由汇总，同时它会自动产生一条如下路由：

O　2.2.2.0/24 is a summary, 00:00:02, Null0

这样一来，R2 下联主机发送目的 IP 地址为 2.2.2.129 的数据包时，将在 R2 匹配这条路由，将数据包直接丢弃，而不会在 R1 和 R2 之间不停回环。

实际上，当执行路由汇总时，自动在本地路由表产生一条指向 Null0 的路由是一种常规的防环手段，许多动态路由协议都具备这个特征。

5.1.3　基于路由过滤策略精细化控制路由

通过路由聚合方式可以将多条明细路由聚合为少量的聚合路由，减少了 OSPF 域的路由数量。通过路由聚合方式也可以过滤路由。例如，在 ABR 配置，可以禁止汇总路由覆盖的区域内明细路由通告到指定区域；在 ASBR 配置，可以禁止汇总路由覆盖的外部明细路由通告到 OSPF 域。这种过滤策略比基于区域类型的路由过滤稍显精细，但是，多条无法聚合的路由就需要更为精确的技术实施路由过滤。

OSPF 协议是链路状态协议，如果对链路状态信息过滤，会使区域内路由器持有不一致的链路状态信息，进而产生不同的拓扑，导致路由环路或路由黑洞。因此，对于链路状态协议而言，路由过滤策略只有在 ABR 和 ASBR 部署时才会确保协议安全。如前文所述，通过路由聚合方式实施的路由过滤也只能部署在 ABR 或 ASBR 上。当然，也可以在区域内部路由器部署路由过滤策略禁止本地使用某些路由，但是这种过滤只是阻止相应路由信息进入路由表，而无法阻止其进入本地的链路状态数据库，更不会阻止携带该路由的 LSA 通过当前路由器进行扩散。

对路由控制的关键点有 3 个：控制哪些路由、在哪个位置上控制路由以及在哪个方向上实施路由控制。

在具体实现层面存在一些利器支撑灵活的路由匹配。思科路由器可以利用 access-list、prefix-list 等前缀匹配方法直接匹配路由，也可以通过 route-map 工具基于一些协议特性参数按类别筛选路由，例如，通过匹配 OSPF 路由类型可以匹配所有 E1 型路由，也可以基于路由报文中携带的 Tag 属性筛选出人为定义的一组路由。

在期望控制的路由被筛选出来后，依据策略部署位置和具体需求设定入口控制还是出口控制，实现对路由进行精细化过滤的目标，具体如下。

- 在 ABR 上：可以禁止某些路由通告到给定的区域，或者禁止从给定的区域引入某些路由。
- 在 ASBR 上：禁止从给定的协议引入某些路由，或者禁止某些路由通告到给定的协议。

这里的过滤策略是由具体应用需求驱动的，而非 OSPF 协议自身规定的内容，不同厂商在支持的方法、类别和指令上存在一定差异。

5.1.4　基于 LSA 过滤控制 LSA 的传播

OSPF 协议是链路状态协议，如果对局部链路状态信息过滤，会导致网络拓扑不一致。但在一些场景下，有些路由器的计算和存储能力非常弱，甚至很少的链路状态信息也无法处理和存储，这种情况下，可以考虑不向它通告任何链路状态信息，仅维持基本的 OSPF 协议会话，以获知其基础链路状态信息。

过滤所有 LSA 减少路由计算示意图如图 5.10 所示，R3 为计算和存储能力很弱的路由器，可以考虑在 R2 上部署 LSA 过滤策略。这种情况下，R2 和 R3 之间仅仅维持 OSPF 会话，R3 可以将自身链路状态信息通告给 R2，使得其他路由器能够获知 R2—R3 的链路状态信息以及 R3 的链路状态信息；同时，R2 不向 R3 通告任何链路状态信息，这样 R3 就不需要存储整个域的链路状态信息，也不用运行 SPF 算法计算路由，只需要配置一条指向 R2 的默认路由即可。这种方式可以很大程度上降低 R3 的链路状态存储和路由计算资源，使得 R3 不会成为整个区域的 OSPF 计算瓶颈，进而提升 OSPF 协议的拓展能力。

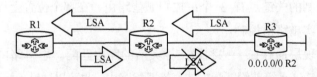

图 5.10　过滤所有 LSA 减少路由计算示意图

另外，在链路冗余度很高的网络中，LSA 的洪泛机制会给网络带来较大的处理负载。OSPF 路由器从一个接口收到 LSA 报文后，如果发现该 LSA 为最新的 LSA 通告，则按照水平分割原则，将从其他所有接口洪泛该 LSA。在如图 5.11(a)所示的网络中，路由器之间采用全互联结构，任何路由器收到 LSA 后，通过一次洪泛就可以让其他所有节点获知相同的 LSA 信息。但按照协议规定，其他路由器收到该 LSA 后还需要进一步相互洪泛，全互联网络中 LSA 的过度洪泛如图 5.11（b）所示，显然此时重复洪泛的 LSA 信息是多余的。在这种链路冗

余度很高的网络中，可以通过 LSA 过滤机制和合理的网络规划减少 LSA 在网络
中的洪泛数量。

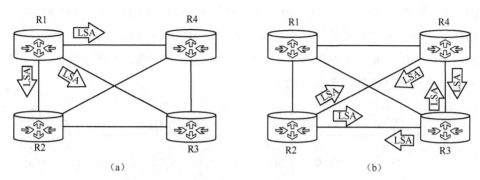

（a）　　　　　　　　　　　　　　　　　　（b）

图 5.11　全互联网络中 LSA 的过度洪泛

　　可以将图 5.11（a）中拓扑进行不同的规划，如图 5.12 给出了两种 LSA 过滤
方法。在图 5.12（a）中，路由器 R1 和 R3 配置 LSA 过滤策略，不允许相互之
间通告 LSA 信息，路由器 R2 和 R4 也配置了相同的策略。在这种情况下，R1
收到的 LSA 信息只会通过 R2 和 R4 的中继后再洪泛给 R3。这种方式可以减少
洪泛冗余的 LSA 报文，同时能够保证所有路由节点持有相同的链路状态信息。
LSA 过滤仅仅是不允许 LSA 经过某些链路，不会改变 LSA 自身携带的链路状态
信息内容，所以，所有节点持续有的网络拓扑结构是一样的，不会因为 LSA 没
有经过某些链路而使得这些链路在链路状态数据中消失。例如，在图 5.12（a）
中，虽然 R1 和 R3 相互不通告任何 LSA，但是它们之间存在基本的 OSPF 会话，
R3 的链路状态数据库中 R1—R3 的链路状态与其他路由器一样，其计算得到去
向 R1 环回接口的下一跳必然是 R1，而不会是 R2 或者 R4。各链路代价相同条
件下，去向 R1 的数据也会直接通过 R3—R1 链路直接传送。

　　LSA 的过滤机制，仅阻止了 LSA 通过某些链路传播，但不会影响该链路
在链路状态数据库的呈现，更不会影响该链路在数据转发层面的使用。但
是，这种 LSA 过滤方法可能会延缓 LSA 在整个网络中的传播速度，增加了协
议收敛时间。在图 5.12（a）中，如果不过滤 LSA，则经过一次 LSA 中继，网
络就可以进入收敛；如果禁止 LSA 通过某些链路传播后，需要经过两次 LSA
中继才能使得网络进入收敛状态。更进一步，这种 LSA 的过滤机制，降低了

网络的冗余性，在图 5.12（b）中，当禁止 LSA 穿过 R1—R2 链路时，R1 原来可以容忍 3 条链路中的两条故障，将会改变为只能容忍一条链路故障。当 R1—R4 和 R1—R3 同时出现故障，无法通过 R1—R2 传播 LSA，导致 R1 从该拓扑中消失，网络连通性被破坏。如果在 R1—R2 上不启动 LSA 过滤，即使 R1—R4 和 R1—R3 同时出现故障，仍然可以通过 R1—R2 链路传播 LSA，R1 的连通性是依然能够得到保证的。

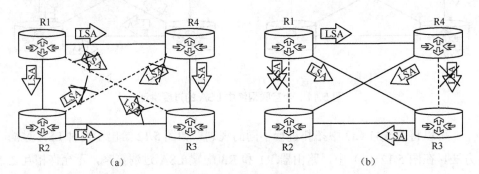

图 5.12　禁止 LSA 通过某些链路来减少 LSA 洪泛

可以看到，在链路上使用了 LSA 过滤机制后，可以大幅降低网络节点传播冗余的 LSA 信息，提升了网络的扩展性。但是，也会导致网络收敛时间变长、网络冗余度降低等负面问题。

5.1.5　控制 LSA 的定期洪泛

每一条 LSA 都有一个寿命字段，寿命字段最大为 3600s，这意味着每一条 LSA 在网络中存在的最长时间为 3600s。OSPF 协议规定，生成 LSA 的路由器对每一条源发的 LSA 进行计时，当寿命达到 1800s 时，会将其生成的 LSA 重新在网络中洪泛。如果一台 OSPF 路由器持有的 LSA 寿命达到 3600s，OSPF 路由器将自动将该 LSA 从自身链路状态数据库中删除。

然而，在一些网络相对稳定的环境中，这种周期性的洪泛被认为是多余的。OSPF 拓展了一种称为 Flooding Reduction 的功能来禁用这种周期性的 LSA 洪泛，提高协议扩展性。

周期性洪泛 LSA 的目的是不让自己产生的且驻留在其他路由器中的 LSA 达

到寿命最大值。为此，OSPF 将 16bit 寿命字段中的最高位定义为 DoNotAge（DNA）位，如果 LSA 寿命字段的 DNA 位置 1，该 LSA 在传播过程中寿命值正常增加，一旦驻留到链路状态数据库中，寿命字段将不再改变。按照协议规定，OSPF 要不停刷新链路状态数据库中 LSA 的寿命字段，如果支持 DNA 功能，那么它将不再刷新链路状态数据库中该 LSA 的寿命字段。当一个区域中存在一台路由器不支持 DNA，那么经过一段时间后，它会将链路状态数据清空，使得该区域的 OSPF 路由器持有不一样的链路状态，进而引入路由问题。所以，一个区域一旦有一台 OSPF 路由器不支持 DNA 功能，那么整个区域就必须重新退化为传统定时洪泛的工作机制。

一旦一台路由器在某个接口上启动了 Flooding Reduction 功能，那么所有经过该接口发送的所有 LSA 都将 DNA 置为 1，之后只有在网络拓扑、配置或者能力等发生改变时，才会有相应 LSA 更新通告从该接口洪泛，否则所有 LSA 都不再在该接口上周期性洪泛。对于接口启动 Flooding Reduction 功能的路由器而言，当它收到邻居路由器的周期性洪泛报文后，可以将最新收到的链路状态信息与自身持有的链路状态进行对比，如果没有发现任何变化，则相应 LSA 不再通过 Flooding Reduction 接口洪泛；如果通过对比发现了变化，则需要将这些 LSA 进一步通过 Flooding Reduction 接口发送，同时还要将这些 LSA 的 DNA 置 1。

对于一个比较稳定的 OSPF 区域，可以在属于该区域的所有接口上启动 Flooding Reduction 功能，减少周期性 LSA 在该区域中的洪泛。实际上，启动了 Flooding Reduction 功能的路由器与没有启动该功能的路由器可以在一个域内共存，而不会影响网络的连通性（前提是所有路由器都支持 DNA 能力）。如图 5.13 所示，仅在 R1 连接 R2 的接口上启动了 Flooding Reduction 功能，初始时，R2 从 R1 获知的关于 R1 的 LSA 包含 DNA 标志，从 R3 获知的关于 R3 的 LSA 不包含 DNA 标志。关于 R4 的 LSA 是否包含 DNA 标志，决定于它经过 R1 和 R3 到达 R2 的速度。如果经过 R1 先到达 R2，则 R2 持有的 R4 LSA 包含 DNA 标志；否则，不包含 DNA 标志。经过一个洪泛周期后，R4 将发送自身的 LSA 更新通告给 R1 和 R3。R1—R2 接口为 Flooding Reduction，R1 会将链路状态数据库中的 LSA 与收到的 R4 最新 LSA 进行比较，刚收到的 LSA 拥有更高的序列号，但比较发现 LSA 内容没有改变，于是 R1 不向 R2 发送 R4 的 LSA 更新。R3 没有 Flooding Reduction 接口，它将接收序列号更高的 LSA，并进一步洪泛给 R2。R2 将采纳序列号更高的 LSA。无论 R2 持有的 R4 的 LSA 是否包含 DNA 标志，经过一个周期后，都将被更新为不含 DNA 标志的 LSA。同理，即使初始 R2 持有 R1 的 LSA 包含 DNA 标志，经过一个洪泛周期后，也将被更新为不含 DNA 标志的 LSA。如果期望 R2 的 LSA 一直包含 DNA 标志，还需要进一步在 R3 连接 R2 的接口上配置 Flooding Reduction。

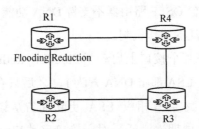

图 5.13　接口上的洪泛抑制功能

　　Flooding Reduction 功能部署在稳定性很强的网络，可以大幅减少 LSA 洪泛消耗的网络带宽资源和 OSPF 计算消耗的计算资源，但是可能会弱化链路状态数据库维护上的稳健性。

　　Flooding Reduction 功能与按需链路有点类似，只是前者仍然需要周期性发送 Hello 报文进行会话的维持，且不需要链路两端同时使能该功能；而按需链路需要在链路两端同时使能该功能，且不会周期性交互 Hello 报文。

5.1.6　基于被动接口的约简邻居关系

　　在 OSPF 协议运行过程中，有时某些接口上可能不会存在 OSPF 邻居，如果希望将接口网络在 OSPF 域内传播，存在两种方法：一种方法是将该路由器作为 ASBR，通过重分发直连路由方式将接口网络作为外部路由引入 OSPF 域内；另一种方法是在接口上激活 OSPF 协议。前一种方法在某些域中（例如 Stub 域）是无法实现的。后一种方法，一旦在接口上激活 OSPF，便开始周期性地发送 Hello 报文，试图在该链路上发现邻居，既增加了路由器自身的处理负担，也加重了网络处理负担，而且还存在安全隐患（例如恶意者伪造邻居建立会话注入虚假路由）。

　　针对这种场景，OSPF 专门定义了被动接口。当一个接口被设置为被动接口后，它不再收发 Hello 报文，自然也不会在该接口上发现和建立任何邻居关系，但是该接口将会以网络类型为 Stub 链路的形式通过 LSA1 向外通告，使得其他路由器获知被动接口的网络信息。

5.1.7　基于内容对比的 DD 交互优化机制

　　在两个 OSPF 路由器建立邻居会话过程中，需要将自己持有的链路状态数据库中的 LSA 摘要信息（LSA 头）向对方通告，让邻居路由器能够获知本地 LSDB 情况。OSPF 将收到的 LSDB 摘要信息与自己的 LSDB 进行对比，发现本地没有的 LSA 或者本地 LSA 实例较为陈旧，进而有针对性地向邻居发起 LSA 请求。

　　这种标准的 OSPF DD 交互过程中存在交互信息的冗余。假定 R1 和 R2 各持有 8 条相同的 LSA 信息，受限于报文长度，每一个 DD 报文只能承载 4 条 LSA 摘要信息。R1 和 R2 在协商过程中，R1 和 R2 分别为 Slaver 和 Master 角色，相互之间 DD 交互过程如图 5.14 所示。R2 从 R1 收到 DD_3 报文后，通过比较发现持有与对方 DD_3 中通告的 LSA 一样的信息，按照标准协议流程，R2 仍然需要将自己的 LSA1～LSA4 摘要信息放置在 DD_4 中，并通告给 R1。对于 R1，R2 通告的 DD_4 没有带来任何的信息量，因为 R2 通告的 LSA1～LSA4 摘要信息与本地一样，R1 不会向 R2 请求这些 LSA 信息。也就是说，即使 R1 没有收到 R2 通告的包含 LSA1～LSA4 摘要信息的 DD 报文，R1 的链路状态数据库仍然是最新的，仍然能够与 R2 保持一致。

　　为此，RFC5243 给出了 DD 优化机制。当 OSPF 从邻居收到 DD 报文后，提取 LSA 信息，并与本地链路状态数据库进行对比，如果发现对方的 LSA 信息与本地一样，或者本地更为陈旧，那么本地不应该将该 LSA 摘要信息封装在 DD 报文中。也就是说如果本地通过比较，发现自己的某条 LSA 信息比对方更为陈旧，那么将这条 LSA 摘要信息通告给对方是没有意义的，对方永远不会请求比自己更陈旧的 LSA。

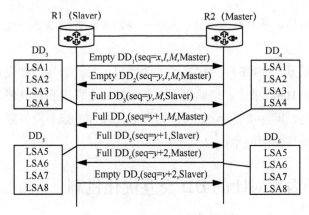

图 5.14　正常的 DD 交互过程

采用了 DD 优化机制后，图 5.14 所示的场景便可以进行如图 5.15 所示的优化。当 R2 从 R1 收到 DD₃ 报文后，发现本地 LSA1～LSA4 与对端一致，再给对方发送这些 LSA 的摘要信息已无意义，于是将本地剩余的 LSA5～LSA8 摘要信息封装在 DD₄ 中发送给 R1，R1 收到后比对本地链路状态数据库，发现本地 LSA5～LSA8 与对方一致，便发送一个空 DD 报文结束 DD 过程。比较上述两个过程可以发现，交互双方的 DD 报文由 7 个减少为 5 个，DD 交互时间缩短。通过这种交叉验证机制，在双方 LSDB 一致的条件下，可以将原来的发送整个 LSDB 摘要，减少为只发送一半的 LSDB 摘要信息，明显提高了交互的效率，在 LSDB 规模较大的情况下，可以明显缩短邻居数据库同步时间。

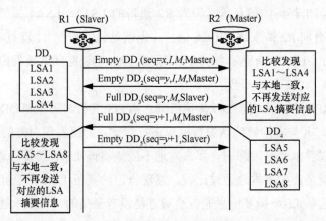

图 5.15　优化的 DD 交互过程

这种优化机制对 LSA 在 DD 报文中出现的顺序不作要求。但是，如果双方对 LSA 在 DD 报文中出现次序进行约束，则可以将 DD 交互的效率提升约一半。规范推荐的实现方式是按照（LS Type，Link State ID，Advertising Router）三元组的字典升序方式依次将 LSA 摘要信息通过 DD 报文发送。

5.1.8　基于 Max Metric 通告卸载转发流量

在一些网络场景中，个别路由器因为特殊原因（CPU 负载过重或者内存受限，或管理员希望平滑地引入/移除该路由器，或实现流量工程等）只进行路由协议计算，而不承担流量转发功能。这种路由器不会转发流量，其在网络中的位置与主机类似，因此，被称为"Stub 路由器"。

为了构建 Stub 路由器，就要求其他路由器通过 SPF 算法计算出的路径中，Stub 路由器总是位于生成树的末梢，除非网络的冗余度不足，而不得不经过 Stub 路由器。

RFC6987 给出了一种解决方法，如果路由器被设定为 Stub 路由器，那么该路由器通告的路由器 LSA 中所有链路的权重被设定为 MaxLinkMetric，即 0xFFFF。

图 5.16 给出了两个拓扑，R4 作为 Stub 路由器，向外宣告所有链路权重为 0xFFFF，链路上的数字为各节点通告链路权重。图 5.16（a）加粗线条给了 R1 计算的最短路径树，R4 作为 Stub 路由器，通过设定链路权重，使得 R1 去往所有其他节点的流量不会经过 R4，哪怕是去往 R4 的 e1 和 e2 接口的流量，也分别通过 R2 和 R3 传送。而在图 5.16（b）所示的拓扑中，加粗线条给出了 R1 的最短路径树，网络链路冗余度不足，使得 R4 作为 Stub 路由器的目的无法达成。此时，R1 去往 R3 的流量仍然需要经过 Stub 路由器 R4 转发，因为 R3 只有一条链路连接到网络中，R4 是必经之路。

因此，要实现 Stub 路由器，必须在网络拓扑设计上保证网络的冗余，如果网络中存在只有通过 Stub 路由器才能到达的节点，那么 Stub 路由器仍然需要担负流量转发功能。

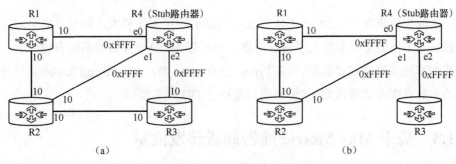

图 5.16　Stub 路由器在拓扑中的位置

5.2　基于时间延迟的优化机制

5.2.1　LSA 的延迟传送

（1）源发 LSA 的周期性传送延迟

每个 OSPF 节点需要记录收到的以及自己源发的 LSA 信息，并为每条 LSA 信息维护一个寿命（Age）值，以便于判断 LSA 是否有效。当收到的 LSA 信息寿命达到最大值时，将其从 LSDB 中删除；自己源发的 LSA 信息达到寿命最大值的一半时，将再次向邻居洪泛，进而刷新其他节点存储的对应 LSA 的寿命值，避免其被老化。

本地源发的 LSA 需要进行周期性刷新，存在 3 种不同的刷新机制。

全局定时器机制。OSPF 节点为本地所有源发的 LSA 维护一个统一的定时器，在系统发出第一条 LSA 便开始计时，然后每隔 30min，将当前 LSDB 中本地源发的 LSA 重新洪泛一次。这种方式简单粗暴，带来的负面问题也很明显。因为是全局定时器，所以，有很多寿命值远小于 30min 的 LSA 也被重新洪泛，既浪费网络资源，又浪费处理资源。网络上的所有节点，每隔 30min 会产生一个消息洪峰，如果多个节点的洪泛时间相近，将会给其他节点带来巨大的处理负载。

独立定时器机制。为每一条 LSA 维护一个独立的定时器，可以保证每条

LSA 被准确地周期性洪泛。这种方法虽然会使本地操作稍显复杂，但是可以克服全局定时器机制给其他节点带来的消息洪峰问题，每个节点都可以按部就班地处理周期性 LSA，不会引起 CPU 占用率的激增。源发第一条 LSA 的时间是随机的，每个节点周期性洪泛 LSA 的时间也相应随机，OSPF 节点需要为 LSA 单独生成一条 LS Update 报文，消息的传送效率很低；对于其他节点而言，虽然每次处理的 LSA 数量减少，但是处理的次数增多。采用全局定时器机制时要将本地源发的所有 LSA 发送出去，一条 LS Update 报文承载的 LSA 要尽可能地多，消息的传送效率很高；对于其他节点而言，处理完消息洪峰后，会迎来一段平静期，报文处理次数相对较少。

LSA 延迟分组发送机制。在独立定时器机制的基础上，为了提高网络带宽利用率，减少其他节点消息处理次数，LSA 并不会在寿命到达 30min 时被立刻发送，而是延迟等待一定的时间 D，待时延到期后，将所有寿命值在 $30\sim30+D$ 内的 LSA 打包发送，此时 LS Update 报文将承载尽可能多的 LSA 消息，既提高了信息传送效率，又减少了其他节点处理消息的次数。延迟等待时间 D 是可配置的参数，应依据具体网络规模合理设定，例如在链路状态数量较大的网络，如果参数 D 设置过大，可能会出现消息洪峰现象。

（2）转发 LSA 的传送时延

路由节点收到 LS Update 报文后，需要将其中的 LSA 提取并存储到本地 LSDB，同时，按照协议规定的传播规则，将该 LS Update 消息进一步洪泛。

一些特殊场景，例如处理能力较强的路由器连接处理能力较弱的路由器，如果短时间传送大量 LS Update 报文，将导致低性能路由器缓存溢出、链路拥塞、报文丢失等问题。为协助低性能路由器连续有效地处理一系列的更新报文，可以在某些接口设定 LSA 传送时延，确保连续两个报文的发送存在一定时间间隔，为邻居节点的消息处理预留时间，使 OSPF 协议平稳运行。

5.2.2 LSA 捎带重传

OSPF 采用确认机制保证 LSA 准确送达邻居节点。OSPF 在每个接口为发送的 LSA 维持一个待确认列表，并记录对应 LSA 的发送时间。如果在重传时间

（一般为 5s）内没有从邻居收到确认消息，则将所有超过重传定时器的 LSA 重新封装到 LS Update 报文中重传。在重传机制下，如果为每一条 LSA 单独封装一条 LS Update 报文，那么重传效率较低。

借鉴 LSA 延迟分组发送机制，如果某条 LSA 信息在重传定时器超时后，进行重传前，查看重传列表中待确认 LSA 的重传时间与当前时间，重传当前 LSA 的同时，将尚未到时的 LSA 一并打包到 LS Update 报文中发送，以提高消息传送的效率。

5.2.3 SPF 延迟计算

（1）基本的延迟计算思路

OSPF 路由器在收到 LSA 消息时会触发拓扑计算和路由计算，尤其在收到 Type-1/2/4 的 LSA 时，很可能导致已有最短路径树改变，因此需要基于当前 LSDB 中的链路状态进行最短路径计算。

当路由器收到一条新的链路状态 LSA 消息，将该 LSA 添加到 LSDB 中，并锁定当前的 LSDB，运行 SPF 算法进行最短路径计算。期间收到的 LSA 消息将被暂时缓存，避免计算期间数据不同步导致计算结果错误。

虽然现在路由器的 CPU 能力很强，但是进行 SPF 计算相对还是耗费 CPU 资源的。如果针对每一条引起拓扑改变的 LSA 运行一次 SPF 算法，那么 CPU 将会处于无休止的运算状态，尤其在网络不稳定期间。为此，不同厂商都有自己的 SPF 延迟计算机制。基本思路大致相似：当路由器收到一条新的 LSA 时，并不立刻运行 SPF 算法，而是延迟一个时间，将收到的多条 LSA 统一更新到 LSDB 后再进行 SPF 计算，这样可以一次计算多条 LSA，明显提升了 SPF 计算效率。而且只有在 SPF 计算期间才需要缓存 LSA 信息，在 SPF 延迟期间，所有 LSA 直接被更新到 LSDB 中，不需要缓存，因此，SPF 延迟计算在一定程度还减少了缓存 LSA 的次数。

SPF 延迟计算带来的负面效应，就是导致协议收敛时间变长。SPF 计算的延迟时间设置为多长合适，应该依据具体网络规模和网络场景而定。基本思路是网络稳定时，网络中 LSA 较少，将时延设短一些；网络不稳定时，网络中

LSA 更新频繁，将时延设长一些。当然，动态手工调整延迟定时器并不是一种好的策略，最好能有一种自适应的调整机制。不同厂商会有不同的优化实现方式，具体机制各不相同，但基本思想就是基于运行 SPF 算法的频繁程度调整延迟值。如果 SPF 运算频繁，就进一步延长下一次 SPF 运行的时间；如果 SPF 运算次数平缓，就逐渐将时延恢复正常。

（2）标准的退避延迟 SPF 算法

不同厂商的 SPF 延迟计算机制对于减少自身的计算、优化自身资源有一定益处。从全网角度来看，各个节点采用不同的 SPF 延迟计算机制可能会带来负面效应。SPF 延迟计算的时间不一致，其计算时各节点的链路状态数据库也不一致，导致故障发生后，在收敛或者快速重路由期间，数据转发过程中出现微环路问题。转发表的生效时间、运行 SPF 算法的 CPU 能力等也是导致各节点转发表不一致的因素，并且这些因素难于标准化。各厂商的 SPF 延迟计算算法则可以统一规范，当所有厂商都采用相同的退避延迟算法时，既可以减少自身 CPU 资源消耗，又可以减少收敛过程中出现微环路的持续时间。

标准的 SPF 延迟算法在 RFC8405 中定义，使得所有的厂商能够按照相同的延迟规则触发 SPF 计算。该算法期望在出现单个网络事件（例如链路故障）时能够快速收敛；在出现多个同期发生的短暂网络事件时能够有节奏地快速收敛；在网络出现大幅不稳定时，延迟网络收敛。考虑节点因为距离故障点的远近不同以及中间节点中继洪泛网络事件的方式差异，使得不同的节点可能以不同的时间间隔接收消息，且消息的到达顺序也可能不一致，在这种情况下，需要充分保证所有节点能够以相同的 SPF 计算延迟进行 SPF 延迟计算。

触发 SPF 计算的网络事件有很多，主要包括拓扑改变、前缀改变、链路/前缀的权重改变等。

退避延迟 SPF 算法定义了 3 个时延以应对不同的网络事件。

- INITIAL_SPF_DELAY：非常小的时延，快速处理单个链路故障事件，默认为 50ms。

- SHORT_SPF_DELAY：小的时延，快速处理单个组件故障（节点故障或 SRLG 故障），默认为 200ms。
- LONG_SPF_DELAY：长的时延，针对 IGP 不稳定的情况，这种方式可以让 IGP 网络稳定下来，默认为 5000ms。

除了上述 3 个延迟定时器外，还定义了两个时间间隔，用于控制算法的状态机跳转。

- TIME_TO_LEARN_INTERVAL：通过该时间段收集在单个组件故障时产生的多个 IGP 事件，默认为 500ms。
- HOLDDOWN_INTERVAL：该时间段内没有网络事件发生，则认为网络进入稳定状态，默认为 10000ms，系统可以采用 INITIAL_SPF_DELAY 作为 SPF 的延迟定时器。

算法定义了 3 个状态，初始为 QUIET 状态；当收到网络时间后进入 SHORT_WAIT 状态，并启动 TIME_TO_LEARN_INTERVAL 定时器，该定时器超时后进入 LONG_WAIT 状态；每收到一个网络事件，就会重启 HOLDDOWN_INTERVAL 定时器，当该定时器超时后回归到 QUIET 状态。

结合图 5.17 可以更好地理解退避时延计算原理。

算法初始为 QUIET 状态，当收到第一个网络事件时，进入 SHORT_WAIT 状态，并启动 TIME_TO_LEARN_INTERVAL 定时器。假定网络中只发生这个简单的单一事件，此时可以运行一次 SPF 完成路由计算，通过启动 INITIAL_SPF_DELAY 定时器时延 SPF 计算。如果网络确实只发生这个单一事件，延迟计算不如立刻进行 SPF 计算。但是对于一个节点而言，无法预知这个网络事件是一个简单的单一事件，还是一个组件事件的开始，甚至是一个网络振荡期的开始。因此，还需要有后面的流程。

如果在 TIME_TO_LEARN_INTERVAL 时间段内又收到了网络事件，算法就认为发生了组件故障，此时将单个组件故障引发的多个网络事件时延处理可以带来收益，从而一步计算就可以得出故障后最终的路由，此时 SPF 的时延定时器选定为 SHORT_SPF_DELAY，并在超时后运行 SPF 算法。

如果在 TIME_TO_LEARN_INTERVAL 超时进入 LONG_WAIT 状态后仍然收到网络事件，算法就认为发生了多个不相关的故障，此时，应当等待一个较长时间以便稳定网络，所以采用更长的延迟定时器 LONG_SPF_DELAY，收集更多的网络事件，通过一次 SPF 计算完成路由更新。在 LONG_STATE 状态下，运行一次 SPF 后，又收到了网络事件，则仍然采用 LONG_SPF_DELAY 定时器延迟 SPF 计算。退避延迟 SPF 计算如图 5.17 所示。

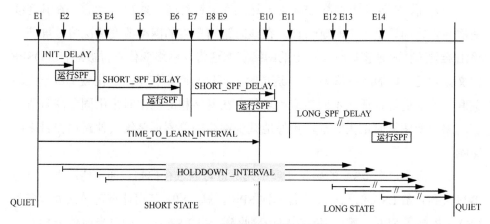

图 5.17　退避延迟 SPF 计算

实际上，所有路由器可能会在不同的时刻收到网络事件，无法假定所有路由器都执行了相同次数的 SPF 计算。如果 SPF 时延为 50ms，R1 可能收到了 E1、E2、E3 3 个网络事件，进行了 1 次 SPF 计算；而 R2 可能在 50ms 内只收到了 E1、E2 两个网络事件，进行了 1 次 SPF 计算，然后需要再针对 E3 进行一次 SPF 计算。所以，退避延迟 SPF 算法在一定程度缓解收敛期间的微环路问题，但是并不能完全解决这个问题。

5.2.4　发送与接收 LSA 时的延迟控制

延迟机制除了在处理大规模 LSA 时发挥作用，在应对网络不稳定方面也发挥重要作用。

当网络发生变化时，路由器通过洪泛 LSA 更新及时通告网络拓扑变化。如果网络中出现不稳定点，这将会导致路由器针对同一个链路状态频繁更新，对于源发 LSA 的路由器而言，其处理负载并不会发生大的改变，但是频繁变更的

LSA 信息将会给网络中的其他路由器产生较大的危害，使它们处于无休止的路径计算，产生路由抖动和转发路径的摆动，既增加了协议处理负载，又对数据转发产生了较大影响，甚至引入路由环路和路由黑洞。

解决这个问题可以从两个角度出发。

一方面，在源头上控制 LSA 的发送频率。针对同一条 LSA 而言，在其连续两次通告之间设定一个时延窗口，在该时延窗口内的网络改变情况将被屏蔽，路由器只选择时延窗口终止点上的网络状态通告，网络变化不再被通告。OSPF 定义该时延窗口的缺省值为 5s。这个时延可以与网络状态的变化频率做一定的关联，从而更好地适应不同的应用场景。在网络相对稳定时采用固定缺省值，在网络改变频繁时增大时延，更好地减少网络的剧烈振荡给其他路由器带来的影响。

另一方面，在 LSA 的接收处理单元上也可以进行控制。通常情况下，路由器每收到一条 LSA 信息都要进行一次 SPF 计算，SPF 延迟计算可一次处理多条 LSA，提高了 SPF 运算效率。当路由器收到一条 LSA 时，如果当前处于 SPF 延迟计算窗口内，那么这条 LSA 直接入驻 LSDB；如果当前处于 SPF 计算期间，则这条 LSA 将被放置在 LSA 缓存，待计算结束后再迁移到 LSDB。SPF 延迟计算很大程度上化解了同一条 LSA 频繁变化带来的影响，但在频繁更新时会引入大量多余的 SPF 计算。这里引入延迟采纳机制，应对频繁 LSA 更新所消耗的处理资源。对于同一条 LSA 的更新消息到达路由器后，并不被立刻送入 LSA 缓存或者 LSDB，而是延迟等待一个时间，待延迟到期后再被接纳。OSPF 定义这个时延窗口的缺省值为 1s。如果同一条 LSA 的更新频率过高，还可以进一步采用优化的实现方法，以自适应方式增加延迟窗口，阻止 LSA 振荡引入的大量无效计算。

这里将通告路由器 ID 相同且 LSA 类型相同的 LSA 理解为同一条 LSA。

5.2.5　延迟机制的总结

将上述延迟机制与 LSA 消息在 OSPF 中处理流程进行结合，如图 5.18 所示，进一步总结归纳延迟机制作用、特性以及参数设置原理。延迟机制可归纳为两类。

第一类延迟机制与当前模块处理的信息有关，信息的动态变化会导致当前模块或者相关模块进行一些重复性操作。通过延迟机制，使模块的操作发生在某些特殊的时间点，不管信息如何变化，模块最终只会在给定的时间节点进行操作。主要包括在接收 LSA 时，通过延迟机制，只在给定的时间节点接纳相应的 LSA；在发送本地源发的 LSA 时，通过延迟机制，只发送给定时间节点的最新链路状态；在 SPF 计算时，通过延迟机制，只在给定时间节点对最新的 LSDB 运行 SPF 算法。延迟机制在 LSA 流程中的位置如图 5.18 所示。

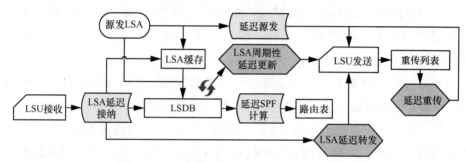

图 5.18　延迟机制在 LSA 流程中的位置

第二类延迟机制与 LSA 消息的发送有关。通过延迟机制可以把更多的 LSA 封装在一个或者多个 LSU 中并发送，提高 LSA 的传送效率，节省网络带宽。这主要包括 LSA 延迟转发，当向某个邻居发送 LSA 时，采用延迟机制，可以将多条 LSA 封装，间歇性发送给邻居，提高邻居处理 LSU 消息的效率；当周期性更新本地源发的 LSA 时，采用延迟机制，可以将多条接近半衰期的 LSA 封装发送；当进行 LSA 重传时，采用延迟机制，可以将多条接近重传时刻的 LSA 封装发送。

第一类延迟主要作用是平滑信息的动态多变所带来的额外处理，时延随着信息变化或 SPF 计算次数等频率而自适应改变，在降低对计算资源消耗的同时，提升网络的稳定性。也正是这个原因，设计者提出了时延随频次动态调整的智能参数调整方法，使得延迟机制发挥更好的效果。所以，在配置延迟值时往往需要配置多个参数，包含初始延迟值、最大延迟值以及延迟值增量等，不同厂商都有自己独特的算法，如线性退避方法、指数退避方法等。以华为路由器源发 LSA 的时间参数为例，其在智能定时器模式下，需要配置 3 个参数，命令如下：

```
lsa-originate-interval intelligent-timer [Max-interval] [Start-interval] [Hold-interval]
```

其中，最长间隔时间 Max-interval 缺省为 5000ms、初始间隔时间 Start-interval 缺省值为 500ms、基数间隔时间 Hold-interval 缺省值为 1000ms，源发 LSA 的时间间隔计算方式如下：

1）首次源发 LSA 的间隔时间为 Start-interval 参数值；

2）第 n（$n \geq 2$）次源发 LSA 的间隔时间为 Hold-interval$\times 2^{(n-2)}$。

3）当间隔时间达到指定的 Max-interval 时，OSPF 连续 3 次更新 LSA 的时间间隔都是最长间隔时间，之后，再次返回步骤 1），按照初始间隔时间 Start-interval 更新 LSA。

采用智能定时器方法，可以在变化频繁时增加时延，在相对稳定的情况下，恢复正常的时延，以不断变化的参数应对不断变化的网络事件。

第二类延迟主要作用是将 LSA 信息进行累积，提高传送效率，减少网络带宽资源的浪费。时延依据不同的网络场景改变。但与第一类时延相比相对固定，无法依据实时运行信息动态调整时延参数，更多的是采用一个固定的经验值。

5.3 虚链路

OSPF 采用了分层划域机制，只允许存在一个骨干区域，其他区域必须与骨干区域相连。非骨干区域通过骨干区域的中继实现区域之间的路由互通。但是在实际网络中，可能受限于地理位置或者组网需求，使得一些区域无法直接连接到骨干区域；也有可能在网络合并时，出现了多个区域号为 0 的区域。这些情况违背了 OSPF 分层划域组网的规则，为了解决这些问题，提出了虚链路技术。

虚链路是一种对区域 0 范围进行拓展的技术，通过虚链路将区域 0 的边界跨越邻居区域延展到第 3 个区域，将原本两个不相邻的区域连接，使得不是区域边界路由器角色的路由器变成区域边界路由器，进而能够与骨干区域进行路由信息交互。

5.3.1   通过虚链路将普通区域连接到骨干区域

非骨干区域必须与骨干区域相连，实现区域间互通。如果区域的部署位置等因素限制导致非骨干区域无法与骨干区域直接相连，就需要一条虚链路，对骨干区域进行延伸，使非骨干区域通过虚链路连接骨干区域。非骨干区域通过虚链路连接骨干区域如图 5.19 所示。

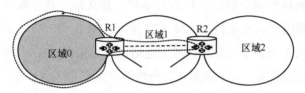

图 5.19   非骨干区域通过虚链路连接骨干区域

如图 5.19 所示，区域 2 受地理位置限制，无法直接连接到区域 0，为了解决这个问题，可以跨越区域 1 建立一条虚链路，将区域 0 和区域 2 连接。为了建立这条虚链路，需要在 R1 和 R2 上各创建一个虚接口，这两个虚接口都属于区域 0，于是区域 0 得以延伸到 R2 路由器，从而将 R2 路由器变为连接区域 0 的 ABR，解决了非骨干区域无法连接骨干区域的问题。

5.3.2   通过虚链路合并分离的骨干区域

如果原本存在两个分离的 OSPF 域，因为某些因素合并，有可能导致 OSPF 中出现两个骨干区域，且骨干区域分离。骨干区域分离后，使得非骨干区域的网络信息无法被有效地传播到所有非骨干区域，导致网络分割，连通性遭到破坏。如图 5.20 所示，可以通过对网络重构方法解决这个问题。在路由器 R1 和 R2 之间建立一条虚链路，由于这条虚链路两端的虚拟接口属于区域 0，这样两个骨干区域可以通过这条虚链路连接，从而将分离的骨干区域重新合并为一个整体。

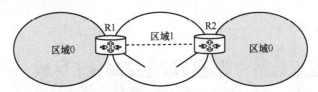

图 5.20　通过虚链路合并分离的骨干区域

5.3.3　利用虚链路提升网络的冗余度

　　既然虚链路能够将分离的区域重新连接，那么在一些特殊场景下，就可以使用虚链路增强网络的连通性。如图 5.21 所示，当 R2 和 R3 之间的物理链路中断后，导致区域 1 失去了与骨干区域的连通性，如果此时在 R1 和 R4 之间跨越区域 2 存在一条虚链路，那么区域 1 将仍然能够保证与区域 0 的连接，也就保证了区域 1 与所有区域的连通性。同样，对于区域 0 而言，如果 R5 和 R6 之间的链路中断，将导致区域 0 被分裂为两个不连续的区域，如果此时在 R5 和 R6 之间跨越区域 3 建立一条虚链路，则可以将分离的骨干区域重新连接，提升了网络的连通性。

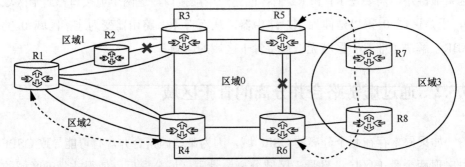

图 5.21　通过虚链路提升网络冗余度

　　虚链路要依托底层物理链路的连通性，虽然是一种增加网络冗余性的方法，但是其性能与物理链路的冗余设计是不能相比的，例如，将骨干区域的流量通过一个普通区域进行中转，如果流量过大可能导致普通区域无法正常工作。所以，虚链路只能作为一种临时解决方法，而不能作为网络可靠性设计的主要手段。

5.3.4　虚链路上的 OSPF 机制

OSPF 的虚链路没有任何链路层面的建立机制，是在两个非直连 OSPF 路由器之间建立的一个 OSPF 会话，会跨越多个路由器，故采用单播通信且 TTL 不能限定为1。通过非直连的OSPF 会话传递区域间LSA信息，建立区域间之间的网络层连通。

（1）虚链路建立的基本原理

虚链路要跨接一个或者多个物理链路，其建立依赖于网络路由的连通性。如果虚链路的两端点只在物理上连接，而在网络层面无法连通，虚链路是无法建立的。为了提升虚链路的可靠性，虚链路的两个端点设定为路由器，而不是路由器上具体的物理接口，即基于两个路由器的 RID 建立虚链路。通过这种方法可以剥离虚链路与具体物理接口的依赖性，只要两个虚链路端点路由器之间存在网络互通，那么虚链路就会存在，OSPF 会话能够存活。虚链路与网络连通性关系如图 5.22 所示。

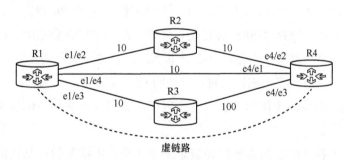

图 5.22　虚链路与网络连通性关系

基于路由器 RID 建立虚链路的方法可以有效地增强虚链路的可靠性，也意味着虚链路只依赖于网络层的连通性，如果两个端点之间的路径发生了变化，那么虚链路所映射的物理路径也对应发生变化，但是虚链路却一直存在。如图 5.22 所示，在 R1 和 R4 之间建立虚链路，R1 和 R4 之间的 OSPF 会话采用单播 IP 报文承载。对于 R1 而言，从本区域拓扑中获知 R4 的接口地址信息，发现到达 R4 的最短路径经过 R4 的接口 e4/e1，于是将 e4/e1 的 IP 地址作为 OSPF 报文的目的 IP 地址，匹配本地路由表，确定出接口为 R1 的 e1/e4，于是将 e1/e4

的 IP 地址作为 OSPF 报文的源 IP 地址，此时虚链路依赖于物理链路 R1—R4。如果物理链路 R1—R4 失效，按照上述的源目的 IP 地址选择规则，R1 发出的 OSPF 报文的目的 IP 地址将被改变为 R4 的 e4/e2 接口的 IP 地址，源 IP 地址将改变为 R1 的 e1/e2 接口的 IP 地址，此时虚链路依赖于物理链路 R1—R2—R4。无论底层物理链路如何变化，只要 R1 和 R4 之间网络层可达，那么 R1 和 R4 的虚链路 OSPF 会话就不会中断。

OSPF 的链路代价具有方向性，仍以图 5.22 拓扑为例，不考虑图示的链路代价，假定 R1 到达 R4 的最短路径为 R1—R2—R4，而 R4 到达 R1 的最短路径为 R4—R3—R1，那么 R1 发向 R4 的 OSPF 报文源目 IP 地址分别来自 R1 的 e1/e2 接口和 R4 的 e4/e2 接口；而 R4 发向 R1 的 OSPF 报文源目 IP 地址分别来自 R4 的 e4/e3 接口和 R1 的 e1/e3 接口。

虚链路依赖于两个端点之间网络层的连通性。只要虚链路两个端点之间网络层可达，虚链路就会一直存在，而且可以通过链路状态数据库检测到虚链路两端的路径是否有效。所以，对于虚链路而言，不发送 Hello 报文，只有在网络拓扑发生变化时才进行 LSA 信息交互。不周期性发送 Hello 报文导致的后果就是无法及时检测虚链路 OSPF 会话是否失效。即使虚链路会话的一端被人为关闭，另一端也会一直将该会话保持在 Full 状态，并通过该会话传送 LSA 更新消息，但是该更新消息将无法得到对端发送的 LSAck 确认，直到 LSA 更新消息重传次数达到上限后，才认为该会话遭到破坏，关闭并清除会话信息及相关链路状态数据库信息。

虚链路依赖网络层的连通性和最短路径选择，虚链路的链路代价等于虚链路两个端点之间的最短路径代价，与通常链路代价不一样，它不能被人为配置和修改。

虚链路依赖于两个端点之间网络层的连通性。两个端点之间发起 OSPF 会话前，需要从基础网络拓扑信息中提取虚链路端点的接口 IP 地址列表，从而生成 OSPF 报文的 IP 源目的地址信息。如果虚链路的端点跨越区域，就会导致虚链路的一端无法获知另一端的链路状态信息（基础的链路状态信息不会跨区域传送），无法掌握虚链路端点上的接口信息，最终导致 OSPF 报文 IP 分组的源目的地址无法生成，也就无法建立会话，所以，虚链路的两个端点必须属于同一个区域，而不能跨区域建立。

　　只有两个端点之间连通性建立后，才能进行虚链路上的 OSPF 会话建立；当两个端点之间的连通性消失后，虚链路上的 OSPF 会话将自动关闭。虚链路上 OSPF 会话依赖于端点的接口状态和 IP 地址配置，同时会生成一个虚拟的 OSPF 接口，虚链路上的 OSPF 会话依赖于实际接口 IP 地址，与 IP 地址没有直接关联，只要是属于虚链路端点上的 OSPF 报文交互，就自然映射到该 OSPF 会话上，从而允许会话随底层网络拓扑的变化而灵活适配。因为虚拟 OSPF 会话与具体接口地址没有关联性，所以对应的 OSPF 虚拟接口也不需要 IP 地址信息，交互的 Hello 报文网络掩码字段为 0.0.0.0，接口归属于骨干区域 0，交互的 DD 报文 MTU 字段被设定为 0。

　　（2）虚链路的 LSA 描述

　　路由器 LSA 报文格式描述中已经阐述了虚链路的描述方式。具有虚链路接口的路由器在基础 LSA 中有专门的路由器类型标志，即 V/B/E 比特位。当虚链路建立成功后，虚链路端点路由器将发出更新的路由器 LSA，该 LSA 中 V 比特位被设定为 1，同时携带虚链路状态数据信息。虚链路实际上与点对点链路类似，其 Link-ID 为虚链路邻居路由器 RID，Link-data 为承载虚链路的本地关联接口 IP 地址。

　　所谓本地关联接口 IP 地址，实际上是不确定的地址，它会随虚链路端点之间的网络路径变化而变化，但不会影响虚链路上的 OSPF 会话。虚链路所依赖的网络层路径变化，会导致虚链路 OSPF 报文的源目 IP 地址发生变化。一旦路径发生变化，虚链路端点会重新计算到达另一端的最短路径，决定本地最优的出接口。一旦出接口发生变化，虚链路端点路由器将会发送路由器 LSA 更新，将最新的出接口 IP 地址填写到虚链路 LSA 的 Link-data 域，从而告知对端虚链路所依附的接口变化情况。但是，无论 Link-data 如何变化，虚链路的 Link-ID 始终是对端路由器的 RID，这是虚链路会话的关键标识之一，因此，在整个会话期间始终不会发生改变。

　　虚链路作为骨干区域内的一条链路，是对骨干区域的延展，所以虚链路上会传送区域 0 的 Type-1/2 LSA 信息，同时作为骨干区域，虚链路上还会传送 Type-3/4 LSA 信息。对于 Type-5 LSA 而言，其洪泛过程不受任何限制，可以跨一个或者多个区域传送到 OSPF 中任何区域（除 NSSA/Stub 区域）。所以，虚链路上不会承载 Type-5 LSA。这也就决定了虚链路不能跨越 NSSA/Stub 区域建立。具体而言，NSSA/Stub 区域限制了 LSA5 的传播，使得 LSA5 无法跨越 NSSA/Stub 区域，虚链路能够连接两个区域，但是其对 LSA5 的阻隔，会使得网络连通性遭到破坏。如图 5.23 所示，如果跨越 Stub 区域建立了一条虚链路，LSA5 无法通过 Stub 区域传播到区域 B，导致区域 B 无法获取外部路由信息，这种虚链路达不到传播路由的作用。因此，不允许跨越 Stub 区域建立虚链路。

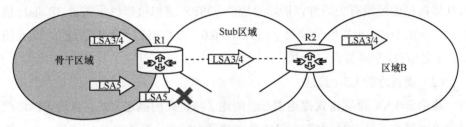

图 5.23　跨越 NSSA/Stub 区域的虚链路

5.4　多区域邻居

OSPF 采用分区域构建方式提升可扩展性。每个区域建立自己的最短路径树拓扑，而且区域内的路由优先级总是高于区域间和区域外的。这种路由优先级选择机制在一些情况下会产生次优路由问题，而且在一个设计不完善的网络中也会引入其他的问题。

图 5.24 所示网络中存在两个区域，R1 路由器连接的网络前缀 P 作为区域内路由在区域 1 内进行扩散，同时转换为区域间路由并经过 R2 扩散到区域 1。对于 R4 而言，存在两条到达 P 的路径，一条为白色箭头标识的域内路径，经过 R4—R3—R1；一条为黑色箭头标识的域间路径，经过 R4—R2—R1。前者路径代价要远大于后者，因为前者为域内路径而被优选。黑色箭头表示的路径拥有更大的带宽，管理员期望流量优先选择该路径。OSPF 的选路机制导致无法达成该目的，除非将 R1—R2 链路也划归到区域 1。

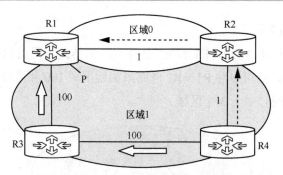

图 5.24 区域间路由的优选问题

图 5.25 所示的网络中，路由器 R1 通过 RIP 与 R5 建立了邻居，并将通过 RIP 学习到的网络前缀 P 以外部路由的形式在 OSPF 域内通告。对于路由器 R4 而言，分别从 R1 和 R2 获得该外部路由。按照 OSPF 优选路由机制，针对同一个 ASBR 通告的外部路由，首先确定到达 ASBR 的最优路径。对于 R4 而言，在优选到达 ASBR R1 的路径时，出现图 5.24 描述的情形，会优选域内路径。对于管理员而言，无法通过调整权重方法，将去往 P 的流量引导到经过 R4—R2—R1—R5 的路径上，除非将 R1—R2 这条链路也划归到区域 1 内部。

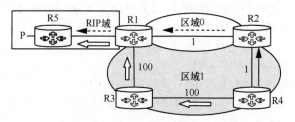

图 5.25 外部路由的优选问题

为此，RFC5185 提出了多区域邻居机制，将一条链路划归到多个区域内，既不违背域内路由优于域间路由的优选策略，又满足管理员对流量路径动态调整的需求。

路由器之间通过建立多区域邻居，将相应链路归属到不同的区域。每一个多区域邻居都作为该区域内的一个点到点链路类型被通告，且不通告 Stub 链路类型。这个点到点链路只提供一种拓扑上的连通性。该链路上建立的主要 OSPF 会话负责通告基础链路类型相关信息，如果接口配置有 IP 地址，需要同时通告对应的 Stub 链路类型。

如图 5.26 所示的拓扑，R1 和 R2 链路为广播链路，通过将接口链路类型定义为点到点类型，就可以以将 R1—R2 链路添加到区域 100 和区域 200 中，从而使得 R1—R2 链路同时属于 3 个区域。

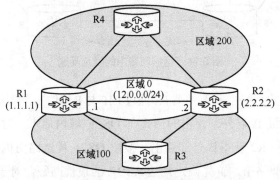

图 5.26　多区域邻居

下面给出 R1 的邻居会话状态和链路状态数据库情况：

Neighbor ID	Pri	State	Dead Time	Address	Interface
2.2.2.2	0	Full/ -	00:00:36	12.0.0.2	GigabitEthernet2
2.2.2.2	0	Full/ -	00:00:39	12.0.0.2	OSPF_MA1
2.2.2.2	0	Full/ -	00:00:38	12.0.0.2	OSPF_MA2

```
R1#show ip ospf data router1.1.1.1
            OSPF Router with ID (1.1.1.1) (Process ID 1)
                Router Link States (Area 0)

    LS age: 973

    Options: (No ToS-Capability, DC)

    LS Type: Router Links

    Link State ID: 1.1.1.1

    Advertising Router: 1.1.1.1

    LS Seq Number: 80000035

    Checksum: 0xDD02

    Length: 48

    Area Border Router

    Number of Links: 2

        Link connected to: another Router (Point-to-Point)

        (Link ID) Neighboring Router ID: 2.2.2.2
```

(Link Data) Router Interface address: 12.0.0.1

    Number of MTID metrics: 0

    ToS 0 Metrics: 1

  Link connected to: a Stub Network

  (Link ID) Network/subnet number: 12.0.0.0

  (Link Data) Network Mask: 255.255.255.0

    Number of MTID metrics: 0

    ToS 0 Metrics: 1

             Router Link States (Area 100)

LS age: 973

Options: (No ToS-Capability, DC)

LS Type: Router Links

Link State ID: 1.1.1.1

Advertising Router: 1.1.1.1

LS Seq Number: 80000001

Checksum: 0x3AE1

Length: 36

Area Border Router

Number of Links: 1

  Link connected to: another Router (Point-to-Point)

  (Link ID) Neighboring Router ID: 2.2.2.2

  (Link Data) Router Interface address: 0.0.0.7

    Number of MTID metrics: 0

    ToS 0 Metrics: 1

             Router Link States (Area 200)

LS age: 926

Options: (No ToS-Capability, DC)

LS Type: Router Links

Link State ID: 1.1.1.1

Advertising Router: 1.1.1.1

LS Seq Number: 80000002

Checksum: 0x38E2

Length: 36

Area Border Router

```
Number of Links: 1
    Link connected to: another Router (Point-to-Point)
    (Link ID) Neighboring Router ID: 2.2.2.2
    (Link Data) Router Interface address: 0.0.0.7
    Number of MTID metrics: 0
    ToS 0 Metrics: 1
```

可以看到 R1 和 R2 之间建立了 3 个会话，第一个会话使用物理接口，后面两个会话则采用虚拟的逻辑接口，与虚链路会话类似，只不过虚链路可以跨越多个路由器建立，而多区域邻居会话只能在直接邻居之间建立。从 R1 的链路状态数据库中可以看到，R1 和 R2 从广播链路修改为点到点链路类型后，在区域 0 内不再通告 "Transit" 链路类型，转而通过 "Stub" 链路类型通告网段信息；同时，针对该链路上的多区域邻居，在对应的区域 100 和区域 200 中分别生成对应的点到点链路类型，此时不再需要重复通告 "Stub" 类型的网段。

如图 5.24 所示网络，通过将区域 0 内的 R1—R2 链路类型设置为点到点类型，并在 R1 和 R2 之间建一个多区域邻居会话，使得 R4 将 R4—R2—R1 视为区域内路径，它与 R4—R3—R1 都是域内路径，但具备更低的链路代价，因此，去往 P 的数据将沿着为黑色箭头标识的路径，优选通过区域 0 的链路，即经过 R4—R2—R1 到达目的节点。

5.5　小结

本章阐述了 OSPF 的拓展优化机制。在消息约减机制方面，OSPF 通过区域划分可以约束 LSA 传播范围，引入 Stub 域、NSSA 等域类型，进一步减少路由的扩散范围。管理员可以通过路由聚合或者过滤策略精细控制 LSA 传播和路由通告。Flooding Reduction、被动接口、DD 优化等机制对邻居间交互的 LSA 进一步约减。在时延优化机制方面，通过延迟机制平滑掉信息的动态多变给 OSPF 进程带来的重复性处理或者操作，降低对计算资源消耗的同时，可以提升网络的稳定性；通过延迟机制把更多的 LSA 封装在一个或者多个 LSU 中并发送，提高 LSA 的传送效率，节省网络带宽。虚链路技术是支撑 OSPF 分层划域组网规则的一种手段，也可以用来提升网络的冗余度。多区域邻居则是针对 OSPF 区域划分后产生次优路由问题的一种补充解决方法。

参 考 文 献

[1]　IETF. OSPF refresh and flooding reduction in stable topologies[R]. 2005.

[2]　IETF. Extending OSPF to support demand circuits[R]. 1995.

[3]　IETF. Impact of shortest path first (SPF) trigger and delay strategies on IGP micro-loops[R]. 2019.

第6章

可靠性机制

6.1 基于平滑重启机制的可靠性技术

6.1.1 标准协议处理规程

路由器在网络中部署后，管理、维护以及不可预知事件等会导致其重启。在重启过程中会触发两个层面的中断。

- 数据平面数据转发的中断。在路由器重启过程中转发功能丧失，导致因上游路由器转发带来的流量无法被处理，需要重启路由器，处理的所有数据都将丢失，网络中出现了数据转发黑洞。

- OSPF 协议会话的中断。邻居节点在 Dead 定时器时间内没有收到重启路由器的任何消息，则识别该重启路由器出现故障，于是关闭 OSPF 会话，更新链路状态信息，并将相关路由从网络中清除，网络重新进入收敛状态，数据流量绕开重启路由器，数据转发黑洞消失。

如图 6.1 所示，R1 在 $t1$ 时刻重启，数据转发层面的中断同步发生。但是，从控制平面来看，路由协议还没有感知到网络拓扑发生变化，因此，会一直使用之前建立的路由指导数据转发。这种情况会一直持续到 $t2$ 时刻，即邻居路由器通过 Dead 定时器超时，检测到会话中断，于是更新链路状态信息，将重启节点从网络拓扑中移除。$t3$ 时刻网络重新收敛后，数据转发绕过重启节点。从上述过程的时间轴来看，路由器重启给数据转发造成的持续影响时间主要取决于重启路由器邻居检测到会话失效所消耗的时间，通常这个时间就是 Dead 定时器时间。

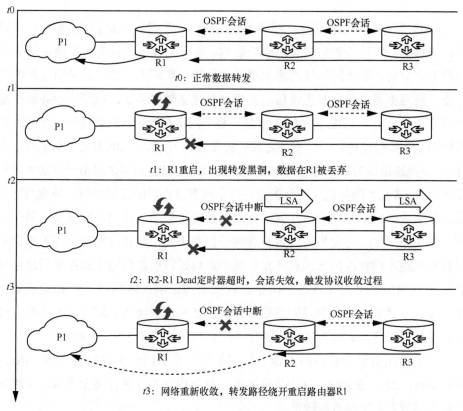

$t0$：正常数据转发

$t1$：R1重启，出现转发黑洞，数据在R1被丢弃

$t2$：R2-R1 Dead定时器超时，会话失效，触发协议收敛过程

$t3$：网络重新收敛，转发路径绕开重启路由器R1

图 6.1　在 R1 重启过程中去往 P1 的转发路径变化与 Dead 定时器相关联

　　邻居路由器检测会话中断所需时间较长，为了改善这一状况，协议规程建议，在路由器重启前应该尽其所能将自己生成的所有 LSA 从网络中清除掉，以最快速度让网络中其他节点获知网络拓扑变化，尽快响应和调整路由，减少路由器重启给数据转发带来的影响。在路由器重启之前就把其源发的 LSA 从网络中删除，加速节点重启事件的传播，使得网络重新收敛的起始时刻不依赖于 Dead 定时器超时，而是在路由器重启后就立刻开始，使得网络流量在检测到会话失效之前就避开重启节点，降低了重启事件给转发造成的影响。

6.1.2　平滑重启机制

OSPF 标准的协议规程中，重启路由器通过主动撤销源发 LSA，缩短收敛时间，降低重启事件给数据转发造成的影响。标准协议规程仅考虑在路由器失效情况下，如何让整个网络快速感知事件并收敛。实际上，这只是重启过程的第一步。在路由器重新恢复正常后，又要重新建立邻居会话，重新产生并洪泛基础网络拓扑 LSA 和路由相关 LSA 信息，整个网络再次进入收敛过程。在网络重新收敛后，数据路径重新恢复到之前的转发路径上（假定其间未发生其他网络事件）。纵观路由器的重启过程，一方面，重启路由器的邻居之间出现会话失效与重建，其 LSA 撤销与重新通告影响网络中所有路由器的控制平面，导致网络中路由器多次进行重复的路由计算，进而波及转发平面的路径不断调整。另一方面，路由器重启时转发平面失效显著快于控制平面，导致转发路径在不断调整过程中出现不同程度的黑洞和环路。整个重启过程引起的路由振荡给网络中所有路由器的控制平面和数据平面带来较大负面影响。在网络相对稳定的条件下，设计一种机制将路由器的重启事件限定在局部范围内，同时又不给数据转发带来任何影响，是接下来要解决的问题。

早期的路由器为软件路由器，控制和转发是由同一个路由处理器（Route Processor，RP）完成的，这个处理器既运行路由器协议进行路由计算，又维护路由和转发表，支撑数据转发。

为了提高路由器的转发性能，商业化路由器普遍采用控制与转发分离的路由器结构，如图 6.2 所示，转发平面采用硬件逻辑部件，维护转发信息表（FIB 表），支撑高性能数据转发；控制平面 RP 单纯地运行路由和管理协议等，维护路由信息表（RIB 表），实现路由计算维护和系统配置管理。在转发和控制分离架构下，控制和转发解耦，相互之间的依赖性大幅降低，此时控制平面和转发平面是相对独立的模块。路由软件等控制模块的处理器一般位于主控板，而负责数据转发的硬件逻辑单元则位于线卡上。控制平面较为智能，转发平面受控制平面控制。控制平面负责路由计算和维护，是支撑路由器进行正确数据转发的基础，为了进一步提升控制平面的可靠性，中高端路由器普遍采用了主/备 RP 的结构。控制和转发分离的主/备 RP 架构可以有效解决路由器控制平面重启过程中的数据转发中断问题。从路由器的运维需求出发，独立重启主 RP，让备用 RP 接管转发平面并维护转发平面状态，确保控制平面重启过程中转发平面保持持续的数据转发。

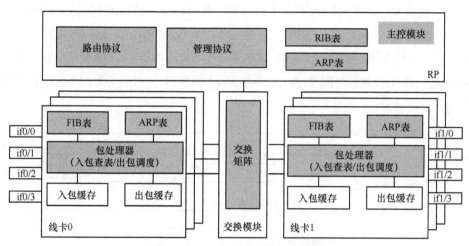

图 6.2　控制与转发分离的路由器结构

正常状态下，路由器控制平面主/备 RP 要进行内部数据的同步，确保相互之间数据的一致性，以便在主备切换后，新的控制平面持有的数据与转发平面吻合，能够无缝接管转发平面，保障持续的数据转发。这种机制可以使节点在重启过程中，网络的转发平面不发生变化，消除因转发路径不断调整导致的数据丢失。但是这种重启过程中维持转发平面不变的机制，无法解决控制平面重启过程中的会话重建问题。对于 OSPF 会话而言，通信双方需要经过严格的状态机跳转后才能进入交互 LSA 的状态。当 RP 主/备切换后，备用 RP 上的 OSPF 软件无法直接接管主 RP 的 OSPF 会话状态，需要与邻居重新建立 OSPF 会话，这导致已有的邻居会话中断。邻居会话一旦中断，就会触发网络拓扑变化，引起网络重新收敛。即使重启路由器的转发平面保持工作，邻居路由器也不再向其引导流量，使得重启路由器的主/备保护机制无法发挥应有的作用。

如图 6.3 所示，假定 $t1$ 时刻 R1 因软件升级需要对系统重启，其在保持转发平面的转发表不发生改变的同时，将 RP 由 M 切换为 S。在切换初期，如果 R2 没有感知到与邻居 R1 的会话发生改变，网络就会保持稳定状态，R3 和 R2 持续将去往

P1 的流量转发给 R1，R1 数据平面保持工作，继续进行正确的数据转发。t2 时刻，RP S 接管转发平面并启动 OSPF 进程，会发起与 R2 的邻居发现和会话建立过程。这个过程会导致 R2 与之前 RP M 的会话丢失，R2 认为 R2—R1 链路失效，将去往 P1 的流量丢弃，并发送 LSA 更新消息到 R3，R3 将 R1 从拓扑树中剔除，同时删除依托于 R1 的路由 P1，将去往 P1 的流量丢弃。在 t3 时刻 R1 恢复正常，RP S 与 R2 重新建立邻居会话，R2 将 R2—R1 链路重新添加到路由器 LSA 中进行通告，使得 R3 重新在拓扑中建立到 R1 的路径，恢复到 P1 的路由，去往 P1 数据不再被丢弃而是回归正常转发。

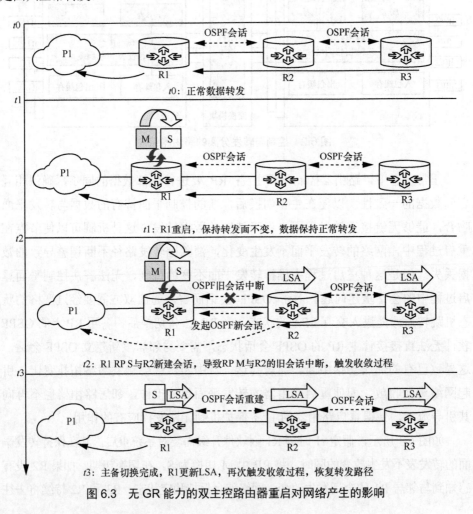

图 6.3　无 GR 能力的双主控路由器重启对网络产生的影响

　　路由器因为运维需求，即使在配备了双主控，且转发平面在控制平面重启过程中保持转发状态，仍然会存在转发路径变化和转发数据中断的问题，在路由器重启过程中引发路由重新计算和重新收敛，产生路由振荡的问题。

　　为了解决上述问题，RFC 提出了 OSPF 协议的平滑重启机制（Graceful Restart，GR），实现不停止转发。实现不停止转发的前提是控制与转发架构分离，在这一前提下，平滑重启机制主要保证路由协议重启过程中，OSPF 邻居会话不中断，数据转发路径不改变，为网络中关键业务数据传输提供稳定的网络保障。

　　平滑重启技术属于高可靠性（High Availability，HA）技术的一种。OSPF 协议平滑重启机制的基本原理是在协议重启和主备切换过程中，让邻居继续维持 OSPF 会话，将重启路由器事件限定在邻居路由器范围内。也就是说，重启路由器在重启前，先通告所有邻居："我要有一段时间不在，没法给你发送会话保活 Hello 报文，请你保持当前的会话状态，一会儿我的一个'替代者'会上线与你建立会话；建立会话时，你把它当成我，不要把它理解成新的会话；如果'替代者'没有在我承诺的时间内发起与你的会话，说明它不正常，你就关闭跟我的会话，并按照 Dead 定时器超时进行处理。"可以看到，GR 功能除了要求重启路由器具备主/备双主控外，还需要邻居路由器的协助才能完成平滑重启。如果邻居路由器不能协助，那么 GR 路由器与邻居的会话就无法在重启过程中保持，自然也就无法实现平滑重启。

　　回顾图 6.3 的场景，如果 R1 支持 GR 功能且 R2 能协助 R1 完成平滑重启，那么在 R1 主/备切换过程中，R2 会维持邻居关系不变，如图 6.4 所示，在 R1 重启过程中，整个网络中路由保持稳定，数据转发保持正常。整个重启过程中，除了 R2，网络中的其他路由器并不知道 R1 进行了重启。在整个网络处于稳定状态下，OSPF 的平滑重启机制有效地解决了路由器重启给整个网络路由计算和数据转发带来的负面影响，是一种优化路由器重启的解决方案。但是，这个方案的前提条件是路由器重启过程中其他网络处于稳定状态。如果期间网络发生变化，将会对平滑重启机制产生较大影响。图 6.4 的场景中，在 R1 平滑重启过程中，如果网络中其他位置发生了变化，R1 的控制平面无法及时获知并处理网络拓扑改变事件，且 R1 的邻居仍然假定 R1 处于正常状态，就可能导致短暂的路由环路或路由黑洞。下面通过一个示例说明。

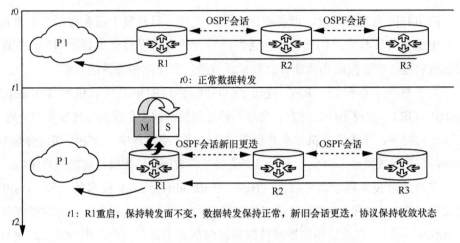

$t0$：正常数据转发

$t1$：R1重启，保持转发面不变，数据转发保持正常，新旧会话更迭，协议保持收敛状态

图 6.4   双主控 GR 路由器重启对网络产生的影响

图 6.5 给出了一个网络拓扑及各链路代价，在网络稳定情况下，去往 R4 的流量沿着路径 R2—R1—R3—R4 进行转发。在 $t2$ 时刻 R1 进行了平滑重启，R2 和 R3 具备协助 R1 平滑重启的能力，对 R1 的重启事件进行了范围控制，网络中其他路由器无法得知 R1 的重启。在 $t3$ 时刻（R1 尚处于重启过程中），R3—R4 链路出现故障，导致网络拓扑发生变化。从 R3 的视角出发，R3—R4 链路故障，重新进行 SPF 计算，去往 R4 的路径为 R3—R1—R2—C—R4，将去往 R4 的流量转发给 R1。R1 控制平面失效，无法处理 R3—R4 链路故障事件，且因平滑重启，使得其转发平面将去往 R4 的流量转发给 R3，在 R1 和 R3 之间出现了数据转发环路。这个转发环路将一直持续到重启路由器的备用 RP 获知 R3—R4 链路故障，重新进行 SPF 计算后才能修正和消除环路。

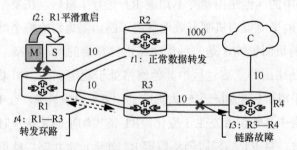

图 6.5   R1 在 GR 其间去往 R4 的流量出现环路

路由器的平滑重启机制是为了消除路由器重启给数据转发和协议收敛带来的负面影响，但是在面临外界网络拓扑变化时，却又因为各节点持有的拓扑信息不一致产生了路由环路。这说明平滑重启机制与协议标准规程处理上存在一定的冲突，在这种情况下，应以保障所有节点的链路状态数据库的一致性为首要目标。也就是说，当外部网络拓扑发生变化时，路由器的平滑重启机制将被中断，网络进入标准的 OSPF 协议收敛规程中，确保所有节点链路状态数据库的一致性，保证协议收敛，且不出现数据转发环路。

上述是对 OSPF 平滑重启机制基本原理的分析，在路由器进行平滑重启过程中，需要邻居路由器的配合才能完成，在 GR 过程中重启路由器和邻居路由器的运行机制是不同的，为了阐述方便，进行如下约定。

- 具备 GR 能力的路由器：这种路由器通常配备双 RP，能在 RP 切换时，主动发送 GR 信令，告知邻居自己启动了 GR 流程，需要邻居协助，同时保持自己的转发表；在主/备切换后，主动告知邻居 GR 过程结束，并重建路由表，刷新转发表。在重启过程中，这种路由器称为 GRRestarter。
- 具备协助 GR 能力的路由器：能够理解和解析 GRRestarter 的 GR 信令，在 GRRestarter 重启期间保持邻居关系，对外隐藏 GRRestarter 重启事件。这种类型的路由器只需要识别 GR 信令，并配合有 GR 能力的路由器完成 GR 过程，这种路由器称为 GRHelper。
- 不具备协助 GR 能力的路由器：不能解析 GR 信令，不能协助 GR 路由器完成 GR 过程。

具备 GR 能力的路由器必然是具备协助 GR 能力的路由器。具备 GR 能力的路由器需要系统架构和软/硬件方面的支持，具备协助 GR 能力的路由器在 GR 期间只需要能够解析 GR 信令，并维持会话，所以，只需要软件功能增强即可。不具备协助 GR 能力的路由器通常是系统软件没有 GR 特性，或者 GR 特性被管理员关闭。

针对 OSPF 平滑重启机制有两种不同的技术方案：一种是在 RFC3623 定义，称为 OSPF Graceful Restart，得到了多数厂商的支持；另一种是基于 Link-Local Signaling 的带外链路状态数据库重新同步方案，简称 LLS-OOB-RS，仅思科支持，故不做展开介绍，详见参考文献。

6.1.3　IETF Graceful Restart

GR（Graceful Restart）是对 OSPF 标准协议规程的拓展，能够在路由器重启时从标准协议流程过渡到 GR 流程，同时，能够在 GR 流程终止时顺利转换到标准协议流程。平滑重启需要多个邻居路由相互协作才能完成，在重启过程中需要经历以下 3 个阶段，如图 6.6 所示。

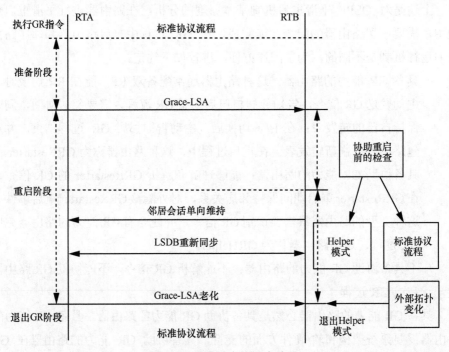

图 6.6　平滑重启的 3 个阶段

- 准备阶段：该阶段 Restarter 主要进行重启前的准备，保存和冻结相关信息，最后向邻居发送重启信号，进入重启阶段；这个信号是一个新引入的 LSA，称为 Grace-LSA。邻居路由器在收到 Grace-LSA 后的准备包括检查自身是否具有协助 GR 的能力，如果没有则按照标准 OSPF 流程处理；如果有，则依据 Grace-LSA 参数设定，调整协助 GR 参数，并进入协助 GR 流程。

- 重启阶段：该阶段 Restarter 进行重启操作，在重启后恢复与 Helper 的会话，并进行 LSA 同步和刷新本地转发表的操作，最后发送 Grace-LSA 给 Helper，告知 GR 完成。对于 Helper 而言，按照 GR 指定的参数，维持会话，并将 Restarter 重建的会话迁移到已有会话邻居上；在收到 Restarter 的 Grace-LSA 后退出 Helper 模式。当然 Helper 模式并不完全受控于 Restarter 发送的 Grace-LSA，它会在网络发生改变或者 GR 定时器超时后，主动退出 Helper 模式，以应对外部网络变化和 Restarter 无法正常重启等问题。
- 退出 GR 阶段：在 GR 相关路由器退出 Restart 模式和 Helper 模式后，重新刷新 LSA 信息，回归到正常的 OSPF 协议流程。

上述平滑重启机制，涉及的要素可概括为：一个 Grace-LSA 消息，两种 GR 角色，3 个 GR 状态。

（1）Grace-LSA 消息

RFC3623 定义了发起 GR 的信号，即 Grace-LSA，该 LSA 是一个 Opaque LSA，所以需要对 OSPF 进行扩展，以支持 Opaque LSA。Grace-LSA 借用 LSA9 进行承载，保证 Grace-LSA 只在本地链路传播。对于 Grace-LSA 而言，Opaque Type 字段为 3，Opaque ID 字段为 0。在 Grace-LSA 的 TLV 中，主要包括 GR 周期、发生 GR 的原因和 GR Restarter 的接口 IP 地址。Grace-LSA 的报文格式如图 6.7 所示，字段含义见表 6.1。

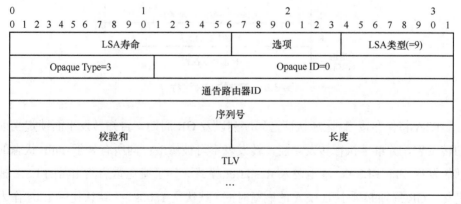

图 6.7　Grace-LSA 的报文格式

表 6.1　Grace-LSA TLV 字段描述

TLV 含义	T	L	V	包含条件
GR 周期	1	4	以秒为单位的值	必须包含
GR 原因	2	1	0:原因未知 1:软件重启 2:软件重加载/升级 3:主/备倒换	必须包含
接口 IP 地址	3	4	接口 IP 地址	在广播、NBMA 和点到多点网络中包含

（2）GR 流程

正常的 GR 流程如图 6.8 所示，RTA 与 RTB 处于会话建立状态；因维护等原因，RTA 执行 GR 指令。

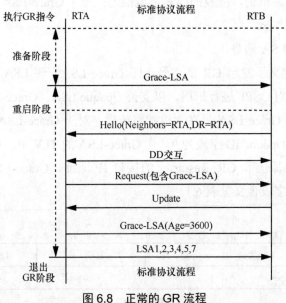

图 6.8　正常的 GR 流程

RTA 将保存接口、区域认证密码序列以及 GR 周期，告知转发平面锁定当前的转发表，并继续执行转发功能，转发表不可被修改；向所有处于 Full 状态的邻居发送 Grace-LSA，本地进入 Restarter 模式。为了避免重启路由器的 LSA 被老化，GR 周期必须小于 LSA 的刷新时间（默认是 1800s），默认使用 120s 作为 GR 的周期。

　　RTB 在收到 Grace-LSA 后，进行检查，通过后进入 Helper 模式，在 GR 的周期内维持和 RTA 的邻居关系，对其他路由器屏蔽 RTA 的重启。

　　RTA 的 OSPF 进程重启后，重新与邻居进行 LSDB 同步。之前 RTB 保存了 RTA 发送的 Grace-LSA，在 RTA 与 RTB 同步过程中，将该 LSA 重新同步到 RTA 的 LSDB 中，通告 RTA 之前进入了 GR 流程。RTA 还会把重启之前通告给 RTB 的 LSA 信息取回，但是此时 RTA 并不会修改或者刷新已生成的 LSA，也不会更新 FIB 表，RTA 认为它们是合法的，仅标记为"陈旧"状态。直到所有邻居会话重建完成后，RTA 发送老化的 Grace-LSA（Age=3600），告知 RTB 等邻居 GR 过程结束，同时 RTA 重新生成 Router LSA 和 Network LSA（如果它是 DR），重新计算路由，并更新 FIB 表，之前通告的 LSA3、LSA5、LSA7 等 LSA 也会被重新通告。

　　当 RTB 等邻居收到 Grace-LSA 老化的消息后，退出 GR 进程，进入标准的 OSPF 流程。

　　若 RTB 不支持 GR，而 RTA 无法提前预知，其仍执行平滑重启，并在发送 Grace-LSA 后进入 Restarter 工作模式，过程如图 6.9 所示。对于 RTB 而言，不支持不透明的 LSA，RTB 执行正常 OSPF 流程，在 Dead 定时器超时后或者在收到 RTA 发送 Hello 报文中没有发现相应信息，则关闭与 RTA 的邻居会话，并更新 LSA 信息，告知整个网络，与 RTA 的链路中断，以便相应的流量不再经过 RTA 传送。虽然 RTA 保持了之前的转发表不变，但是上游节点已经改变了路由，不再将流量转发给 RTA，RTA 的 GR 是没有意义的。如果在多节点接入网络，RTA 消失后 RTB 将担负 DR 角色。RTA 会与 RTB 重新建立邻居会话并进行 LSDB 同步。对于 RTA 而言，从 RTB 获得通告 Grace-LSA，得知自己进行了平滑重启，获取 RTB 当前的 Router-LSA（从链路状态信息中得知 RTA 与 RTB 无连接）以及 RTA 之前通告的 Router-LSA 信息（RTA 与 RTB 有连接）。发现两者之间存在矛盾，则认为在重启其间网络发生了变化，中断 GR 过程，刷新源发的 LSA 信息，进入正常 OSPF 流程，运行 SPF 算法计算路由，解除并更新转发表。

　　在一个给定的拓扑上，通过设定一个观测点，在该点观测正常 GR 过程和非正常 GR 过程中所生成和洪泛的 LSA，深入剖析 GR 过程对网络的影响。

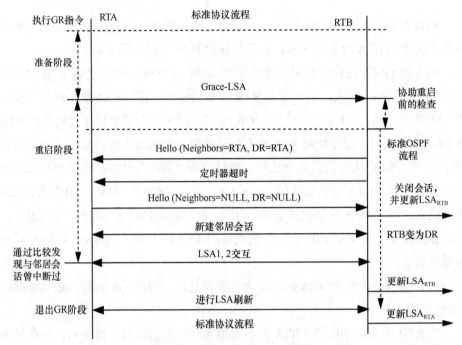

图 6.9　邻居不支持 GR 时的流程

　　如图 6.10 所示，R1 作为 GR Restarter，R2 和 R4 作为 GR Helper，R3 作为观测点，观测 R1 重启过程收到的 LSA 情况。假定 R1 重启前，分别作为 R1—R4 和 R1—R2 网络段的 DR。在 R1 重启过程中，R2 保持与 R1 的会话不变，不会有任何 LSA 通告到 R3，整个网络保持稳定，流量转发路径不发生改变。待 R1 重启完成后，继续担任相应网段的 DR 角色，与 R2 和 R4 建立会话并进行 LSDB 同步，待 R1 与所有 Helper 会话进入 Full 状态后，主动进行 Router-LSA 和 Network-LSA 更新（如果 R1 不担任 DR 角色，则不会由 Network-LSA 产生），该 LSA 与之前向网络中通告的 LSA 相比仅序列号发生了改变。在 R1 与 R2/R4 重建会话过程中，R2/R4 协助进行 GR，将新建会话识别为之前会话的延续，与 R1 会话的重建并未改变链路状态信息。因此，整个 GR 过程中，R3 只收到了 R1 通告的 LSA 更新，与之前通告的 R1 LSA 相比，仅序列号发生了变化，内容不变。所以，GR 过程网络的局部变化被限定在了 Restarter 和 Helper 之间，其他所有节点都未感知到网络拓扑的变化，整个 GR 期间，数据转发路径也不会发生改变。

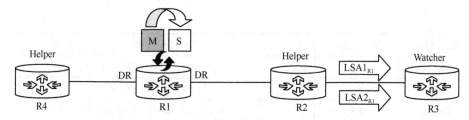

图 6.10　从 Watcher 观测 GR 过程收到 LSA 情况

图 6.11 是与图 6.10 相同的拓扑和配置，区别在于 R2 和 R4 不具备 Helper 能力，无法协助 R1 实现 GR 过程。当 R1 重启后与 R2/R4 新建的会话将被 R2/R4 理解为新会话，于是由 BDR 角色变为 DR 角色。以 R2 为例，在重建会话过程中，R2 将 R1—R2 网络标识为 Stub 网络，同时向 R3 发送 $LSA1_{R2}$ 消息，告知所有节点，从 R2 无法到达 R1。这个消息将引发整个网络重新收敛，使得所有经过 R2—R1 进行传送的数据流量改变路径。待 R1 与 R2/R4 重新建立会话后，R1 因为不再担任 DR 角色，而发送老化的 $LSA2_{R1}$ 消息，并发送 $LSA1_{R1}$ 更新消息，刷新最新链路状态。R2 和 R4 在与 R1 重新建立会话后，拓扑发生改变，于是重新通告 LSA1。整个过程通告的 LSA 消息列表及其内容见表 6.2。

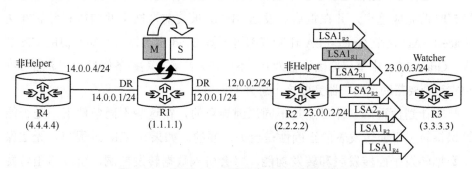

图 6.11　从 Watcher 观测非 GR 过程收到 LSA

表 6.2　整个过程通告的 LSA 消息列表及其内容

LSA 列表	通告路由器	LSA 内容
$LSA1_{R2}$	R2	Stub:12.0.0.2/24　Trans:23.0.0.2-23.0.0.3
$LSA2_{R1}$	R1	老化 DR:12.0.0.1, Attach:1.1.1.1,2.2.2.2 老化 DR:14.0.0.1, Attach:1.1.1.1,4.4.4.4
$LSA1_{R1}$	R1	Trans:12.0.0.2-12.0.0.1　Trans:14.0.0.2-14.0.0.1
$LSA1_{R2}$	R2	Trans:12.0.0.2-12.0.0.2　Trans:23.0.0.2-23.0.0.3

（续表）

LSA 列表	通告路由器	LSA 内容
LSA2$_{R2}$	R2	DR:12.0.0.2, Attach:1.1.1.1,2.2.2.2
LSA1$_{R4}$	R4	Trans:14.0.0.4-12.0.0.4
LSA2$_{R4}$	R4	DR:14.0.0.2, Attach:1.1.1.1,4.4.4.4

比较从 Watcher 观测 GR 过程和非 GR 过程中收到 LSA 的两个过程，平滑重启机制减少了 GR 节点重启对整个网络的影响、通告的 LSA 数量以及整个网络的路由计算，整个网络保持在收敛状态，转发路径保持持续的数据转发。

（3）关于非计划性重启的 GR 过程

针对计划性重启的机制，路由器重启之前可以做足够的准备工作，并通过 Grace-LSA 告知邻居协助进行 GR 过程。如果因为主 RP 出现故障导致主/备切换，没有时间做准备工作，也无法将 GR 信号通过 Grace-LSA 告知邻居协助进行 GR。对于邻居路由器而言，会在 Dead 定时器超时后关闭会话，并更新 LSA 信息。

在这种非计划性重启条件下实施 GR，就必须保证备用 RP 在邻居 Dead 定时器超时前完成重启，并在重启后发送 Hello 报文前，产生并向所有邻居发送 Grace-LSA。这个 Grace-LSA 让所有邻居更新 Dead 定时器、获知并协助 GR 过程。Grace-LSA 中重启原因设置为 0（不可知）或者 3（主/备倒换），邻居可以决定是否要帮助该路由器完成这个意外的重启。

非计划性重启事件可能是不同原因导致的，在这些不同条件下，是否能够保持转发平面转发表的正确性是至关重要的。如果在 GR 过程中，无法保持数据转发平面转发表和转发功能，将会引入数据转发黑洞，引发路由转发紊乱。

6.2 基于 BFD 的 OSPF 会话检测

作为链路状态协议的 OSPF 具有快速收敛特性，它的收敛速度与多个因素相关，包括邻居间链路故障检测时间、LSA 产生并全网洪泛的时间、LSA 接纳并更新到 LSDB 的时间、重新运行 SPF 计算新路由的时间以及新路由重新下发到转发平面的时间等。其中，邻居间故障检测主要通过两种手段：一种基于物理层的信号，某些链路（如 POS）通过硬件信号的丢失可以快速地发现故障，并告知协议，触发协议快速收敛。但是有些链路（如以太网链路）不具备这样的检测能力，只能采用基于定时器的 Hello 机制。周期性发送 Hello 报文，并依据是否在 Dead 定时器内收到对方的 Hello 报文判断故障。与物理信号的故障检测速度相比，这个时间参数相对较大，例如在多点接入网络中，Hello 报文 10s 发送一次，如果 40s 内未收到邻居会话的 Hello 报文，则判断会话失效。要实现快速收敛，这个故障检测速度是远远满足不了需求的。受限于协议架构方面的限制，OSPF 无法在 2s 内检测出邻居会话的丢失情况。而一些新出现的应用场景，要求协议具备亚秒级的故障检测和避让能力，对协议的故障检测提出了新的挑战。另一种为双向转发检测（Bidirectional Forwarding Detection，BFD）技术及其简化机制 S-BFD，BFD 及 S-BFD 提供了一种在两个系统之间快速检测故障的机制，OSPF 可以使用 BFD 提供的功能实现快速故障检测。

6.2.1　BFD 会话与 OSPF 的交互

OSPF 基于协议邻居发现机制，自动获取交互邻居，并建立 BFD 会话。在检测到 BFD 会话失效时，OSPF 协议理解为对应邻居会话超时，触发相应链路状态更新。对于 OSPF 的虚链路，可采用多跳 BFD 机制。下面重点阐述 OSPF 与 BFD 的过程。

首先，OSPF 通过 Hello 机制发现邻居并建立邻居会话，在建立了新的邻居会话后，将 OSPF 邻居信息（包括目的地址和源地址等）通告给 BFD，BFD 根据收到的邻居信息建立会话。BFD 会话的时间参数和模式等由 BFD 进程定义并与邻居协商，与 OSPF 无关。

BFD 按照协商的参数和模式进行链路故障检测，在检测到链路故障后，改变相应的 BFD 邻居会话状态，并尝试重新建立会话；同时，通知本地 OSPF 进程特定的邻居不可达；本地 OSPF 进程中断 OSPF 邻居关系，重新生成 LSA 并洪泛更新，触发协议收敛。

6.2.2 BFD 会话与 OSPF 平滑重启机制的交互

OSPF 的 GR 机制允许控制平面重启，而不影响数据平面的工作。当然，前提是数据与控制平面分离。

BFD 在协议中通过一个 "C" 比特位指示本地是否支持控制与转发分离。这个信息用来确定使用 BFD 的路由协议在 GR 过程中所采取的动作。

如果控制平面支持 GR 机制，BFD 可以用来配合优化该机制。BFD 与控制平面的交互依赖于控制协议是否与 BFD 一起实现。如果 BFD 在数据平面实现，在 GR 过程中，BFD 可以正常工作，能够及时检测邻居数据平面故障，并通过与控制平面的交互，及时终止 GR 过程，而不用等待 GR 超时，使得整个网络更加快速地感知故障事件并收敛。

如果控制平面不与 BFD 共生，则 BFD 控制报文的 C 比特设为 1。此时 BFD 检测到故障，意味着数据不再被转发，BFD 会话关联的 GR 过程必须立刻终止，以避免路由黑洞，并通知控制平面发起收敛过程。

如果控制平面与 BFD 共生，则 BFD 控制报文的 C 比特设为 0。此时 BFD 会话失效，无法与控制平面的其他事件区分开，多数情况下， BFD 会话也会失效，因为一方已经发生了重启，不再发送 BFD 控制报文，也不会对 BFD 请求进行响应。

重启可以分为计划性重启和非计划性重启，在控制平面与 BFD 共生的条件下，希望针对计划性的平滑重启过程，不采纳 BFD 的检测结果，继续 GR 过程，最大限度地稳定网络；对于非计划性重启，应当立刻采纳 BFD 的检测结果，最快地传播故障。对于计划性重启，存在以下两种不同的机制。

一种是显式通知的计划性重启。计划性重启前，控制协议会发送一个消息，明确告知对方本地即将进行重启，请对端配合进行 GR 过程。在明确当前处于 GR 状态的前提下，BFD 的会话失效不影响 GR 过程，保证 BFD 检测到故障时，GR 过程仍然能够继续。

另一种是隐性通知的计划性重启。这种重启没有任何通知机制，对端只能依赖一些状态跳转判断是否进入 GR 过程，这样很可能在没有区分对方是发生了计划性重启还是非计划性重启之前，BFD 就已经超时。此时控制协议究竟是采纳 BFD 结果，对外进行故障通告？还是继续维持会话，隐藏故障？在没有甄别出重启的类型之前，不同的动作将导致不同的结果。存在一种方法解决这个问题：如果是计划性的重启，在重启之前，将 BFD 的检测参数调大，使得 BFD 机制不会比控制协议识别重启类型的检测速度更快，此时，隐性通知的计划性重启就与 BFD 机制无关，不受 BFD 的影响。一旦邻居能够通过一定机制获知对方进入了 GR 过程，BFD 再检测到会话失效，就不会对 GR 过程产生影响了。对于重启一方而言，在邻居已配合进入 GR 过程后再发送 BFD 控制包最为合适，否则容易引入 BFD 会话失效的判断，进而破坏 GR 过程。手动调整 BFD 定时器参数的方法可以很好地化解 BFD 检测速度与重启类型识别速度的矛盾。在没有任何人工调整的条件下，BFD 一旦检测到故障，就会立刻被控制协议采纳，进行故障通告，快速触发协议收敛。

6.3 小结

本章阐述了基于 BFD 和 OSPF 平滑重启机制提升数据传输可靠性的方法。管理、维护以及不可预知事件会导致路由器重启，在重启过程中会导致数据转发的中断和 OSPF 协议会话的中断，前者产生数据转发黑洞，后者则引发全域路由计算。平滑重启机制通常应用于转发控制分离且双主控环境，OSPF 利用 BFD 提供的故障快速检测机制，在毫秒级发现邻居主控重启，通过平滑重启机制维持与邻居之间的"虚假会话"，对重启路由器的非邻居节点隐藏路由器重启事件，并锁定转发平面的路由表，这样可以保证数据在持续转发的同时，屏蔽 OSPF 重启给全域带来的影响，既稳定了路由又保障了数据的持续转发。如果 GR Restarter 在给定时间内无法重启成功，GR Helper 将及时关闭"虚假会话"，并切换到正常 OSPF 协议规程，向外通告链路状态改变事件，使全域正常收敛。

参 考 文 献

[1] IETF. Graceful OSPF restart[R]. 2003.

[2] IETF. OSPF out-of-band link state database (LSDB) resynchronization[R].2007.

[3] IETF. OSPF restart signaling[R]. 2007.

[4] IETF. OSPF link-local signaling[R]. 2009.

[5] IETF. The OSPF opaque LSA option[R]. 2008.

[6] IETF. Bidirectional forwarding detection (BFD)[R]. 2010.

[7] IETF. Seamless bidirectional forwarding detection (S-BFD)[R]. 2016.

第7章

OSPF 协议拓展

7.1　不透明 LSA

OSPF 协议作为典型的链路状态协议，具备很好的扩展性，适用于较大的网络规模，得到了路由器厂商的普遍支持和广泛部署应用。OSPF 能够获取每个节点的链路状态、全局拓扑视图等信息，这些信息是新技术实现依赖的基础，新的网络技术希望通过拓展 OSPF 实现对新功能的支持。OSPF 最初的设计并没有考虑这么多，其每一种 LSA 都有特定的传播范围和用途。

为了提供更加通用、具备一般性的拓展能力，OSPF 在 RFC2370、RFC5250 中对拓展功能进行了设计，以适配不断涌现的各类需求。这两个 RFC 定义了在 OSPF 协议上进行功能拓展的框架，为依托 OSPF 的协议进行功能扩展奠定了基础。

OSPF 区域划分方法使 OSPF 能够适用于大规模网络，这也是 OSPF 更为流行的原因之一。在 OSPF 的设计架构下，LSA 传播范围分为 3 类：区域内、区域间和区域外。OSPF 的拓展设计延用该思路，不考虑 LSA 的具体内容，仅按照 OSPF LSA 的传播范围拓展 LSA 类型，定义了 3 种不透明 LSA（Opaque LSA），分别对应不同的传播范围：本地链路（Link-local）Opaque LSA、本区域（Area-local）Opaque LSA、全区域（AS）Opaque LSA。依据信息的传播需求，选择特定的不透明 LSA 进行承载。

7.2 不透明 LSA 格式

不透明 LSA 的类型编码为 9、10、11，分别对应本地链路传播范围、本区域传播范围、全区域传播范围。不透明 LSA 头部信息格式如图 7.1 所示。

- Link-local Opaque LSA（Type-9 LSA）：洪泛范围不能超出本地链路/本地子网。
- Area-local Opaque LSA（Type-10 LSA）：洪泛范围不能超出本区域。
- AS Opaque LSA（Type-11 LSA）：洪泛范围为整个 OSPF 域，与 Type-5 LSA 类似，其洪泛通过骨干区域到达非骨干区域，但是不能被洪泛到 Stub 和 NSSA 等末梢区域，即使本地源发，也不能被通告给直连的 Stub 末梢区域。

与基础 LSA 头部信息格式相比，链路状态 ID 域被重新定义为 8bit 的不透明类型域和 24bit 不透明 ID 域。接收者对有效的不透明 LSA 进行存储，对违背洪泛范围规定的 LSA 直接拒绝。

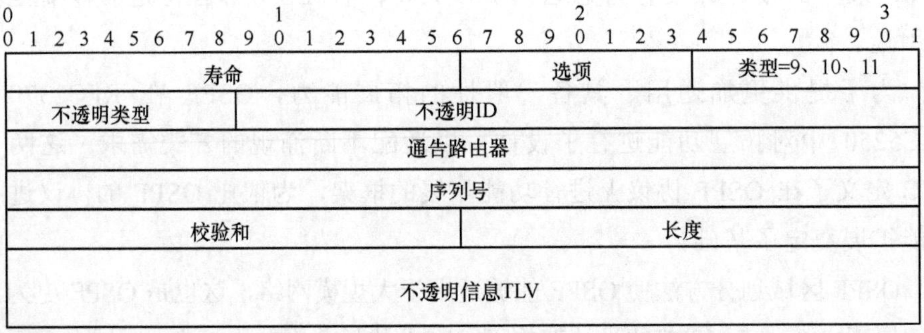

图 7.1 不透明 LSA 头部信息格式

不透明 LSA 类型主要用于拓展特定应用，每一种类型的引入与特定应用场景相关，例如，为了支持流量工程引入了 TE LSA，为了支持平滑重启引入 Grace LSA，为了支持 Segment Routing 引入 Extended Prefix/Link LSA。不透明 LSA 类型的定义见表 7.1。

表 7.1　不透明 LSA 类型的定义

不透明类型	值	说明
Traffic Engineering LSA	1	RFC3630 定义，携带流量工程信息
Grace-LSA	3	RFC3623 定义，携带平滑重启信息
Router Information (RI)	4	RFC7770 定义，携带路由器能力、功能等信息
L1VPN	5	RFC5252 定义，携带 VPN 信息
Inter-AS-TE-v2	6	RFC5392 定义，在 AS 间携带流量工程信息
Extended Prefix LSA	7	RFC7684 定义，为通告的前缀携带附加的属性信息
Extended LinkLSA	8	RFC7684 定义，为通告的链路携带附加的属性信息
TTZLSA	9	RFC8099 定义，通告构建透明拓扑区域所需相关信息
OSPFv2 Dynamic Flooding Opaque LSA	10	draft-ietf-lsr-dynamic-flooding 定义，稠密拓扑中动态洪泛信息

　　不透明 LSA 的负载由一个或者多个嵌套的 TLV 构成，TLV 格式定义如图 7.2 所示，由类型、长度和值构成。

图 7.2　TLV 格式定义

　　长度域定义了值域部分的有效字节数，如果不包含值域，则长度域为 0。TLV 字段是 4byte 对齐的，当值域不足 4byte 时需要填充 4byte 整数倍。例如，如果长度为 3byte，则整个 TLV 字段长度为 8byte，包含 1byte 的填充。嵌套的 TLV 也要求 4byte 对齐。

7.3　不透明 LSA 的处理

　　OSPF 对洪泛范围有明确的规定，当协议收到 LSA 时，按照类型的不同决定是否进行接续洪泛以及如何进行接续洪泛。

• 本地链路范围的不透明 LSA

协议规定如果收到 LSA9 的接口与目标接口（例如关联到指定目标邻居）不是同一个接口，则丢弃此 LSA，并不进行确认。实际上，仅基于接口判决是否接受 LSA9 是困难的，应再关联其他信息准确判断。例如判断基于 LSA9 的通告路由器 ID 或者该 LSA 的源 IP 地址与当前接口是否属于同一个子网等。

• 本区域范围的不透明 LSA

每一个接口归属的区域号是明确的，这对 LSA10 的洪泛给出了明确的规则，从某个接口收到 LSA10 的报文时，基于报文的入接口识别该 LSA 来自哪个区域，将该 LSA 记录到 LSDB 的同时，从属于相同区域的其他接口洪泛。

• 全区域范围的不透明 LSA

如果从某个接口收到 LSA11，则将该 LSA 添加到本地 LSDB 的同时，向其他所有 OSPF 接口洪泛。只有两种特例，即 LSA11 在洪泛时，不能向连接到 Stub 区域和 NSSA 区域的接口洪泛。

如果一个区域中既有支持 Opaque 能力的路由器，又存在不支持 Opaque 能力的路由器，默认情况，不透明 LSA 不会被洪泛给不支持 Opaque 能力的路由器。作为一个基本规则，不透明 LSA 只洪泛给能够解析不透明 LSA 的路由器。在一些场景下，因为 Update 通过多播形式发送，有可能洪泛给不支持 Opaque 能力的路由器，此时不支持 Opaque 能力的路由器将丢弃这些 LSA。

路由器在会话建立阶段，通过解析对方发送 DD 报文中 Options 字段的 O 比特获知对方是否支持 Opaque 能力。如果支持 Opaque 能力，则在发出的 DD 报文 Options 字段中将 O 比特设置为 1。在非 DD 报文中，O 比特不被设置。如果从非 DD 报文发现 O 比特被置 1，则将其忽略，即不能基于非 DD 报文中的 O 比特设置判断对方是否支持 Opaque 能力。

通过 DD 交互发现邻居支持 Opaque 能力，则进入 Exchange 阶段，双方交换的 LSDB 信息携带不透明 LSA 的概要信息，便于彼此交换不透明 LSA 信息。

收到不透明 LSA 的路由器只有在验证了与源发该 LSA 的路由器的连通性后，才能解析并使用该不透明 LSA 携带的信息。其中，不透明的 LSA 的处理优先级与普通 LSA 相比，优先级应该更低。

在 Exchange 阶段，要进行 LSA 概要信息交互，即在交换传统 LSA 概要信息的基础上，把 LSA9、LSA10、LSA11 的概要信息也通告给邻居。这时需控制哪些概要 LSA 通告哪些邻居：LSA9 的概要信息只能从同一个子网的接口通告；LSA10 的概要信息只能从属于同一个区域的接口通告；LSA11 的概要信息不能从属于 Stub/NSSA 区域的接口通告。

下面介绍 LSA11 承载信息的有效性。

LSA11 需在所有区域内洪泛，要解决的关键问题是接收到 LSA11 的路由器，能够确定其到源发 LSA11 路由器的可达性。如果源发 LSA11 的路由器突然宕机，位于其他区域的路由器因无法快速检测到这一事件，导致继续使用陈旧信息，使用时间甚至可持续 60min，将会引入不可预见的错误。

LSA9 和 LSA10 则不会存在这种问题，它们能够直接检测通告路由器的可达性。例如 LSA9 的通告路由器必须与当前路由器建立 OSPF 会话，通过检测会话的存活性可确定该 LSA 是否有效。LSA10 因通告路由器与接收路由器在同一个区域内，接收路由器通过域内的最短路径计算可得知通告路由器的可达性。

回顾 LSA5 的传播过程，OSPF 专门设计了 LSA4 实现对通告 LSA5 的路由器的可达性建立。即 LSA5 通告外部路由信息，通过 LSA4 建立到 LSA5 通告路由器的路径。

LSA11 也采用相同的方法。源发 LSA11 的路由器通过 LSA 头部信息的选项 E 比特宣告自身为 ASBR，以便同区域的 ABR 获知该 LSA，并识别通告路由器为 ASBR，主动产生一个 LSA4 扩散 ASBR 信息。任何接收到 LSA11 的路由器，如果检测到本地不存在到达通告路由器的路由，只记录该 LSA 信息，不做任何其他动作。一旦检测到到达某个 LSA4 承载的路由器不可达，那么所有该路由器通告的 LSA11 都被设为无效，不再被使用。

7.4　不透明 LSA—路由器信息 LSA

OSPF 使用 Hello 报文、DD 报文以及 LSA 中的选项域通告路由器具备的能力。从 7.3 节可知，对 OSPFv2 而言，选项域只有 8bit，且所有的比特域已经被分配。为保证向后的兼容性，如果再拓展增加新的能力，当前选项域已经没有任何拓展字段了。

通过不透明 LSA 拓展能力支持选项，OSPF 的能力支持不再受限于选项域字节长度，具备无限扩展能力，这个 LSA 定义为路由器信息（Router Information，RI）LSA。

承载路由器信息的不透明 LSA 类型定义为路由器信息 LSA，不透明类型为 4，不透明 ID 被重新定义为实例 ID，路由器信息不透明 LSA 头部信息格式如图 7.3 所示。

图 7.3　路由器信息不透明 LSA 头部信息格式

RI LSA 可携带 TLV，支持能力不断拓展。RI LSA 携带的 TLV 类型见表 7.2。Router Informational Capabilities TLV 和 Router Functional Capabilities TLV 用于通告路由器所支持的能力，属于 RI LSA 携带的基本 TLV。动态主机名 TLV、节点管理标签 TLV、S-BFDTLV 等用于支撑 OSPF 的维护。其他 TLV 则用于携带某个应用相关的信息，包括流量工程、PCEP、Segment Routing、隧道封装、稠密网络的洪泛约减等。

表 7.2　RI LSA 携带的 TLV 类型

TLV 名称	值	说明
Reserved	0	保留
Router Informational Capabilities	1	RFC7770 定义，承载信息类能力参数
Router Functional Capabilities	2	RFC7770 定义，承载功能类能力参数
TE-MESH-GROUP TLV (IPv4)	3	RFC4972 定义，承载 TE mesh 组信息

（续表）

TLV 名称	值	说明
TE-MESH-GROUP TLV (IPv6)	4	RFC4972 定义，承载 TE mesh 组信息
TE Node Capability Descriptor	5	RFC5073 定义，承载 TE 节点能力描述符
PCED	6	RFC5088 定义，承载 PCE 发现信息
OSPF Dynamic Hostname	7	RFC5642 定义，承载路由器 ID 与主机名映射
SR-Algorithm TLV	8	RFC8665 定义，承载 Segment Routing 算法信息
SID/Label Range TLV	9	RFC8665 定义，承载 Segment Routing 标签范围信息
Node Admin Tag TLV	10	RFC7777 定义，承载节点管理标签
S-BFD Discriminator	11	RFC7884 定义，承载 S-BFD 的标识符
Node MSD	12	RFC8476 定义，承载节点所支持的 Segment Routing 应用中的 SID 深度
Tunnel Encapsulations	13	draft-ietf-ospf-encapsulation-cap 定义，承载节点支持的隧道封装参数信息
SR Local Block TLV	14	RFC8665 定义，承载节点本地 SID 标签块信息
SRMS Preference TLV	15	RFC8665 定义，承载节点对 SR 标签映射服务器 SRMS 的偏好值
Flexible Algorithm Definition TLV	16	draft-ietf-lsr-flex-algo 定义，承载 IGP 算法类型、代价类型等信息
OSPF Area Leader Sub-TLV	17	draft-ietf-lsr-dynamic-flooding 定义，在精简稠密拓扑应用中承载区域领袖信息
OSPF Dynamic Flooding Sub-TLV	18	draft-ietf-lsr-dynamic-flooding 定义，在精简稠密拓扑应用中指示节点支持动态洪泛能力以及承载动态洪泛拓扑计算算法

7.4.1　路由器信息类能力 TLV

RI LSA 携带的第一个 TLV 是路由器信息类能力（Router Informational Capability）TLV，用于通告路由器相关能力信息。如果 RI LSA 包含该 TLV，则必须是实例 0 的第一个 TLV，该 TLV 必须精确反映路由器在相应通告区域内的能力。信息类能力 TLV 的 Type 字段值为 1，Value 字段定义为 4byte（32bit），每个比特对应一种信息能力，从左到右编码，路由器信息类能力比特含义见表 7.3。

表 7.3　路由器信息类能力比特含义

比特	含义
0	OSPFGR 能力
1	OSPF GRHelper 能力
2	OSPF Stub 路由器支持
3	OSPF TE 支持
4	OSPF Point-to-Point over LAN
5	OSPF 实验性 TE
6	Two-Part Metric 支持
7	OSPF 主机路由器支持
8~31	未分配

信息类能力 TLV 可以携带额外的可选 TLV 进一步描述其对应的能力。

（1）平滑重启能力

RFC3623 定义了平滑重启机制，平滑重启机制支持该机制两个路由器之间的交互信息，消息不跨越路由器传递，因此采用 LSA9 承载 Grace-LSA 信息。平滑重启机制依赖于协议对不透明 LSA 的支持，但是，支持不透明 LSA 并不意味着一定能解析 Grace-LSA 消息，并完成平滑重启的功能。

通过 RI LSA，可以明确告知邻居自己是否支持平滑重启机制，且在平滑重启机制中担负哪些角色。如果路由器采用控制数据分离，能够在重启过程中保持数据转发平面的正常，就可以将路由器信息能力比特的"OSPF GR 能力"置位。如果不具备重启时保持数据转发能力，但是能够协助邻居完成平滑重启，则可以将路由器信息能力比特的"OSPF GR Helper 能力"置位。

在没有方法通告路由器能力时，支持平滑重启能力的路由器总是启动平滑重启机制，并通过重启前后拓扑对比方法识别邻居是否协助进行了平滑重启，当发现邻居并不支持平滑重启时，再中断 GR 过程，进入正常 OSPF 流程，解除并更新转发表项。

使用 RI LSA 后，OSPF 邻居之间可以明确进行平滑重启能力通告，为路由器是否选择启动平滑重启机制提供充足的信息。如果路由器支持平滑重启能力，同时又得知邻居无法协助完成平滑重启，那么在收到平滑重启指令后，它直接采用常规重启机制即可，避免了先采用平滑重启又切换到常规重启的过程，减少了操作，节省了时间，提高了交互的可靠性和稳定性。

（2）Stub 路由器能力

在一些网络场景中，个别路由器因为特殊原因（CPU 负载过重或者内存受限等，或管理员希望平滑的引入/移除该路由器，或实现流量工程等），只希望进行路由协议计算，而不承担流量转发功能。这种路由器不会转发流量，其在网络中的位置位于网络末端，因此，RFG 6987 定义了"Stub 路由器"。

基于 Max Metric 实现 Stub 路由器的方法，基本机制是基于 OSPF 基础协议并通过重用链路代价域实现。通过将所有链路代价设定为 Max Link Metric，标识一台路由器为 Stub 路由器。如果在应用过程中，操作人员因为某些原因将个别链路代价设定为 Max Link Metric，使得其他路由器判断其为 Stub 路由器。为了避免混淆，通过 RI LSA 承载路由器信息能力，将节点的 Stub 路由器能力明确通告区域内所有节点，使得其他节点不依赖代价识别路由器特性，避免了基于代价的二义性，更加简单准确。

（3）Host 路由器能力

Stub 路由器只实现路由计算并不进行数据转发任务，可以应用于不同的场景，实现不同的需求。例如，路由器在重新加载或者收敛时间过长时，通过设定为 Stub 路由器，将流量迁移到其他路径，实现平滑的流量迁移；BGP 路由反射器仅作为虚拟的路由反射器，不会出现在转发路径，但是又需要获取 OSPF 拓扑信息进行路由计算，实现区域内的可达性，它就可以设定为 Stub 路由器。

Stub 路由器给出了一种基于路由器 LSA 的 Max Link Metric 方法，达到了抑制转发流量的目的。Stub 路由器机制并未改变 OSPF 的算法，只是通过代价的设定，间接达成了终止转发流量目标。但是，在网络拓扑冗余度不足，Stub 路由器作为网络互联的必经通道上时，按照标准的最短路径算法，Stub 路由器仍然可能承担数据中继转发任务。

IETF 目前正在讨论制定 Host 路由器机制。Host 路由器与 Stub 路由器一样，都是不承担流量转发任务的路由器。只不过 Host 路由器是通过明确的消息通告告知区域内所有节点自身为主机路由器，支持 Host 路由器功能的节点，必须采用"修改的 SPF 算法"进行路由计算，而不再采用标准的 SPF 算法。

"面向 Host 路由器的 SPF 算法"是在标准 SPF 算法基础上进行的拓展，主要改变的是在进行最短路径树构建时，如果发现新加入的节点设定了 Host 比特，则将该节点挂接在树上后，便不再基于该节点的其余链路进行最短路径树延展。在网络冗余度不足时，Host 路由器的存在可能会将网络分裂为完全不通的部分，这是与 Stub 路由器的根本不同点。如图 7.4（a）所示拓扑，从 R1 视角来看，R4 可以在作为 Stub 路由器时，得到如图 7.4（b）所示的最短路径树。而 R4 作为 Host 路由器时，得到如图 7.4（c）所示的最短路径树，此时 R3 成为了孤立的节点。

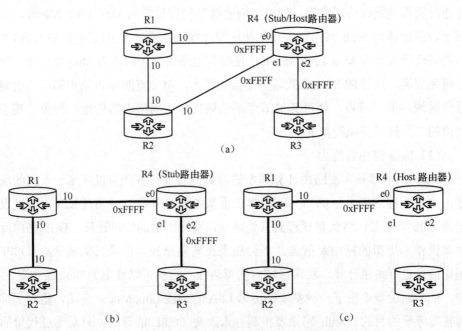

图 7.4　Stub 与 Host 路由器场景下，R1 最短路径树的比较

　　启用 Host 路由器功能后，节点必须在通告的路由器 LSA 中明确表明自己为 Host 路由器。通过在路由器 LSA 中拓展定义 Host 比特来实现。

　　为了兼容性考虑，设定 Host 比特的路由器，在通告路由器 LSA 时必须将所有链路代价设定为 Max Link Metric，这与 Stub 路由器机制是兼容的。考虑这样的场景：区域内有的路由器无法解读 Host 比特，即无法识别这个节点为 Host 路由器，仍然按照标准 SPF 算法进行路由计算。此时通过该代价就可以保证无法解读 Host 比特的节点计算的路径只会将 Host 路由器作为末梢节点，一定程度上避免了环路的产生。

与 Stub 路由器不同，Host 路由器机制定义了 ABR 和 ASBR 作为 Host 路由器时的操作规程。

当 ABR 作为 Host 路由器时，需要做到两点：1）它向挂载在该 ABR 上的所有区域通告路由器 LSA 时，所有路由器 LSA 都必须设定 Host 比特；2）ABR 在通告汇总 LSA 时，只将接口网络前缀封装在 LSA3 中传送。第一点可以保证 ABR 位于任何一个区域的最短路径树的末梢，不会中继区域内的流量；第二点可以保证 ABR 不会在区域之间中继流量。

ASBR 作为 OSPF 域与外部路由域交互的出入口，必然承担流量转发任务。如果 ASBR 作为 Host 路由器，则意味着它不应该通告任何外部路由 LSA；但是如果不通告外部路由器 LSA，这个路由器也就不会是 ASBR 了。实际上，在 ASBR 出现过载，或者准备平滑移除 ASBR 时，可以将 ASBR 短暂地设定为 Host 路由器。如果 ASBR 被设定为 Host 路由器，为了保持兼容性，其通告的外部 LSA 中所有前缀均采用 E2/N2 型度量，且度量值设定为 LSInfinity（=0xFF0000）。

设置 Host 比特的同时，将发出的 LSA 代价设定为最大值的主要目的是保持兼容性，使网络中部分路由器支持 Host 路由器能力的条件下，尽可能减少发生环路的概率。

在网络中通告自身为 Host 路由器的节点，并不一定支持"面向 Host 路由器的 SPF 算法"。若一个区域内存在支持 Host 路由器能力的路由器和不支持 Host 路由器能力的路由器，前者采用"面向 Host 路由器的 SPF 算法"计算最短路径，后者采用标准 SPF 算法计算，则存在引入环路的可能性。为此，Host 路由器机制通过拓展路由器信息能力，定义 Host 能力路由器比特。通过 RI LSA 可以将节点的 Host 路由器能力明确通告区域内所有节点，只有在检测到区域内所有路由器都支持 Host 能力时，才会将自身的最短路径计算方法由标准 SPF 改为"面向 Host 路由器的 SPF 算法"。只要区域内存在一个不支持 Host 路由器能力的节点，所有路由器都应该使用标准的 SPF 算法。

（4）Point-to-Point over LAN 能力

广播链路通常会接入多个设备，但是在一些场景中，往往只有两个路由器接入该广播网络。即使只有两个路由器接入同一个广播网络，这两个路由器仍然要按照广播网络的处理方式进行 DR 选举、通告网络 LSA 等操作。如果将该广播网络按照点到点链路类型处理，将跳过 DR 选举，减少路由信息通告、优化洪泛。将广播网络配置为点到点链路使用时，必须保证该广播网络只有两台路由器。将广播网络作为点到点链路使用的能力可以通过 RI LSA 进行洪泛。

7.4.2 路由器功能类能力 TLV

路由器功能类能力（Router Functional Capability）TLV 用于指示通告路由器所支持的真实能力，这些能力是影响协议互操作的。如果 RI TLV 包含该 TLV，它必须出现在第一个实例中；如果该 TLV 未在 RI LSA 中出现，或者出现了，但是长度值为 0，则意味着通告路由器不支持任何功能类的能力。

功能类能力 TLV 的 Type 字段值为 2，Value 字段定义为 4byte（32bit），每个比特对应一种信息能力，从左到右编码，目前仅定义了第 6 比特，路由器功能类能力比特含义见表 7.4。

表 7.4 路由器功能类能力比特含义

比特	含义
0～5	未分配
6	Two-Part Metric 支持
7～31	未分配

OSPF 链路类型中存在广播链路类型，为了进行路径计算，这种网络中抽象出一个 DR，所有连接到该广播网络的节点通告与 DR 的链路代价，而 DR 则通过网络 LSA 通告连接了哪些邻居节点，但不包含这些节点的代价信息，默认到这些节点的链路代价为 0。之所以这样设计，是基于这样的假定：接入同一个广播网络中的所有节点相互之间的链路代价是一样的。

随着 OSPF 应用领域的扩展，出现了不同类型的广播网络，广播网络中不同路由器之间的链路代价可能不一样。如图 7.5（a）所示 VPLS 网络，PE 之间通过 MPLS 建立了全互联隧道，承载 CE 之间交互的二层帧。对于运行 OSPF 协议的 CE 路由器以及与之相连的其他 OSPF 路由器而言，它们是运行在 VPLS 上的 overlay 网络，看不到中间的 MPLS 隧道，图 7.5（b）是 CE 路由器的视图，可以看到所有 CE 都接入同一个广播网络。在这样的网络结构下，任意两个 CE 之间的链路代价不再一样，而是与底层的 MPLS 隧道路径密切相关。RFC6845 定义一种新的接口类型，即混杂接口类型，将广播网络接口仿真为点到点接口，为每一个广播邻居单独定义和宣称一个代价。此时针对该广播网络不再有网络 LSA 通告，只有路由器 LSA 通告，通告中将到每一个广播邻居描述为点到点接口类型，并携带不同的链路代价。这种机制对于广播网络，特别是内部不同路由器之间的链路代价完全独立的网络，是非常合适的。

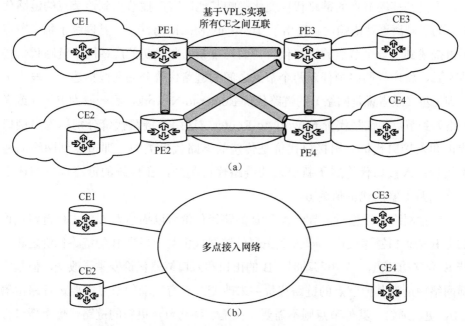

图 7.5　基于 VPLS 网络构建了 OSPF 的多点接入网络

混合接口类型机制使广播网络所有节点之间的互联变为所有节点之间点对点的全互联。任意两个节点间的链路代价可以各不相同。在任意两个节点之间链路代价均不相关的情况下，这种机制是非常高效的，任何一个链路权重的变化，只会影响对应路由器更新路由器 LSA 信息。

考虑卫星广播网络，网络中包含固定节点和移动节点，节点通过卫星通信。当移动节点移动时，其通信能力会发生很大变化，这意味着链路质量将发生较大变化。如果 OSPF 协议应用在卫星广播网络中，并采用混杂接口实现任意点到点的通信，则会出现效率低下的问题。

当一个移动节点从一个位置移动到另一个位置，其通信能力发生了较大变化，其他节点到达该节点的链路代价也将发生变化，并重新生成新的路由器 LSA 通告。卫星广播网络中存在很多移动节点，它们总是移动快速且频繁，网络中会出现大量路由器 LSA 报文不停更新链路代价，浪费了大量无线资源，严重影响了扩展性。

不停更新链路代价的原因是广播网络的任意两个节点间的链路代价不独立，卫星到移动节点的链路代价变化影响其他所有广播节点到该节点的链路代价。为了剥离这种依赖性，提出了 Two-Part Metric 方法。广播网络上每个节点不再描述到另一个节点的链路代价，而是重新回归最初的广播网络链路代价描述方式，将广播网络中任意两个节点之间的链路代价分为两段描述，一段为节点到卫星（或者说是网络）的链路代价 Router-to-Nework，另一段为卫星（或者网络）到节点的链路代价 Nework-to-Router，这两段链路代价分别称为出接口代价和入接口代价。出接口代价是传统的链路代价类型，即节点到网络的链路代价；入接口代价属于新引入的链路代价类型，在传统的链路代价描述中网络到路由器的代价值为 0。

广播网络上任意两个节点 A 和 B 的路径代价可以描述为 A 的出口链路代价加上 B 的入口链路代价，即 A 到卫星的链路代价与卫星到 B 的链路代价之和。若 B 为移动节点，当 B 移动时，B 的出口和入口链路代价发生了改变，但是广播网络中所有其他节点的链路代价并未改变。只有移动的节点需要进行路由器 LSA 更新通告，其他节点则不需要。仅基于移动节点更新的链路代价重新进行最短路径计算，显著提升了扩展性。

引入 Two-Part Metric 后，路由器接口参数增加如下内容。

1）Two-Part Metric 标志位：如果接口连接广播网络，而且采用了 Two-Part Metric，则设置该标志位。接入同一个广播网络的路由器必须采用相同的配置。

2）入接口代价：在设置了 Two-Part Metric 标志位后才有意义。可以采用配置方式，或者随底层传送能力而动态变化。

Two-Part Metric 机制提出后，需要进一步定义携带该链路及对应代价的消息。将基准的 OSPF 路由器 LSA 携带的链路代价被视之为出接口代价（即 Router-to-Network 代价），但其报文格式固定，无法拓展携带入接口代价（即 Network-to-Router 代价）。为此，提出了依托 Extended Link Opaque LSA 承载入接口代价。

　　RFC8042 定义了 Network-to-Router Metric 子 TLV，子 TLV 类型为 4，格式如图 7.6 所示，该子 TLV 由 Extended-Link Opaque LSA 携带，并在拓展链路不透明 TLV 中定义，每个 TLV 可以携带多个 Network-to-Router Metric 子 TLV，每个子 TLV 对应一个拓扑。

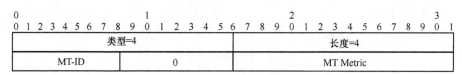

图 7.6　Network-to-Router Metric 子 TLV 格式

　　新增了链路代价必然对网络中节点的最短路径树计算产生影响。"面向 Two-Part Metric 的 SPF 算法"对 SPF 算法的修改主要发生在将 DR 节点加入最短路径树时：如果节点 V 被加入最短路径树，从节点 V 通告的网络 LSA 中选定一个邻居节点 W，节点 V 到节点 W 的代价为：如果 W 通告的 Extended-Link Opaque LSA 中携带了 Network-to-Router Metric 子 TLV，那么 V 到 W 的代价就是该子 TLV 中携带的代价，否则，这个代价为 0。

　　如图 7.7 所示，R1、R2、R3 在同一个广播网络，图 7.7（a）按照标准 SPF 算法计算生成树，计算得到 R1 到 R3 的链路代价等于 R1 到 DR 的链路代价。如果具备 Two-Part Metric 能力，如图 7.7（b）所示，则计算 R1 到 R3 的链路代价时，会累计 R1 的出口代价 1 和 R3 的入口代价 33，得到 R1 到 R3 的链路代价为 34。

　　Two-Part Metric 的定义改变了 OSPF 基础协议中对链路代价的定义，进而影响 SPF 算法。即一个区域所有路由器除了能够支持 Two-Part Metric 信息生成外，还要具备基于信息进行特殊 SPF 计算的能力。因此，属于同一个区域的所有路由器，都需通过 RI LSA 携带 TLV 通告自身具备支持 Two-Part Metric 计算的能力。如果区域内存在一个不支持 Two-Part Metric 能力的路由器，那么区域内的所有路由器将不能基于 Two-Part Metric 进行最短路径计算，只能重新采用传统 SPF 算法进行最短路径计算。

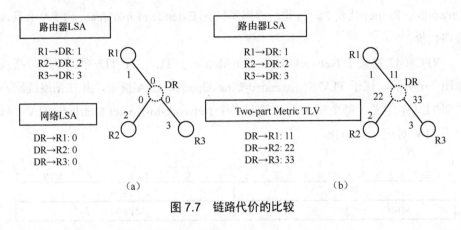

图 7.7　链路代价的比较

7.4.3　OSPF 动态主机名 TLV

对于 OSPF 而言，路由器 ID 至关重要，它唯一标识了网络中的节点，也是邻居之间的会话标识。管理员在进行信息查看和故障排查时，采用点分十进制或者十六进制表示法的路由器 ID 与采用人类可理解字符的路由器主机名相比，后者更容易理解和记忆。因此，RFC5642 提出了动态路由器主机名映射机制，定义了动态主机名 TLV 承载路由器 ID 与主机名的映射，并通过 RI LSA 进行传播。能够解析该 TLV 的路由器，将路由器 ID 与主机名映射记录到本地映射表；无法解析该 TLV 的路由器自动忽略该字段。

动态主机名 TLV 的 Type 字段值为 7，Value 字段记录了源发该 LSA 的主机名，主机名可以为任意形式的字符串（例如采用 FQDN 或 FQDN 的一部分）。Value 字段采用 7 比特 ASCII 编码，可承载 1~255 个字符，字符串不以 Null 结尾。

能够解析动态主机名 TLV 的路由器，从该 TLV 中提取主机名信息，并从承载该 TLV 的 RI LSA 提取通告路由器 ID 作为路由器 ID，建立主机名与路由器 ID 的映射，并存储在本地映射表。管理员对路由器进行操作时，协议进程将原来用数字表达的路由器 ID 替换为 ASCII 表示的主机名，便于管理员理解与操作。

7.4.4　OSPF 节点的管理标签 TLV

RFC7777 定义了节点管理标签 TLV，它用于通告节点管理标签信息。节点标签可用于与本地的管理策略关联，方便管理员实现更好的网络管理操作。

节点标签通过 OSPF 传播，可以由 OSPF 本身或其他应用程序使用，根据配置的管理策略，控制路由和路径选择。

管理标签 TLV 可以携带一个或者多个标签，每个标签表达节点的一种属性，标签为 32bit，格式如图 7.8 所示。

图 7.8　管理标签 TLV 格式

通告管理标签的路由器不需要知道标签所隐含的功能。标签值的含义由管理域的管理员负责，因此，标签值不应当扩散到管理域外的区域。管理标签的含义由网络管理员的本地策略定义，并通过配置的方式控制其传播和使用。如果收到该 TLV 的节点无法解读标签值或者并没有与之匹配的策略，则忽略它。

一个节点发出的管理标签 TLV 可以携带多个标签，标签在 TLV 中出现的先后顺序与其含义和作用是没有关系的。每个标签都是一个独立的操作标识符，每个标签都对应节点的一个特征属性。当策略与多个标签绑定时，策略动作与标签值出现的先后顺序无关。

当配置在节点上的多个管理标签发生变化时，源发节点需重新组织最新的标签，并通过 RI LSA 进行更新。接收者汇总网络中其他节点通告的标签信息，并使用预定义策略匹配这些标签，进而采取相应的路由或者路径选择动作。如果从其他节点收到标签更新消息，可能会导致预定义策略相关动作发生变化，所以，必须重新使用预定义策略匹配最新的标签，对之前的路由或者路径选择做出调整。

节点管理标签可用于各种应用，例如网络服务提供商在 MPLS VPN 中可以基于管理标签自动发现支持相同服务的节点；网络管理员基于管理标签实施显式的路由策略；在快速重路由场景中，计算隧道终点的节点时，基于管理标签将不满足条件的节点排除或显式指定备选节点集，提升扩展性。

7.4.5　S-BFD 区分符 TLV

BFD 机制要求只有双方协商建立会话后才能进行双向转发检测，为了简化这一过程提出了 S-BFD 机制。S-BFD 为每一个 S-BFD 节点分配一个或者多个区分符，OSPF 协议从 S-BFD 获知该信息，并通过 OSPF 的 RI LSA 进行全域扩散，使得所有 OSPF 节点获知并记录 S-BFD 端点和区分符。每一个 S-BFD 的发起者依据收到的 S-BFD 端点和 S-BFD 区分符信息向该节点发起 S-BFD 会话，实现 BFD 检测。

对于 RI LSA 而言，S-BFD 区分符 TLV 是可选的。收到该 TLV 的路由器，如果无法识别该 TLV，则直接忽略；否则，可以选择在 BFD 目的区分符表中记录该区分符信息。

S-BFD 区分符 TLV 可以携带一个或者多个区分符，每个标签为 32bit。S-BFD 区分符 TLV 的类型字段值为 11，格式如图 7.9 所示。

图 7.9　S-BFD 区分符 TLV 格式

S-BFD 区分符 TLV 通过 RI LSA 承载，不透明 ID 字段为 0。区分符通过与 S-BFD 模块信息交互获得，与节点是否启动 S-BFD 机制有关。当节点启动 S-BFD 机制，且 OSPF 支持 S-BFD 区分符 TLV，可以实现区分符的全域扩散。当节点关闭 S-BFD 机制，OSPF 必须立刻响应，通过发送一个空的 RI LSA 或者通过老化机制在全域内清除该区分符。

7.5　不透明 LSA——拓展前缀/链路 LSA

标准 OSPF 协议定义了基础的前缀和链路信息描述方式。随着网络技术的发展，OSPF 协议进行拓展时，需要对通告的前缀和链路增加属性信息，以支撑新的应用。标准协议格式固定，无法兼容性拓展，因此，通过不透明 LSA 携带前缀和链路属性信息的方法被提出。

RFC7684 定了拓展前缀/链路 LSA 的规范。拓展前缀/链路 LSA 不是用于通告前缀/链路信息，而是用于通告前缀/链路的属性信息。为了能够将属性信息明确绑定到对应的前缀/链路上，在进行属性信息通告时，标准 LSA 通告前缀/链路也将会在拓展前缀/链路 LSA 报文中再出现一次，清晰指示属性与前缀/链路的关联关系。

7.5.1　拓展前缀不透明 LSA

拓展前缀不透明 LSA 针对路由器 LSA、网络 LSA、汇总前缀 LSA、外部网络前缀 LSA 等 LSA 通告的前缀信息，进一步通告对应的前缀属性信息。

拓展前缀 LSA 的洪泛范围与对应前缀的洪泛范围一致，但在某些应用场景中（例如 Segment Routing 的映射服务器部署），拓展前缀 LSA 的洪泛范围可能会超出相应前缀的洪泛范围。通告路由器依据具体应用需求，通过设定该不透明 LSA 类型控制其洪泛围控制。

拓展前缀不透明 LSA 格式如图 7.10 所示，其可以携带不同类型的 TLV。当前仅定义了拓展前缀 TLV 和拓展前缀范围 TLV。

图 7.10   拓展前缀不透明 LSA 格式

（1）拓展前缀 TLV

该 TLV 类型为 1，用于承载前缀信息，对该前缀的属性描述放置在后续的多个子 TLV 中，拓展前缀 TLV 格式如图 7.11 所示。

图 7.11   拓展前缀 TLV 格式

长度取决于子 TLV 的长度，路由类型与 OSPF 通告前缀的 LSA 类型保持一致，包括：

- 0，未指定；
- 1，区域内前缀；
- 3，区域间前缀；
- 5，AS 外部前缀；
- 7，NSSA 外部前缀。

如果路由类型为 0，则外部前缀 TLV 的信息将应用于前缀，不考虑前缀的路由类型。当一个外部实体通告前缀属性，而又不知道该前缀源自于何处时，就可以使用路由类型 0。

前缀长度用于指示前缀的比特长度，地址族字段为 0，表示 IPv4 单播地址，前缀自身被编码为 32bit，如果是缺省路由，则前缀长度定义为 0。

标志位则用于表明该前缀的产生位置。当前定义了两个比特位。

0x80 – A 标记（Attach）：ABR 通告区域间前缀属性信息时，设定该标志，表示通告的前缀为本地连接或来自于本地连接的区域。

0x40 – N 标记（Node）：当前缀用于标识通告路由器时，设定该标志。如果该前缀不用作路由器 ID 标识，则通常不设定该标志。如果设定了该标志，而前缀长度又不是 32bit，意味着通告的是前缀信息，而不是标识主机的主机前缀信息，因此，忽略该标志的含义。

（2）拓展前缀范围 TLV

该 TLV 类型为 2，表达一个前缀范围信息，其格式如图 7.12 所示，目前用于实现 OSPF 对 Segment Routing 的支持。对该前缀范围的属性描述放置在后续多个子 TLV 中，子 TLV 可以与拓展前缀 TLV 中定义的子 TLV 一致。

0									1										2										3	
0 1 2 3 4 5 6 7 8 9					0 1 2 3 4 5 6 7 8 9					0 1 2 3 4 5 6 7 8 9					0 1	
类型=2					长度					
前缀长度		地址族		范围大小						
标志		保留								
地址前缀（可变）										
Sub-TLV（可变）										

图 7.12　拓展前缀范围 TLV 格式

假定前缀长度为 24bit，起始前缀为 10.1.2.0/24，前缀范围为 3，那么此消息可以为 10.1.2.0/24、10.1.3.0/24、10.1.4.0/24 前缀通告相应的属性信息，提升了通告效率。

（3）拓展前缀子 TLV

拓展前缀子 TLV 可以被拓展前缀 TLV 和拓展前缀范围 TLV 携带，目前定义的拓展前缀子 TLV 类型见表 7.5。

表 7.5　拓展前缀子 TLV 类型

类型	含义
0	保留
1	SID/Label Sub-TLV

（续表）

类型	含义
2	Prefix SID Sub-TLV
3	Flex-Algorithm Prefix Metric
4~8	未分配
9	BIER Sub-TLV
10	BIER MPLS Encapsulation Sub-TLV

7.5.2 拓展链路不透明 LSA

针对路由器 LSA 中通告的链路信息，拓展链路不透明 LSA 进一步通告对应的链路属性信息。该 LSA 格式与图 7.10 所示格式一致，但不透明类型为 8，其可携带不同类型的 TLV。当前仅定义了拓展链路 TLV。

拓展链路 TLV 格式如图 7.13 所示，其链路类型、链路 ID、链路数据字段与路由器 LSA 相应域的定义一致。

图 7.13 拓展链路 TLV 格式

目前定义的拓展链路子 TLV 见表 7.6。

表 7.6 拓展链路子 TLV

类型	含义
0	保留
1	SID/Label Sub-TLV
2	Adj-SID Sub-TLV
3	LAN Adj-SID Sub-TLV

（续表）

类型	含义
4	Network-to-Router Metric Sub-TLV
5	RTM Capability
6	OSPFv2 Link MSD
7	Graceful-Link-Shutdown Sub-TLV
8	Remote IPv4 Address Sub-TLV
9	Local/Remote Interface ID Sub-TLV

其中类型 4 Network-to-Router Metric Sub-TLV 用于 Two-Part Metric 机制。类型 1、2、3 主要用于 Segment Routing 机制。下面主要结合类型 7、8、9 描述平滑链路关闭（Graceful Link Shutdown）机制。

（1）平滑链路关闭机制的原理

出于网络维护等目的，需要将路由器从网络中移除而又不对流量产生影响，可以采用 Stub 路由器或者 Host 路由器机制。这些方法的核心是通过主动将本地通告的链路权重修改为最大值，影响周围节点的最短路径计算，迫使其寻找更短路径。这种方法主要应用于节点关闭的情况，在实际应用中，有时不关闭整个路由节点，而仅关闭部分链路（例如对某些板卡进行升级，此时只需要关闭这个板卡的相应链路再对板卡进行升级即可）。

为了消除关闭链路对网络数据转发产生的影响，可以借鉴 Stub 路由器和 Host 路由器的机制。在关闭链路之前，将本地链路权重调整为最大值。这种方法存在两个问题：一是对本地所有链路权重进行修改，控制粒度粗，无法精细控制某条链路，因而引入了一些不必要的代价；二是将本地链路权重修改为最大值的方法只能影响到本地流量出口路径的选择，实际对入口流量不一定会产生影响。如图 7.14 所示，假定 R4 要关闭 R4—R1 的链路，对该链路进行维护，在关闭之前，R4 将 R4—R1 链路权重调整为 0xFFFF，并主动通告链路状态更新。这种方法将去往 R5 的流量由 R4—R1—R5（路径代价 65545）调整为 R4—R3—R2—R1—R5（路径代价 40）。但是对于 R1 而言，它不采用 R4 通告的 R4—R1 链路权重，使用自己定义的链路权重计算到达 R6 的路径，因此，去往 R6 的流量仍然采用 R1—R4—R6（路径代价 20）。因此，单纯调整一个方向的链路权重，无法在链路关闭前将该链路的流量迁移到其他路径，此时关闭链路将会对链路承载的流量产生影响。

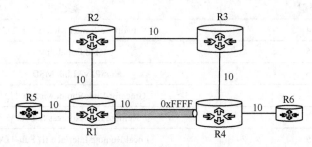

图 7.14　单方修改链路权重无法达到预期影响流量路径的目的

为了解决这个问题，RFC8379 提出了平滑链路关闭机制，基本思路是在关闭链路前将链路权重提高为 Max Link Metric，并通告 LSA 更新，收到该 LSA 更新的邻居路由器，如果发现即将关闭的链路与自己相连，也将该链路权重调整为 Max Link Metric，并更新 LSA。即链路一方将权重提升后，链路另一方也配合将对应链路权重提升，使双向链路权重都变为 Max Link Metric，将经过该链路的流量迁移后，再将链路关闭，消除链路关闭对流量转发产生的影响。

（2）平滑链路关闭机制的相关子 TLV

为支持平滑链路关闭机制，定义如下 3 个子 TLV 对相应链路属性进行描述。

1）平滑链路关闭子 TLV。通过携带该子 TLV 通告本地发起链路平滑关闭事件，其格式如图 7.15 所示。该子 TLV 仅用于通告事件的发生，类型为 7，不包含值信息。

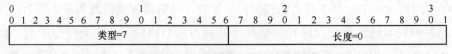

图 7.15　平滑链路关闭子 TLV 格式

2）远端 IPv4 地址子 TLV。当两个路由器之间存在多条链路时，拓展链路信息描述中 Link ID 为对端的路由器 ID，Link Data 为本地接口 IP 地址，无法精确识别对应的链路。如图 7.16 所示，R1 通告的 Link ID=R2，Link Data=I.x，R2 不清楚本地使用的是 I.m 接口还是 I.n 接口与 R1 的 I.x 相连。此时，需要通过子 TLV 进一步描述该链路在邻居路由器相应接口的 IP 地址，格式如图 7.17

所示，R1 在已有链路状态信息基础上，明确指定本地连接的对端 IP 地址为 I.m，邻居路由器 R2 就能精确定位 R1，关闭 I.x—I.m 链路。

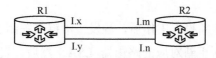

图 7.16　节点之间存在并行链路

图 7.17　远端 IPv4 地址子 TLV 格式

3）本地/远端接口 ID 子 TLV。当两个路由器之间存在多条链路，且链路采用无编号方式时，也存在链路双方如何精确定位是哪条链路的问题。对于本地接口编号是容易获取的，但是该链路连接的对端接口编号只能通过 RFC4203 定义的机制获取，该子 TLV 格式如图 7.18 所示。

图 7.18　本地/远端接口 ID 子 TLV 格式

（3）不同链路类型的平滑链路关闭机制

1）点到点链路、点到多点链路、混合广播与点到点链路

对于即将关闭链路的节点而言，当链路关闭之前，将指定链路权重设定为 Max Link Metric，并发出拓展链路不透明 LSA，该 LSA 携带拓展链路 TLV、平滑链路关闭相关的子 TLV。该 LSA 将在区域内洪泛，收到该 LSA 的节点通过分析子 TLV 发现即将平滑关闭的链路与本节点相关联，那么本节点将响应该事件，定位对应的链路，并将对应链路权重设定为 Max Link Metric，然后重新通告本地路由器 LSA，从而将区域内所有节点 LSDB 指定链路的出口和入口权重同步更新为 Max Link Metric。

对于多拓扑网络而言，链路权重的改变将影响所有包含该链路的拓扑，与该关闭链路关联的远端节点，也将该链路在所有拓扑的权重设定为 Max Link Metric，并重新通告。

当被关闭的链路重新投入工作后，源发平滑链路关闭子 TLV 的节点将对应权重恢复正常，并重新更新对应的路由器 LSA。然后，发送对应的拓展链路不透明 LSA 老化报文，或者重新发送拓展链路不透明 LSA 且不携带平滑链路关闭子 TLV。该链路关联的邻居节点收到该 LSA 后，意识到被关闭的链路重新进入工作状态，于是，重新更新其路由器 LSA，将对应的链路权重重新恢复为之前的值。

2）NBMA/广播网络

OSPF 将 NBMA 和广播网络视为一个星形拓扑，所有节点均连接虚拟节点 DR。在通告链路权重时，多点接入网络的所有节点都是通告自己到 DR 的链路代价，并默认 DR 到节点的链路代价为 0。

当节点计划关闭接入到多点接入网络的链路时，借鉴点到点链路的机制是不可行的。如果本地将到达 DR 的链路权重设定为最大值，作为 DR 的节点在收到平滑链路关闭事件后，将到 DR 的链路代价也设定为最大，会对该多点接入网络的其他节点转发路径产生影响，同时也无法达成使流量从链路迁移的目的。

如图 7.19 所示的多点接入网络。假定多点接入网络中节点 A 作为 DR，节点 D 计划关闭多点接入网络链路进行维护。假定节点 D 将多点接入网络权重设定为 Max Link Metric 并更新 LSA，然后通告平滑链路关闭事件，作为 DR 的节点 A 响应该事件，并将到多点接入网络的链路权重也设定为 Max Link Metric，将会使网络数据转发路径出现非预期的结果。在节点 D 增加了多点接入链路权重后，节点 Y 发向节点 B 的流量将从原来的多点接入链路 Y—D—P—B（路径代价 65545）迁移到 Y—B 链路（路径代价 1000），达到了流量迁移目的。但是对于节点 B 而言，它发向节点 Y 的流量，仍然经过多点接入链路 B—P—D—Y（路径代价 20），流量迁移目的没有达成。对于节点 A 而言，为了响应节点 D 的链路关闭事件，将多点接入链路代价提升，导致 A 发向节点 X 的流量不再经过 A—P—C—X 路径（路径代价 65545），而是经过 A—X 路径（路径代价 1000）。即节点 D 的多点接入链路关闭，甚至影响多点接入网络其他节点的网络流量路径。

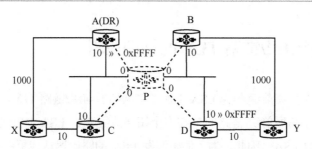

图 7.19 多点接入网络中无效的平滑链路关闭方式

因此，多点接入网络中需要采用独特的机制处理平滑链路关闭事件。Two-Part Metric 恰恰可以用来达成平滑链路关闭的目的。当节点计划平滑关闭多点接入链路时，通过路由器 LSA 通告 Router-to-Network 权重为 Max Link Metric，然后再通过拓展链路不透明 LSA 承载拓展链路 TLV、平滑链路关闭子 TLV 以及 Network-to-Router Metric 子 TLV，将 Nework-to-Router 权重设定为 Max Link Metric。通过这种方法，可以将多点接入链路的出口权重和入口权重都设定为 Max Link Metric，将流量从该链路迁移，而又不会对多点接入网络中其他节点的流量路径产生影响。

如图 7.20 所示，当节点 D 计划平滑关闭多点接入网络时，只需要它使用路由器 LSA 通告出口最大权重，使用 Two-Part Metric 机制通告最大入口权重，这样节点 Y 发向节点 B 的流量，将从多点接入链路 Y—D—P—B（路径代价 65545=10+0xFFFF+0）迁移到 Y—B 链路（路径代价 1000）；节点 B 发向节点 Y 的流量，从原来的多点接入链路 B—P—D（路径代价 65555=10+0xFFFF+10），迁移到 B—Y 链路（路径代价 1000），达到了双向流量从多点接入链路迁移的目的，实现平滑链路关闭，而且对多点接入网络其他节点的流量转发路径不产生影响。

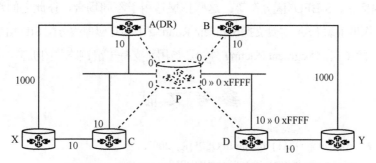

图 7.20 多点接入网络有效的平滑链路关闭方式

7.5.3 拓展前缀/链路 TLV 的处理逻辑

如果同一个拓展前缀/链路 LSA 出现了多次拓展前缀/链路 TLV，则只使用第一个。如果同一个拓展前缀/链路 TLV 在多个拓展前缀/链路 LSA 中出现，那么采用不透明 ID 最小的 LSA。因此，为了便于源发 LSA 的路由器迭代更新拓展前缀/链路 TLV 信息，其在填充不透明 ID 字段时，采用降序方式，以便接收路由器基于不透明 ID 鉴别最新的拓展前缀/链路 TLV 信息。如果从多个路由器收到同一条拓展前缀 LSA 的通告，则查看通告路由器是否位于本地到达该前缀的最短路径，优选采用位于最短路径的路由器通告的信息。

7.6 小结

本章阐述了 OSPF 协议拓展机制。为了避免引入更多 LSA 类型，OSPF 拓展机制按照 LSA 的扩散范围定义了 3 种，每种特性拓展可以依据 LSA 的传播范围决定使用哪一种，因为与具体功能特性无关，这 3 种 LSA 称为不透明 LSA。不透明 LSA 的不透明类型用于拓展特定应用，每一种类型的引入往往与特定应用场景相关，如支持流量工程的 TELSA、支持平滑重启引入的 Grace-LSA、支持 Segment Routing 的 Extended Prefix/Link LSA 等。特定应用的 LSA 采用 TLV 格式描述，且可以进一步通过嵌入子 TLV 描述更为详细的信息。基于不透明 LSA 的应用拓展很多，例如路由器信息 LSA 包含路由器信息类能力、路由器功能类能力、动态域名、管理标签、S-BFD 区分符等。这些拓展适用于不同场合，彼此之间没有依赖和关联。拓展前缀 LSA 主要支持 Segment Routing 中为对应前缀分配 SID 信息，拓展链路 LSA 除了支撑 Segment Routing 外，还被用于支持平滑链路关闭机制。

参 考 文 献

[1] IETF. Multi-topology (MT) routing In OSPF[R]. 2007.
[2] IETF. OSPFv2 multi-instance extensions[R].2012.

[3]　IETF. Traffic engineering (TE) extensions to OSPF version 2[R]. 2003.

[4]　IETF. Graceful OSPF restart[R]. 2003.

[5]　IETF. OSPFv2 prefix/link attribute advertisement[R]. 2015.

[6]　IETF. Extensions to OSPF for advertising optional router capabilities[R]. 2016.

[7]　IETF. OSPF advertisement of tunnel encapsulations[R]. 2021.

[8]　IETF. Dynamic Flooding on Dense Graphs[S]. 2020.

[9]　IETF. OSPF stub router advertisement[R]. 2013.

[10] IETF. Point-to-point operation over LAN in link state routing protocols[R]. 2008.

[11] IETF. OSPF-xTE: experimental extension to OSPF for traffic engineering[R]. 2007.

[12] IETF. OSPF two-part metric[R]. 2016.

[13] IETF. Host router support for OSPFv2[R]. 2020.

[14] IETF. Dynamic hostname exchange mechanism for OSPF[R]. 2009.

[15] IETF. OSPF extensions for segment routing[R]. 2019.

[16] IETF. IGP Flexible Algorithm[S]. 2021.

[17] IETF. OSPFv2 extensions for bit index explicit replication (BIER)[R]. 2018.

[18] IETF. OSPF two-part metric[R]. 2016.

[19] IETF. Residence time measurement in MPLS networks[R]. 2017.

[20] IETF. Signaling maximum SID depth (MSD) using OSPF[R]. 2018.

[21] IETF. OSPF graceful link shutdown[R]. 2018.

第 8 章

OSPF 与快速重路由

8.1 快速重路由框架

8.1.1 网络故障带来的挑战

随着网络技术的不断发展，IP 网络逐渐被用来承载语音、在线视频等业务，这些业务对实时性要求高，对丢包和时延敏感，需要网络能够提供持续且稳定的端到端传送能力。

然而，网络有时会失效，确切地说某一部分失效。从网络互联的角度来看，主要包括两类失效：一类为链路失效，包括线缆断裂、网络接口松动、维护性的链路关闭等；另一类为节点失效，包括电力问题、路由器崩溃、维护性的设备关闭等。

针对 IP 网络中链路和节点失效问题，OSPF 协议通过自身协议收敛方式进行应对，检测到邻居会话失效、发送更新链路状态数据、重新通过 SPF 计算得到新的转发路径，实现通信的恢复。整个过程中，原先经过故障点的数据将被直接丢弃或者受收敛期间短暂的环路影响而被丢弃。数据传送的中断时间通常持续几秒甚至几十秒，丢包和时延敏感类业务对网络传输中断的容忍时间是 50ms。按照 OSPF 故障修复机制，其故障恢复时间远远超过了 50ms，不能满足支撑新业务的需求。

8.1.2　应对网络故障的思路

为了改进协议机制，满足新业务对网络的需求，需要深度分析故障发生后到数据转发恢复正常所经历的阶段和所需要的时间，以寻求更好的解决思路。

故障发生后到 OSPF 协议重新建立有效转发路径所经历的步骤及所需时间如下。

（1）故障检测时间：基于物理层信号丢失的故障检测时间约几毫秒，基于 OSPF 的 Dead 定时器超时检测时间约几十秒。

（2）响应故障的时间：协议感知到故障后，产生并发送拓扑更新 LSA，其间可能存在一些源发 LSA 的时延，这个过程需几毫秒时间。

（3）更新的 LSA 在整个网络中洪泛的时间：随着网络规模的不同而存在差异，一般在每一跳需要消耗 10～100ms。

（4）触发 SPF 计算时间：通常需要几毫秒。

（5）将路由表更新到转发表的时间：这与具体实现有关，也与故障所影响的前缀数量有关，通常需要几百毫秒。

上述过程中，引发数据丢失的时机分为两类，一类为检测到故障之前，另一类为检测到故障之后。在故障尚未被检测出时，故障点的上游路由器会持续向故障点发送数据，这些数据将会丢失。这个过程引起的数据丢失是不可避免的。但是，故障的检测时间可以通过一些机制来缩短，如检测物理层信号丢失、FastHello 以及 BFD 机制。通过这些机制可以将故障检测时间缩短为几十毫秒，从而减少故障发现期间丢失的数据。

后续的数据丢失主要是因为"micro-loops"（微环路）引起。微环路指上述（3）、（4）、（5）描述的协议收敛期间，各个路由器之间的转发表项不一致导致的短暂环路。

为了减少数据传送中断时间，可以考虑两种机制。

（1）保护路径机制。当故障点的上游节点检测到故障后，立刻调用预先计算的保护路径，确保数据的持续传送。但要确保这条保护路径不被协议的收敛过程影响。

（2）无环收敛机制。当故障点的上游节点检测到故障后，触发协议收敛过程，确保收敛期间数据转发不受微环路影响。

保护路径机制和无环收敛机制主要用于解决网络拓扑变化时短暂的数据转发失效问题，但是两者侧重点各有不同。保护路径机制侧重网络故障时的快速保护，如何将流量从故障路径迁移到保护路径上，保障数据的持续转发；无环收敛机制则着重解决协议收敛期间，在各个节点路由不一致情况下，如何避免路由环路导致的数据转发环路问题，保障数据有效转发。将两种机制融合是保障故障发生后协议收敛过程数据转发中断的有效方案。

8.1.3　IP FRR 框架

RFC5714 给出了一种 IP 快速重路由（IP FRR）的框架。快速重路由的目标是检测到网络故障发生后，在协议收敛期间，保证数据持续转发不中断，同时在网络稳定情况下使用最优路径进行数据转发。

快速重路由框架融合快速故障检测技术，实现故障的快速发现；融合保护路径技术，实现对网络故障的快速响应和数据转发路径的快速切换，保障数据转发不中断；融合无环收敛技术，保证收敛期间路径的持续有效，避免环路引起转发中断。

首先，在协议处于收敛状态时，通过保护路径建立技术在网络中的相应节点计算和建立保护路径，避免网络故障发生时，相应的节点因为路由失效导致数据转发失败。网络中的链路故障是随机的，如何动态地发现和建立保护路径，并确保保护路径技术的可扩展性，是保护路径建立技术必须要解决的问题。

其次，保护路径只能短期使用，如果故障时间较长，则需要启动协议收敛，以便在所有节点重建有效路由。但是在协议收敛过程中会出现环路，进而引发数据丢失。无环平滑收敛技术可确保协议收敛期间不会出现环路。

最后，确定将数据转发路径从保护路径迁移到收敛后的最优路径的时机。RFC5286 给出了终止使用保护路径并启动收敛路径的时机。

（1）如果收敛后的下一跳节点转发路径不受网络故障影响，则立刻切换。

（2）如果配置的切换定时器超时，则立刻切换。定时器大小要比网络收敛时间长，确保所有节点都已经完成 SPF 计算。

（3）如果接收到表明网络中发生了另一个故障的消息，则立刻切换，这意味着网络中发生了并发故障。并发故障可能影响当前使用的保护路径，此时再使用保护路径进行数据转发可能产生难以预测的问题，因此，应当回归到正常的收敛过程。

8.2　基于本地修复机制的快速重路由

8.2.1　节点的势能

自然界之所以发生水往低处流的现象，从物理学角度讲，是因为地理位置海拔高度不同而产生的势能差。借助水流势能概念，定义网络中节点的"寻路势能"。即将数据流的目的节点作为零势能点，对非目的节点，按其与目的节点的链路权重累计计算路径代价，将最小的路径代价定义为当前节点的势能值，网络中去往目的节点的数据总是沿着势能降低的方向转发。

为了在探讨快速重路由机制时不产生歧义，约定所有节点只采用了等价多路径路由（Equal-Cost Multi-Path Routing，ECMP）进行数据转发。为了简化表述和表达的准确性，有以下约定：

D，数据的目的节点；

Link (B, E)，节点 B 到节点 E 的链路；

PLR (Point of Local Repair)，本地修复节点，为故障链路的上游节点；

Dist (S, D)，节点 S 到节点 D 的最短路径代价；

SPF (N)，节点 N 的最短路径树；

rSPF (N)，以节点 N 为根的反向最短路径树；

Cost (X, Prefix)，节点 X 通告的其到达 Prefix 的链路代价。

8.2.2 LFA

结合势能导向的概念，探讨在出现网络故障时的 IP 快速重路由方案。网络故障为一种网络组件发生故障的概括性说法，通常网络故障可以包括链路故障、节点故障以及共享风险链路组（Shared Risk Link Group，SRLG）故障等。

（1）链路故障的 LFA

如图 8.1 所示，考虑节点采用 ECMP 转发策略，当 Link(b, e)出现故障时，b 如何选择重路由方案。对于节点 b 而言，其节点势能要高于 d、c、f、e 4 个邻居节点。当 Link(b, e)出现故障后，节点 f 作为节点 b 去往目的节点 j 的等价下一跳，其势能要低于邻居节点 d、c，因此，节点 b 会更加倾向选择节点 f 作为 Link(b,e)的快速重路由节点。

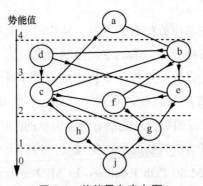

图 8.1 势能导向有向图

PLR 节点总是选择比自己势能低的邻居节点作为故障链路的快速重路由节点，且保证数据转发过程中不会出现转发环路。这个快速重路由节点被称为 LFA（Loop-Free Alternate）。图 8.1 中针对目的节点 j 而言，PLR 节点 b 针对 Link(b,e)故障选择的 LFA 节点为 f。

势能概念只是帮助读者更好理解 LFA 选择原理，在 PLR 节点通过 SPF 算法进行 LFA 节点计算时需要更为严密的计算逻辑。使用最短路径算法的描述方式，PLR 节点 S 针对去往目的节点 D 的数据所经过的链路 Link(S,E)进行保护，Link-LFA 节点的选择约束规则为：

$$\text{Dist}(N, D) < \text{Dist}(S, D) \tag{8.1}$$

式（8.1）的规则严格满足势能降低的描述，也就是说对于节点 S 而言，只要邻居节点 N 的势能低于节点 S 的势能，那么这个邻居节点就可以作为链路故障的 LFA 节点（记为 Link-LFA）。

进一步回顾图 8.1，是否存在势能更高的节点，也可以作为 Link-LFA 节点呢？如果节点 b 将流量导向节点 a，也可以保证数据被无环转发到目的节点 j，因为节点 a 去往目的节点 j 的路径并不经过节点 b。这就意味着势能更高的节点也可以被拓展作为 LFA 节点。但是，如果节点 a 去往目的节点 j 的路径经过节点 b，那么它就不能作为 LFA 节点了。这就意味着并不是所有势能更高的节点都可以作为 LFA 节点。因此，可以将式（8.1）的规则进行拓展，将那些势能更高的节点也加入备选 LFA 集合，扩大 Link-LFA 节点的选择范围。可以将式（8.1）的规则放宽为：

$$\text{Dist}(N, D) < \text{Dist}(N, S) + \text{Dist}(S, D) \tag{8.2}$$

式（8.2）无视了当前节点和邻居节点的势能差异，只要邻居节点 N 去往目的节点 D 的路径不经过当前节点 S，就可以被选定为 Link-LFA 节点。

按照上述不等式约束，节点 S 运行 OSPF 协议，针对目的节点 D 运行 SPF 算法计算得到最优下一跳 E，然后运行 LFA 算法，计算 Link (S, E) 的 LFA 节点。节点 S 需要以所有邻居节点 N_i（不包括邻居节点 E）为根，运行 SPF 算法，计算出邻居节点 N_i 的生成树 $\text{SPF}(N_i)$，从该生成树上可以得到 $\text{Dist}(N_i, D)$ 和 $\text{Dist}(N_i, S)$ 路径代价，并依照式（8.2）判定节点 N_i 是否可以作为 Link-LFA 节点。

针对每个目的节点的最优下一跳链路，通过 Link-LFA 计算可能发现多个 LFA 节点，PLR 节点可以依据本地管理员定义的策略（例如第 7 章中提到的 OSPF 节点管理标签）决定使用哪个邻居作为 LFA，并预先安装对应的转发表，以便在故障发生后能够及时将流量引入 LFA 节点（实际上就是修改下一跳和出接口）。对于作为 LFA 的节点而言，并不会感知到已充当了别人的 LFA，除了执行标准的协议过程和基本的 IP 转发外，它不需要做任何额外的操作。

（2）节点故障的 LFA

如果网络中只提供链路保护功能，在网络中出现节点故障时，就可能因为关联的并发链路故障而导致环路或黑洞产生。

节点故障意味着并发的多条链路同时出现故障，如图 8.2（a）所示的拓扑中，节点 S 针对 Link (S, E) 预先计算得到 LFA 节点为 N，因为节点 N 的势能低于节点 S，满足式（8.1）；节点 N 针对 Link (N, E) 预先计算得到 LFA 节点为 S，虽然节点 S 的势能比 N 高，但是 S 到达目的节点的路径不经过节点 N，满足式（8.2）。当路由器 E 发生故障后，S 节点检测到 Link (S, E) 故障，于是将去向 D 的流量直接转发给节点 N；N 检测到 Link (N, E) 故障，将去向 D 的流量转发给节点 S。节点 S 和节点 N 都使用了 LFA 进行故障避让，但是却在保护路径之间产生了环路。这里之所以出现了环路，是因为数据在流转过程中势能没有下降反而增高，如果没有有效的机制防止流量重新流回起点，那么环路产生是不可避免的。

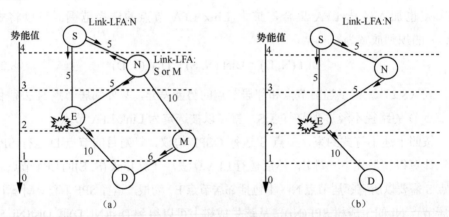

图 8.2　单链路保护无法应对相关链路并发故障

如果图 8.2（a）中节点 N 在计算 LFA 节点时，按照式（8.1）约束，选择比自己势能低的节点 M 作为 LFA，那么当节点 E 出现故障时，S 将流量中转给节点 N，N 将流量中转给节点 M，此时，所有流量都是按照势能降低的方向流动，因此，不会出现转发环路。

针对链路故障计算 LFA 时，按照式（8.2）选择势能高的节点作为 LFA，可以明显提高 LFA 的覆盖率。如果节点都是按照式（8.1）选择 LFA 节点，那么图 8.2（b）中节点 N 将无法得到有效的 LFA，也就无法对 Link(N, E) 故障进行保护。此时，如果节点 E 发生了故障，节点 S 利用保护链路将流量导向节点 N，节点 N 没有针对 Link (N, E) 的保护链路，导致流量在节点 N 丢弃，虽然环路不会发生，但是数据转发已被中断。

从上面示例中可以看出，针对单条链路故障而预先计算的 LFA 可以从容应对单条链路故障，然而，当网络中因为节点故障产生并发关联的链路故障时，再采用链路保护 LFA 就可能会引入转发环路或黑洞问题。

分析节点出现故障时产生环路的原因。直观上理解，节点出现故障时，PLR 节点在计算 LFA 时的条件应该更加苛刻。假定 Link(S, E) 出现故障前，节点 S 去往目的节点 D 的最优下一跳为 E，如果 S 的邻居节点集合中存在一个节点 N，其势能比节点 E 的势能低，那么节点 S 将流量转发给 N 后，N 会沿势能降低的方向将流量转发到目的节点 D，而不会出现环路。此时，因为节点 N 的势能比节点 E 低，所以 N 不会将流量引入节点 E，且 N 到目的节点 D 的路径也必然不经过节点 E。满足这种条件的 N 就可以作为故障节点 E 的 Node-LFA，即：

$$\text{Dist}\,(N, D) < \text{Dist}\,(E, D) \qquad\qquad (8.3)$$

式（8.3）的规则严格满足势能降低的描述，也就是说对于节点 S 而言，只要邻居节点 N 的势能低于 E 节点的势能，那么这个邻居节点就可以作为 LFA 节点。如图 8.3 所示，按照式（8.3）要求，节点 S 发现邻居节点 Q 的势能要低于节点 E，那么当节点 E 发生故障时，S 可以将流量转发节点 Q，实现流量的不间断转发。

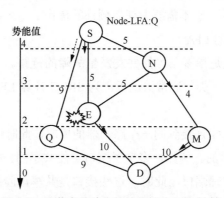

图 8.3　以节点故障为保护目标的 LFA 计算

回顾链路故障时，式（8.2）可以将链路故障时 Link-LFA 的选择条件放宽，那么在节点故障时 Node-LFA 的计算条件是否也可以放宽？在图 8.3 中，节点 N 的势能要高于节点 E，但是节点 N 去往目的节点 D 的路径不经过节点 E，因此，当节点 E 出现故障时，S 若把流量交付给节点 N，也不会有转发环路的产生，仍然可以保证不间断数据转发。于是，在节点 E 出现故障时，计算 Node-LFA 的式（8.3）可以进一步放宽为：

$$Dist (N, D) < Dist (N, E) + Dist (E, D) \qquad (8.4)$$

式（8.4）规则放宽了作为 LFA 节点的条件，包含了势能比故障节点 E 更高的节点，只要这些节点去往目的节点 D 的路径不经过故障节点 E 即可。

按照式（8.4）约束，节点 S 运行 OSPF 协议，针对目的节点 D 运行 SPF 算法计算得到最优下一跳节点 E，然后运行 Node-LFA 算法，计算针对节点 E 故障时的 LFA 节点。节点 S 需要以所有邻居节点 Ni（包括邻居节点 E）为根，运行 SPF 算法，计算出邻居节点 Ni 的生成树 SPF(Ni)，从该生成树上可以得到 Dist (Ni, D)、Dist (Ni, E)、Dist (E, D) 路径代价，并依照式（8.4）判定节点 Ni 是否可以作为 Node-LFA 节点。

针对每个目的节点 D 的最优下一跳节点 E，通过 LFA 计算可能发现多个 LFA 节点，PLR 节点可以依据本地管理员定义的策略决定哪个邻居节点作为 LFA，并预先安装对应的转发表，以便在故障发生后能够及时将流量引入 LFA 节点。作为 LFA 的邻居节点，并不会感知已充当了 LFA，除执行标准的协议过程和基本的 IP 转发外，它不需要做任何额外的操作。

（3）SRLG 故障的 LFA

共享风险链路组是指多条可能并发发生故障的链路。节点故障引起的多条链路故障是 SRLG 的一类。通常情况下，为 SRLG 计算 LFA 可能会产生不可接受的计算复杂度。

如果仅考虑 SRLG 连接到同一个路由器的情况，此时针对这些 SRLG 进行 LFA 计算是相对容易的。例如，多个子接口可能共享同一个物理接口，多个接口可能使用同一个物理端口，此时，这些接口是共享风险的链路组。一个接口故障或者一个线卡故障都可能引发多个相关接口的故障。这种 SRLG 被定义为 local-SRLG。属于同一个 local-SRLG 的链路都连接到同一个路由器上，此时可以使用 Node-LFA 算法计算 SRLG 的 LFA 节点，实现对 SRLG 故障的保护。

（4）多点接入网络场景下的 LFA 计算

在多点接入网络中，不同的节点通过同一个物理媒介交互，物理媒介包括以太网、帧中继网络等。接入该网络中的物理接口失效或者节点失效，通常只会影响自身与网络其他节点的通信，对该网络的其他节点间的通信不产生影响。如图 8.4（a）所示，节点 S、E、N 通过中间交换机互联，构成一个广播网络，若节点 S 接口故障（例如与中间互联交换机的网络接口松动）或者节点 S 故障，意味着节点 S 与网络上其他所有节点连接中断，但是该网络上的节点 E 和 N 仍然可以通过中间的交换机互联互通，多点接入网络中的故障类型如图 8.4（b）所示。只有当中间的交换机出现故障时，才会导致整个广播网络失效，接入该网络上的所有节点都将无法互通，如图 8.4（c）所示。对于接入多点接入网络中的节点而言，究竟是本地与中间交换机的链路故障导致其连接失效，还是中间交换机故障导致其连接失效，这两种情况是无法区分的。从协议处理角度来说，将这两种情况都视为多点接入链路故障。

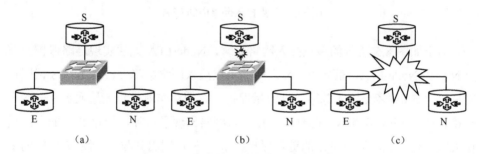

图 8.4　多点接入网络中的故障类型

多点接入网络中的链路故障和节点故障与点对点链路完全不同。

OSPF 协议在进行 SPF 计算时，针对多点接入网络会产生一个虚拟的节点。如图 8.5 所示的多点接入网络中，节点 S 的多点接入链路故障，应当理解为整个多点接入网络的故障。从 OSPF 协议视角来看，意味着节点 S、N、E 之间的连通性丧失。所以，多点接入链路的故障可以被视为虚拟节点 PN 故障。因此，针对多点接入链路的故障计算 LFA，将不再采用式（8.2），而应当采用式（8.4），即：

$$Dist\,(N, D) < Dist\,(N, PN) + Dist\,(PN, D) \qquad (8.5)$$

对于普通的点到点链路而言，节点故障的 LFA 可以实现链路故障保护，因为此时经过 LFA 到达目的节点的路径不会经过故障节点，也就不会经过相应的故障链路。对于多点接入网络而言，这种说法无法成立。如图 8.5 所示，对于节点 S 而言，节点 N 可以作为故障节点 E 的 Node-LFA，当节点 E 失效后，意味着节点 E 与多点接入网络中的 PN 失效，此时多点接入网络仍可以工作，节点 S 将流量通过 S—PN—N 路径送达 LFA 节点 N，实现数据的不中断转发。

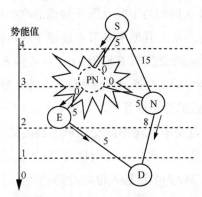

图 8.5　多点接入网络中的 LFA

对于如图 8.5 所示的多点接入网络而言，Node-LFA 无法实现链路保护。节点 N 作为 Node-LFA，假定 E、N 之间的多点接入网络故障，PLR 节点 S 试图使用 Node-LFA 对多点接入链路进行流量保护，它的动作就是将流量通过 S—PN—N 路径送达 LFA 节点 N，此时该多点接入网络出现了故障，导致 S—PN—N 路径失效，也就无法提供有效的链路保护。节点 S 识别出其与下一跳节点 E 的多点接入链路故障，无法识别与节点 N 的多点接入链路故障，所以会一直保持多点链路接口可用。在 S 与 N 之间会出现两条有效链路，一条为多点接入链路，另一条为点到点链路，前者路径代价更低。所以，节点 S 会将去往 N 的流量通过多点接入链路发送，这是多点接入链路环境中，Node-LFA 无法实现链路保护的原因。

因此，为了实现多点接入链路的流量保护，需要保证两个方面：一方面是节点 S 去往保护节点 LFA 的最短路径不经过多点接入链路；另一方面是从 LFA 去往目的节点的最短路径不经过多点接入链路。后者通过式（8.5）在选择 LFA 节点时就可以实现，前者则需要流量偏转点 PLR 选择下一跳出接口时避开相应的多点接入链路接口。这一规则对计算 SRLG 故障时的保护节点同样适用，仍然需要保证 PLR 节点在偏转流量到 LFA 节点时，不能经过被保护的多点接入链路。

（5）ECMP 场景的 LFA 计算

针对一些前缀而言，有的节点会存在 ECMP 路径，此时去往目的节点存在多个下一跳节点。其中一个下一跳节点的链路发生故障后，其他的下一跳节点可以很自然地成为 LFA 节点，PLR 节点将流量偏转到这些节点上，保证持续的数据转发。

作为等代价多路径下一跳的节点并不总能提供链路保护能力。如图 8.6 所示，节点 E1、E2 和 E3 作为节点 S 去往目的节点 D 的 ECMP 下一跳节点。其中 S、E1、E2 接入多点接入网络，中间的 PN 节点为 OSPF 生成的虚拟节点。对于多点接入网络而言，节点 E2 只能作为 E1 节点故障的 Node-LFA，而无法作为多点接入链路的 Link-LFA。节点 E3 可以作为多点接入网络故障的 Link-LFA，实现对多点接入链路的保护。节点 E1 和 E2 可以作为链路 Link(S,E3) 和节点 E3 的 Link-Node-LFA。节点 N 作为 S 的邻居节点，不是 ECMP 下一跳节点，但是可以作为多点接入网络的 Link-LFA，也可以作为 E1、E2、E3 节点故障的 Node-LFA。从这个例子也可以进一步看到，对于点到点链路，Node-LFA 可以实现 Link-LFA 的保护效果，但是对于多点接入链路，Node-LFA 无法保证具备 Link-LFA 的能力。

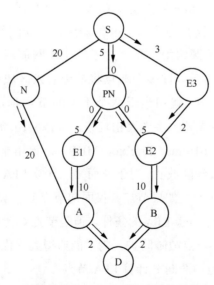

图 8.6　等代价多路径下一跳节点的保护能力有限

对于 PLR 节点而言，在选择 LFA 节点时，选择覆盖故障情况更多的节点作为 LFA 可以简化操作，提高故障保护的范围。

（6）节点 LFA 和链路 LFA 的优选规则

对于支持快速重路由能力节点，应当针对去往每个目的节点的下一跳计算 LFA 节点。可能有多个 LFA 节点满足给定的节点或者链路保护要求，应当选择覆盖更多故障情况的节点作为 LFA 节点。详细的优选规则描述如下。

- 首选具备节点故障防护能力的 Node-LFA，如果 Node-LFA 不存在，则选择具备链路故障防护能力的 Link-LFA。
- 拥有具备节点和链路故障防护能力的 LFA，同时拥有只具备节点故障防护能力但不具备链路故障防护能力的 LFA（如多点接入网络），则优选同时具备节点和链路故障防护能力的 LFA 节点。
- 拥有多个 ECMP 时，首选能提供节点或链路故障防护能力的 LFA 节点，如果不存在这样的节点，则选择其他非 ECMP 的 LFA 节点。

8.2.3　LFA 在 MHP 场景的应用

对于 OSPF，在基于 SPF 算法实现 LFA 节点计算时，将目的地前缀视为一个目的节点，进行最短路径的计算。这意味着基于 SPF 算法计算 LFA，只能针对一个节点实施，即单源路由场景。对于链路子网前缀、区域间路由前缀或者外部路由前缀，可能会通过多个节点将前缀引入区域中，此时同一个前缀从多个节点进行了通告。就相当于两个不同的节点都通告了一个相同的前缀，如图 8.7 所示的场景称为多源路由场景，多源路由场景中通告的网络前缀称为多归路前缀（Multi-Homed Prefix，MHP）。该拓扑中，区域间路由前缀 P 通过 ABRE 和 F 扩散到区域 0。对于 S 而言，计算 LFA 时，需要计算每个邻居到达 P 的最短路径代价。如果节点 S 仅面向节点 E 计算 Link (S,E)的 LFA 节点，可得到节点 C 满足 Link-LFA 的条件。但是节点 C 无法作为节点 E 出现故障时的 Node-LFA 提供节点故障防护。为了能够得到更优的 LFA，实现更多的故障覆盖，节点 S 也应当面向 F 计算 LFA 节点。

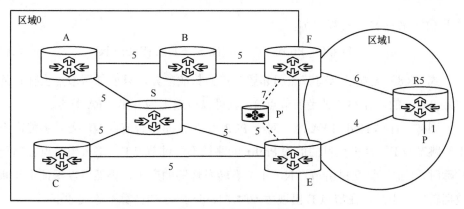

图 8.7　多源路由场景

　　针对每一个前缀源发节点计算 LFA 的操作是复杂的。为简化多源前缀场景 LFA 的计算，采用虚拟节点方法。如图 8.7 所示，在计算 LFA 节点时，节点 S 将目的前缀 P 在当前区域 0 内虚拟为一个节点 P′，将节点 E 和 F 的通告到达 P 的路径代价转化为 Link (E, P′)和 Link(F, P′)的链路代价，这样就可以采用 SPF 算法，计算从当前节点到虚拟节点 P′的最短路径。

　　针对 MHP 场景，RFC8518 给出了计算 LFA 的不等式约束。针对目的节点 D 的 LFA 计算不等式通常用到节点 S 到目的节点 D 的最短路径距离，这个距离通常记作 Dist (S, D)。针对 MHP 场景，需要计算节点到多源前缀 Prefix 的最短路径距离，将这个距离表述为：

$$\text{Dist}(N, \text{Prefix}) = \text{Min}(\text{Dist}(N, D_i) + \text{Cost}(D_i, \text{Prefix})) \qquad (8.6)$$

　　即节点 N 到达 Prefix 的距离为节点 N 到达所有前缀通告节点 D_i 的最短路径距离路径集合中的最小值。

　　于是，针对目的节点的 Link-LFA 和 Node-LFA 计算不等式可以被重新改写。

　　PLR 节点 S 对去往目的前缀 Prefix 的数据所经过的链路 Link(S, E)进行保护，LFA 节点 N 的选择约束规则为：

$$\text{Dist}(N, \text{Prefix}) < \text{Dist}(S, \text{Prefix}) \qquad (8.7)$$

　　与不等式（8.1）规则类似，不等式（8.7）也严格满足势能降低要求。

　　对不等式（8.7）约束条件放宽，将势能更高的节点也加入备选 LFA 集合，扩大 LFA 节点 N 的选择范围：

$$\text{Dist (N, Prefix)} < \text{Dist (N, S)} + \text{Dist (S, Prefix)} \qquad (8.8)$$

式（8.8）无视了当前节点和邻居节点的势能差异，只要邻居节点去往目的前缀 Prefix 的路径不经过当前节点 S，就可以被选定为 Link-LFA 节点。

同样，计算 Node-LFA 时，对于 PLR 节点 S 的邻居节点 N，若其势能高于下一跳节点 E，且去往目的前缀 Prefix 的路径不经过节点 E，那么当节点 E 出现故障时，S 把流量交付给节点 N，不会有转发环路的产生，仍然可以保证不间断数据转发。于是，在节点 E 出现故障时，Node-LFA 的计算不等式如下：

$$\text{Dist (N, Prefix)} < \text{Dist (N, E)} + \text{Dist (E, Prefix)} \qquad (8.9)$$

下面针对 3 种典型场景探讨 MHP 的 LFA 计算。

（1）多源链路子网前缀

多源链路子网前缀指点到点链路和多点接入网络链路的子网前缀，所有接入这些链路的节点都会通告对应的子网前缀信息。每一个节点先生成到达区域内所有节点的最短路径树，然后，基于最短路径树计算到达子网前缀的路由。

如图 8.8（a）所示的拓扑，节点 S1、E1、E2 接入多点接入网络，并通告子网前缀 P2；链路 A—B 为点到点链路，节点 A、B 分别通告子网前缀 P1。

如图 8.8（b）所示，以 S1 为观测点，其到前缀 P1 的最优下一跳为 E1，为了计算 Link-LFA，将前缀 P1 虚拟为一个节点，将 A—B 链路代理转化为节点 A 到 P1 和节点 B 到 P1 的链路代价，由式 Dist (E3, P1) < Dist (E3, S1) + Dist (S1, P1)，得出节点 S1 针对多点接入网络的 Link-LFA 为 E3，其中不等式的计算依据如下：

$$\text{Dist (E3, P1)} = \text{Dist (E3, B)} + \text{Cost (B, P1)} = 12 + 2 = 14 \qquad (8.10)$$

$$\text{Dist (E3, S1)} + \text{Dist (S1, P1)} = \text{Dist (E3, S1)} +$$

$$\text{Dist (S1, A)} + \text{Cost (A, P1)} = 3 + 14 + 2 = 19 \qquad (8.11)$$

如图 8.8（c）所示，以节点 S2 为观测点，其到前缀 P2 的最优下一跳为 S1，为计算其 Link-LFA，将 P2 虚拟为一个节点，并将多点接入网络的链路代价映射为到达虚拟节点 P2 的链路代价，由不等式 Dist (A, P2) < Dist (A, S2) + Dist (S2, P2)，可以得出节点 S2 针对 P2 的 Link-LFA 为 A，其中不等式的计算依据如下：

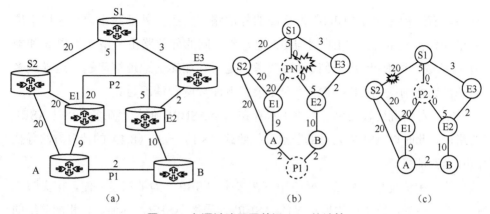

图 8.8　多源链路子网前缀 LFA 的计算

$$Dist \ (A, P2) = Dist \ (A, E2) + Cost \ (E2, P2) = 12+5 = 17 \qquad (8.12)$$

$$Dist \ (A, S2) + Dist \ (S2, P2) = Dist \ (A, S2) + Dist \ (S2, S1) +$$

$$Cost \ (S1, P2) = 20+20 + 5 = 45 \qquad (8.13)$$

针对多源前缀 P2，除了节点 A 可作为 Link-LFA 外，节点 E1 也可以作为 LFA，但是 Dist(E1, P2)为 20，而 Dist(A, P2)为 17，单纯从路径代价来看，节点 A 作为 LFA 更合适，因为它距离目的前缀 P2 的代价更低。实际上，虽然节点 E1 到目的前缀 P2 的代价更高，但是 E1 直接连接 P2 网络，且 P2 前缀也是由 E1 节点进行通告的。所以，针对链路子网前缀而言，不能单纯依赖 LFA 到 MHP 的代价判决 LFA 的优劣。应当遵从一个规则：如果通告 MHP 的节点具备作为 LFA 的条件，则应当优选这类节点作为 LFA。

（2）多源区域间路由前缀

图 8.7 所示的网络场景是典型的多源域间路由前缀场景。与多源链路子网前缀的处理稍微不同，但原理相同。对于多源链路子网前缀，将多源前缀虚拟为节点后，需要将对应链路代价映射为链路端点到达该前缀虚拟节点的链路代价。而对于多源区域间路由前缀，由 ABR 直接通告其到达区域间前缀的路径代价，这个代价将直接映射为 ABR 到 MHP 虚拟节点的链路代价，接下来进行 LFA 计算。

（3）多源外部路由前缀

对于 OSPF 而言，外部路由前缀由 ASBR 进行通告。为了提升路由的可靠性，有时由多个 ASBR 通告相同的外部路由前缀。外部路由前缀采用不同的路径代价度量方式（E1 型与 E2 型）和不同的外部路由类型（类型 5 和类型 7）承载，同时计算路径代价时要考虑是否存在转交地址等问题，这导致多源外部路由前缀的 LFA 计算较为复杂。下面分两种情况讨论。

第一种情况比较简单，网络中只存在一个 ASBR，但是存在多条到达 ASBR 的路径。此时以 ASBR 为目的节点，按照式（8.1）～式（8.4）的计算方法寻找 LFA 节点即可。

第二种情况相对复杂，网络中存在多个 ASBR。为了描述方便，定义节点优选的去往外部路由前缀所经过的 ASBR 为最优 ASBR，其他通告相同前缀的 ASBR 为备用 ASBR。考虑路径代价计算方式、路由通告方式以及转交地址等多个因素，如果随意从备用 ASBR 中选定作为 LFA 的 ASBR 可能会引入难以预料的环路问题。因此，首先定义从备用 ASBR 中选择可以作为 LFA 的候选 ASBR。然后，将外部路由前缀虚拟为节点，建立 LFA 计算所依赖的树结构。最后，再利用不等式约束寻找最优的 LFA 节点。

候选 ASBR 的筛选流程如图 8.9 所示。筛选过程启动时，首选确定当前最优 ASBR 通告外部路由前缀时采用的代价度量类型、路由通告类型、路由通告选项值以及是否使用转交地址等信息，只有上述条件一样的那些 ASBR 才能入选候选 ASBR。

在筛选流程中还需要关注两点内容。

一是 P-bit 的一致性。只有接入 NSSA 的 ASBR 在通告 7 类 LSA 时才会携带 P-bit。只有 NSSA 的节点在计算 LFA 时才会涉及该域的匹配选择问题。

二是转交地址的一致性。ASBR 在通过 LSA5 和 LSA7 通告外部网络前缀时，或许会携带转交地址 FA。如果优选 ASBR 进行路由通告时携带了 FA，则筛选候选 ASBR 时也需要判断其是否携带 FA。也就是说最优 ASBR 和候选 ASBR 要么都携带 FA，要么都不携带 FA，至于 FA 是否一致，则无关紧要。

PLR 节点在候选 ASBR 的筛选过程中，一旦发现满足 ECMP 的 ASBR，则立刻终止循环过程，将该 ASBR 作为候选 ASBR，从邻居节点中查找一个到达该 ASBR 的最优邻居节点作为 LFA 节点。

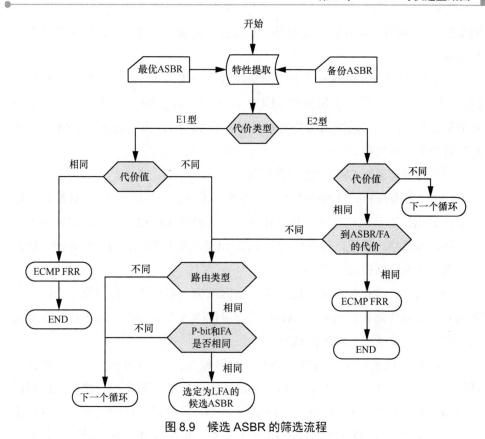

图 8.9　候选 ASBR 的筛选流程

如果整个循环过程中都没有发现满足 ECMP 条件的 ASBR，那么经过上述过程后，会得到一组满足条件的 ASBR。PLR 节点需要依次轮询这些 ASBR，从中找到满足 LFA 不等式的最优邻居节点作为 LFA 节点。

8.2.4　LFA 的有效性与局限性

（1）LFA 的应用效果

采用 LFA 机制，通过在节点或者链路故障前预先建立保护路径，实现链路或者节点故障时的快速重路由。LFA 机制只需要故障节点或者链路的上游节点（PLR 节点）进行 LFA 节点的计算，计算过程不需要其他节点参与。LFA 计算结果只会影响 PLR 节点的转发表，其他节点并不会感知 LFA 的计算，也不需要针对 LFA 做任何其他动作，只需要按照正常流程转发。总体而言，LFA 计算和操作非常简单。

Filsfils 等以 11 个运营商骨干网络拓扑为分析对象进行了分析，结果显示 LFA 在不同拓扑中的修复覆盖率范围为 16%～99%，这从一定层面上表明 LFA 在故障修复中的效果随网络拓扑的差异有所不同，而且基于 LFA 的 FRR 并不能对任意故障进行保护。

（2）特殊场景下 LFA 无法实现有效保护

OSPF 采用划分区域的方法提升扩展性，每个节点在进行 LFA 计算时，以区域内的拓扑为基础进行路径代价计算，并选择最优路由。这种局部视图方式在一些特殊网络场景下，计算得到的 LFA 虽然满足不等式约束，但是却无法真正实现有效的数据转发保护。

通常情况，数据按照最优路径从一个区域离开后就不会再回到这个区域。如果数据的最优路径经过多个 ABR 时，可能因为个别 ABR 同时连接多个区域，将流量又重新引入源发区域内。

如图 8.10 所示，节点 A 和节点 B 互联区域 0、区域 1 和区域 2，节点 D 互联区域 1 和区域 2。节点 N 是区域 1 域内节点，它拥有两条域内路径到达目的节点 D，分别是 N—A—E—D 和 N—S—E—D，前者路径代价更小，所以，节点 N 去往目的节点 D 的最优下一跳节点为 A。节点 N 还有其他域间路径可以到达节点 D，例如 N—A—C—B—F—D。但是按照路径优先级，只要存在域内路径就不考虑域间路径。从节点 N 的视角来看，节点 A 去往目的节点 D 的下一跳节点为 E。以节点 A 的视角分析去往目的节点 D 的最优路径。节点 A 既属于区域 1 又属于区域 2，其在区域 1 内的路径 A—E—D 的路径代价为 35，在区域 2 内的路径 A—C—B—F—D 的路径代价为 30，两条路径都是域内路径，节点 A 优选区域 2 内的路径，并将最优下一跳设为 C。再进一步考虑该路径上的 ABR 节点 B。与节点 A 类似，它既属于区域 1 又属于区域 2，其去往目的节点 D 的路径分别为区域 1 内的 B—S—E—D 和区域 2 内的 B—F—D，前者路径代价小于后者，所以，节点 B 选择节点 S 作为其去往目的节点 D 的下一跳。总结来看，对于去往目的节点 D 的路径，节点 N 认为路径为 N—A—E—D，节点 A 认为路径为 A—C—B—F—D，节点 B 认为路径为 B—S—E—D。

路径上的 ABR 节点连接了不同的区域，导致各个节点站在自己角度计算的路径各不相同。汇总这些节点的路径，最终去往目的节点 D 的路径为 N—A—C—B—S—E—D。可以看到从区域 1 发出的数据又流回到了区域 1，才最终到达目的节点。

　　如果节点 D 为 ASBR，它向区域 1 和区域 2 通告外部网络前缀。节点 S 去往外部网络前缀的下一跳为节点 E。按照 Link-LFA 的不等式约束，计算得到节点 N 可以作为 Link（S，E）的 LFA 节点。虽然按照不等式约束，节点 N 去往目的节点 D 的路径肯定不经过 S（保护路径为 N—A—E—D），但是，实际上路径上 ABR 节点的问题导致节点 N 去往目的节点 D 的路径经过了节点 S（实际路径为 N—A—C—B—S—E—D）。也就是说满足不等式约束的节点无法实现有效的链路保护。

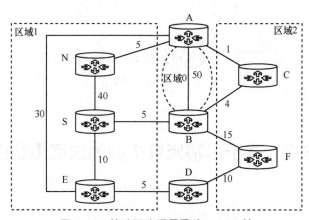

图 8.10　特殊网络场景导致 LFA 无效

　　OSPF 区域划分导致 LFA 计算的复杂性，RFC5286 专门针对几种特殊情况进行了描述，在特殊情况下 LFA 的计算不等式将不再适用。

　　（3）特定拓扑下无法计算出有效 LFA

　　前文分析了 LFA 在运营商特定网络拓扑中对链路和节点故障实施保护时的效果；也分析了在一些场景条件下，虽然能够正确地计算 LFA 节点，但受限于 OSPF 协议分域后不同节点拓扑视图上的不一致，导致 LFA 节点无法实现有效的故障保护。实际上，给定一个任意的网络拓扑，即使所有节点持有相同的网络视图，满足不等式约束的节点也并不总是存在的。

图 8.11 给出了一种简单环形拓扑，所有链路代价相等，对于目的节点 D，节点 S 针对链路 Link (S, E)故障，按照 LFA 不等式约束，节点 A 不具备成为 Link-LFA 的条件，因为 Dist (A, D) = Dist (A, S)+Dist (S, D)。其中，A 采用了 ECMP，如果 S 将去往 D 的流量转发给节点 A，那么将会有一部分流量重新转发给 S。同样，对于节点 S，如果目的节点为 E，节点 A 还是无法作为 Link (S, E) 故障的 LFA 节点，此时 Dist (A, E) = Dist (A, S)+Dist (S, E)。虽然 LFA 机制非常简单、有效，但是，从这个例子可以看到，其受限于网络拓扑，LFA 节点并不总是存在的。

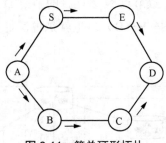

图 8.11　简单环形拓扑

8.3　基于远端修复机制的快速重路由

8.3.1　基本原理

PLR 节点总是从邻居节点中选择可以作为 LFA 的节点，在一定场景下，按照不等式约束，无法计算得到有效的 LFA 节点。图 8.12 给出 R-LFA 的一般性拓扑结构，结合势能的概念，可以将节点在拓扑中的位置理解为势能大小。节点 S 的所有邻居节点都在倒三角区域，这些节点去往目的节点 D 的最短路径均经过故障链路 Link (S, E)，即使采用 ECMP 的节点 n_y，也会存在一部分流量经过故障链路。在这种网络场景下，LFA 节点是不存在的。

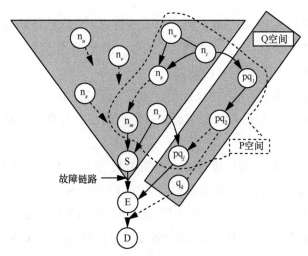

图 8.12　R-LFA 的一般性拓扑结构

对于 PLR 节点，如果本地直连邻居中不存在 LFA 节点，是否可以从非直连邻居中选择 LFA 节点？

分析图 8.12 所示的拓扑，网络中存在一些节点到达目的节点 D 的最短路径不经过故障链路 Link (S, E)，例如，拓扑图中倒三角区域之外的节点，如果节点 S 能够将流量引导到这些节点上，仍然可以实现有效的故障保护。这种依靠远端节点进行故障修复的机制，称为 Remote Loop-Free Alternates（R-LFA）。

为了对 R-LFA 机制进行更为准确的描述，引入如下定义。

P 空间：一组节点的集合，在给定组件发生故障前，PLR 节点 S 就存在到达该集合内任意节点的路径，且路径不经过故障组件。PLR 节点 S 的 P 空间的计算方法为：计算 PLR 节点 S 的生成树，从生成树上移除所有经过故障组件的节点，剩下的节点集合构成 PLR 节点 S 的 P 空间。图 8.12 中虚线区域节点属于 P 空间。

Q 空间：一组节点的集合，集合内节点到达目节点的路径与给定的故障组件无关。针对被保护组件的 Q 空间算法方法为：首先计算以目的节点 D 为根的逆向生成树 rSPT(D)，然后，从 rSPT(D)上剪枝经过被保护组件的节点，剩下的节点集合构成 Q 空间。图 8.12 中长方形区域的节点属于 Q 空间。注意 rSPT(D) 使用指向根节点 D 方向的链路代价进行最短路径计算。

PQ 节点：P 空间与 Q 空间两个节点集合的交集。如图 8.12 中的 pq_1、pq_2、

pq $_j$ 节点。针对 Link (S, E) 故障，PLR 节点 S 可以不经过该链路将流量通过隧道等方式发送给 PQ 节点，PQ 节点到达目的节点 D 的路径不受故障链路影响，因此，可以将数据持续发送到目的地。

R-LFA 节点：从 PQ 节点中按照预定的策略优选的节点，被保护的隧道流量将在该节点释放，之后流量将沿着最短路径到达目的节点，实现对故障链路的保护。

按照上述 PQ 节点的计算方法，对图 8.11 所示拓扑进行分析，得到了如图 8.13 所示的 PQ 空间。PLR 节点 S 针对链路 Link (S, E) 的 P 空间包含节点 A 和 B，而不含节点 C。因为节点 S 采用 ECMP，所以节点 S 去往节点 C 的路径为 S—A—B—C 和 S—E—D—C，而后者经过了故障链路 Link (S, E)，所以，节点 C 不满足 P 空间条件。同样，对目的节点 D 来说，Q 空间包含节点 E、B、C、D，而不含节点 A。因为节点 A 也采用 ECMP，所以 A 去往 D 的路径为 A—B—C—D 和 A—S—E—D，而后者经过故障链路 Link (S, E)，所以，节点 A 不满足 Q 空间条件。对于节点 S 而言，基于 P 空间和 Q 空间的计算结果，计算得到 PQ 节点为 B，并预先在 S 和 B 之间建立隧道。节点 B 作为链路 Link (S, E) 的 R-LFA，当链路出现故障时，节点 S 将目的节点 D 的流量通过预先建立的隧道导入节点 B，节点 B 沿着最短路径将流量发送到目的节点，实现对故障链路的保护。

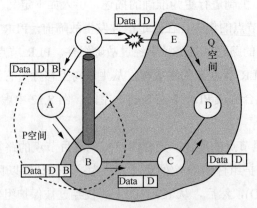

图 8.13 环形拓扑的 PQ 空间（各链路代价均等）

作为 PLR 的节点 S 可以将流量转交给任意一个邻居节点，在计算 P 空间时，以邻居节点为根计算生成树，可以进一步扩大 P 空间。仍以图 8.13 为例，节点 S 采用 ECMP，导致其到达节点 C 的路径可能经过故障链路，节点 C 不满足进入 P 空间的条件。如果以节点 S 的邻居节点 A 为根节点计算生成树，那么 A 到 C 的路径不会经过故障链路。所以，节点 C 也可以被加入 P 空间。为了与前面定义的 P 空间进行区分，将这个空间定义为拓展 P 空间。

拓展 P 空间：节点 S 的邻居（除了节点 E 外）针对故障链路 Link (S, E) 的 P 空间的并集。

引入拓展 P 空间后，图 8.11 所示拓扑的拓展 PQ 空间如图 8.14 所示。节点 S 以邻居节点 A 的视角计算生成树，拓展 P 空间包含节点 A、B、C，PQ 节点变为两个。若节点 S 选定节点 C 为 R-LFA 节点，则可以先将数据封装为目的节点为 C 的分组，然后转发给节点 A。对于节点 A，通过不经过故障链路的最短路径，将封装数据转发给节点 C。节点 C 将数据解封装并还原为原始数据，重新以 D 为最终目的节点，沿不经过故障链路的最短路径寻路到目的节点 D。

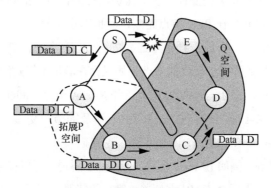

图 8.14　环形拓扑的拓展 PQ 空间（D 为目的节点）

为了更进一步理解拓展 P 空间的作用，将 E 作为目的节点，考虑针对 Link (S, E) 链路，节点 S 对发向目的节点 E 的流量进行保护。按照上述两种方法，得到环形拓扑的基本 PQ 空间和拓展 PQ 空间，如图 8.15 所示。如果采用基本 PQ 空间，则 PQ 节点是不存在的。如果采用拓展 PQ 空间，则存在 PQ 节点作为 R-LFA，可以增加 LFA 机制保护的故障范围。

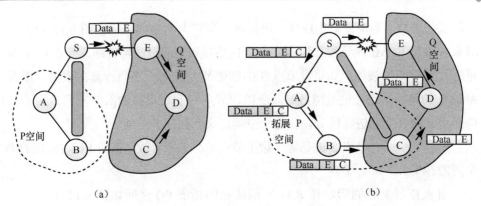

图 8.15　环形拓扑的基本 PQ 空间和拓展 PQ 空间（E 为目的节点）

8.3.2　隧道机制

LFA FRR 机制中，节点检测到邻居链路故障后，可以使用预先计算的修复路径进行数据转发，所有相关的操作（包括保护路径的计算、故障检测以及数据流量的快速重定向转发等）都在 PLR 节点完成，其他节点对整个 FRR 过程感知不到。

如果经过 LFA 计算，不能得到作为 LFA 的有效邻居节点，则启动 R-LFA 计算，在远端寻找能够满足故障保护条件的节点。如果存在满足不等式约束和 R-LFA 选择策略的远端保护节点，那么需要在 PLR 节点和 R-LFA 节点之间建立保护隧道。

比较 LFA 和 R-LFA 计算过程，R-LFA 涉及的节点更多。除了 PQ 空间计算，还需要在 PLR 和 R-LFA 节点之间建立隧道。

传统的隧道机制（例如 IP-in-IP 隧道或者 GRE 隧道）可以被采用，但建立方式采用静态配置方式，不适合 FRR 动态隧道建立的情况。基于 MPLS 的标签栈和动态标签分发机制，依据预先定义的规则可以动态构建隧道，进入和退出隧道的操作仅是压入标签和弹出标签简单高效的操作，适于配合 FRR 进行快速故障保护。

隧道应该由协议动态建立。在 MPLS 网络场景下，当 PLR 针对 FRR 需求计算并选定 R-LFA 节点后，可以与之建立 T-LDP，得到 R-LFA 节点针对目的节点 D 分配的标签信息（记为 L2）。同时，PLR 节点通过 LDP 从邻居获得关于 R-LFA 节点的标签信息（记为 L1）。当 PLR 节点检测到故障后，先压入标签 L2（或者将外层标签交换为 L2），然后压入标签 L1。其中标签 L1 用于将流量从 PLR 节点通过 MPLS 隧道引导到 R-LFA 节点，R-LFA 节点将外层标签 L1 弹出后，基于标签 L2 将流量引导至最终目的节点 D。

图 8.16 是针对图 8.15 描述的场景给出的基于 LDP 的 R-LFA 转发机制。首先，网络节点相互之间通过 LDP 分发标签信息，图 8.16（a）中内圈分发了关于节点 C 的标签信息；外圈分发了关于节点 E 的标签信息。若节点 S 压入标签 666，则 MPLS 分组将沿着 S—A—B—C 路径到达节点 C；如果压入标签 333，则沿着 S—E—F—C 路径到达节点 C。标签信息的分发以 IP 路由为基础，节点不会向其最优下一跳分发标签，因此，节点 S 会向 A 发送关于 E 的标签信息，不会从 A 收到关于 E 的标签信息，因为 A 去往 E 的最优下一跳为 S。

回到 FRR 机制上，节点 S 针对 Link(S,E)预先计算针对目的节点 E 的 R-LFA，找到满足条件的节点 C。于是在节点 S 和 C 之间建立针对性的 T-LDP 会话，直接从 C 获得关于 E 的标签信息 22，这个标签将作为 L2 标签。同时，节点 S 已经通过普通 LDP 从邻居节点 A 获得了关于节点 C 的标签 666，这个标签作为 L1 标签。

如图 8.16（b）所示，在 PLR 节点 S 检测到 Link(S,E)故障后，将去往目的节点 E 的数据压入 L2 和 L1 标签，形成两层标签栈的 MPLS 分组。该 MPLS 分组以外部 L1 标签为引导，将 MPLS 分组引导至节点 C。作为 R-LFA 的节点 C 将外层标签弹出后，使用 L2 标签查找本地标签转发表，将标签 22 交换为标签 11 后发送给节点 F，最终将数据引导至目的节点 E。

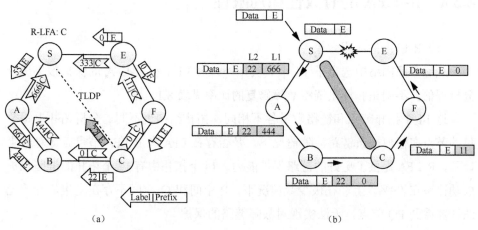

（a）　　　　　　　　　　　　　　　（b）

图 8.16　基于 LDP 的 R-LFA 数据转发机制（E 为目的节点）

8.3.3 PQ 节点的选择准则

在一个连接相对丰富的网络中，按照 R-LFA 的计算准则，通常能够发现多个满足条件的 PQ 节点，从保护目标来说，选择哪个 PQ 节点作为 R-LFA 节点并无差异，更多的是从最优化和管理角度考虑。

首先，考虑 PLR 节点与 PQ 节点的距离，通常选择距离 PLR 节点最近（即 Dist (PLR, PQ) 最小）的 PQ 节点作为 R-LFA 节点。释放被保护流量的位置距离 PLR 节点越近，越容易形成流量均衡的机会。在路径代价相同的条件下，通过比较 PQ 节点的 ID 打破平衡。

其次，考虑 PQ 节点与目的节点的距离。通常情况，选择势能比 PLR 节点更低的 PQ 节点。它们到达目的节点的最短路径不会受到保护链路故障的影响。当流量在此类 PQ 节点释放后，流量必然沿着最短路径达到目的节点，不会受后续协议收敛过程的影响出现微环路。

最后，考虑管理策略。PLR 节点可能会计算出满足 LFA 和 R-LFA 条件的节点，至于选择 LFA 还是 R-LFA 则由策略确定。在候选节点集合中选择哪个作为 LFA 节点或者 R-LFA 节点，也由策略来定义。例如，从管理的角度将某些节点直接排除在候选集之外，或者 PLR 节点距离 PQ 节点路径代价不能超过给定的代价值。

8.3.4 R–LFA 的有效性和局限性

（1）R-LFA 的应用效果

从运营商网络中选定了 14 个真实拓扑，对 LFA 和 R-LFA 的保护效果进行分析评估。不同拓扑场景链路故障修复的比率见表 8.1。

这 14 个拓扑节点和链路数量各不相同，拓扑结构也不同。分析拓扑上每个目的节点在任何一条链路故障情况下，是否存在 LFA 和 R-LFA 节点。计算结果显示，R-LFA 提供了更好的链路保护能力。14 个拓扑中有 12 个拓扑的链路保护成功比率在 99% 以上。在极少数情况下，P 空间和 Q 空间不存在交集，导致无法计算得到 PQ 节点，无法实现对故障链路的保护。

表 8.1　不同拓扑场景链路故障修复的比率

拓扑编号	节点数	链路数	LFA	R-LFA
1	315	570	78.5%	99.7%
2	158	373	97.3%	97.5%
3	655	1768	99.3%	99.999%
4	1281	2326	83.1%	99%
5	364	811	99.0%	99.5%
6	114	318	86.4%	100%
7	55	237	93.9%	99.999%
8	779	1848	95.3%	99.5%
9	263	482	82.2%	99.5%
10	86	375	98.5%	99.6%
11	162	1083	99.6%	99.9%
12	380	1174	99.5%	99.599%
13	1051	2087	92.4%	97.5%
14	92	291	99.3%	100%

（2）特定拓扑下无法计算出有效 R-LFA

仍然考虑图 8.11 所示的简单环形拓扑，除了 B—C 链路代价为 4 外，其他链路代价都一样，如图 8.17 所示。针对链路 Link (S, E)故障，按照 R-LFA 计算方法，节点 A 去往目的节点 C 的最短路径经过链路 Link (S, E)，拓展 P 空间仅包含节点 A 和节点 B。Q 空间保持不变，仍然为节点 E、D、C。此时，PQ 空间为空，R-LFA 保护机制失效。从这个示例，可以理解 Bryant 的实验结果中几乎所有拓扑都无法实现 100% 保护覆盖的原因。

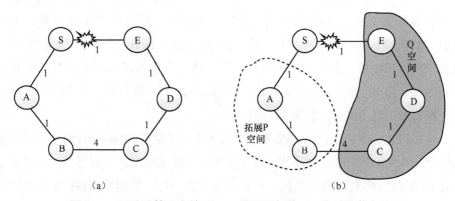

（a）　　　　　　　　　　　　　　　（b）

图 8.17　无法计算出有效 R-LFA 的环形拓扑（E 为目的节点）

从图 8.17 所示的拓扑中也可以得出 R-LFA 失效的原因：PLR 节点缺少有效的手段将数据引流到 Q 空间的节点上。假定 PLR 节点将数据有效地送达 Q 空间的任意节点，那么能够对故障进行保护。实际上存在一些例如源路由等技术手段将数据送达 Q 空间的节点。如图 8.17 所示拓扑，节点 S 在计算出 Q 空间节点后，可以通过 RSVP，依次在 S—A—B—C 建立有序的 LSP 路径，通过该 LSP 路径就可以将流量引导到 Q 空间节点。RSVP 的复杂性使其在具体应用实现上可操作性差，难以规模部署。

8.4 其他快速重路由机制

8.4.1 基于 Not-Via 地址的快速重路由

除了 R-LFA 机制外，还有一种 Not-Via 机制，其思路与 R-LFA 基本类似，它采用 IP-in-IP 隧道模式，每个 Q 空间节点都通告一个 Not-Via 地址，PLR 节点去往 Not-Via 地址的路径不经过故障点。因此，当网络故障发生时，PLR 节点可以将被保护的流量封装在以 Not-Via 为目的地址的 IP 隧道中，被保护的流量在 Not-Via 节点处解封装后被正常送达目的节点。

Not-Via 机制中，每个节点都会计算一棵最短路径树，并针对故障节点 P，将节点 P 及子分支从最短路径树上移除。然后，通过 iSPF 算法，计算当前节点到 P 的邻居节点 N 的 Not-Via 路由。计算出 Not-Via 路由后，在正常的路由表中增加一个新的下一跳，称为下下一跳（next next-hop，NNH），NNH 就是 Not-Via 地址。故障发生后，主下一跳失效，于是，将流量压入以 NNH 为目的节点的 IP-in-IP 隧道，发送到 Not-Via 地址。在 Not-Via 点，解封装还原为原始包格式后，按照正常路由将流量转发到目的节点。

与 R-LFA 机制相比，Not-Via 机制需要对节点上附加的 Not-Via 地址进行分配与管理，同时，要求网络中的节点进行升级以计算 Not-Via 修复路径，而且要支持 IP-in-IP 的封装/解封装。当然，与 R-LFA 机制一样，它同样面临在某些条件下无法计算出 Not-Via 路由的问题，并不能 100%覆盖任意拓扑中的网络故障。

8.4.2　基于最大冗余树的快速重路由

前述的相关快速重路由技术都无法实现 100%的覆盖率，在特殊网络场景下，即使网络在拓扑层面存在连通性，但是受限于链路权重，总是无法寻找到一条简单有效的路径。

在 RFC7812 中提出了一种基于最大冗余树（Maximally Redundant Tree，MRT）的快速重路由技术（MRT-FRR）。理论上只要网络拓扑是连通的，MRT 均能产生备份路由，彻底解决了某些场景下前述算法无法计算备份路由的问题。

基于 MRT 实现快速重路由的基本思想就是在网络中同时使用两棵树，第一棵树为基于链路权重按照 SPF 算法计算得到的最短路径树。第二棵树为 MRT，其又包括两棵子树，即 MRT-Red 和 MRT-Blue，这两棵子树在转发路径上具有最小的交叉，也就是说去往同一个目的节点的下一跳在红蓝两棵树上尽可能保证不同，这样当一棵子树上的下一跳失效后，可以使用另外一棵子树上的下一跳转发，同时保证不会出现环路。

针对图 8.18（a）所示拓扑，其最短路径树（假定链路代价一样）为图 8.18（b），最大冗余树为图 8.18（c）和图 8.18（d）。其中，MRT-Red 和 MRT-Blue 去往目的节点 D 的路径是完全相反的，针对节点 S 而言，其去往目的节点 D 的最短路径下一跳为节点 E，其与 MRT-Red 下一跳是一致的，此时如果链路 S-E 出现故障，采用 MRT-Red 路径是无法解决问题的，相反采用 MRT-Blue 路径可以避开故障点，实现快速重路由，保证与目的节点 D 的连通。关于最大冗余树的计算算法可以参见 RFC7811，其给出了一种 Lowpoint 算法实现。

对于 PLR 节点而言，作为距离故障最近的节点，通过比较最短路径转发下一跳与 MRT 下一跳的关系，辨识采用哪个 MRT 下一跳进行保护转发。为了保持转发的一致性，在入口节点确定采用哪种转发路径后，后续节点也必须按照相同的路径进行转发。这就意味着 PLR 节点在转发数据时必须在原始转发数据中附上一定的标记，以便后续节点能够基于该标记选择对应的路径进行数据转发。

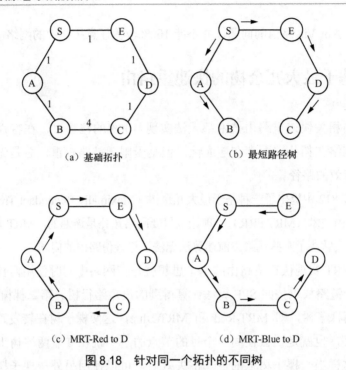

（a）基础拓扑 　　　　　　　　　（b）最短路径树

（c）MRT-Red to D 　　　　　　　（d）MRT-Blue to D

图 8.18　针对同一个拓扑的不同树

一种方式是采用 MPLS 转发。对于 MPLS 而言，入口标签就决定了后续的转发路径。因此，PLR 节点在识别出应当采用哪种路径进行数据转发后，直接压入对应路径的 MPLS 标签，后续节点直接采用标签交换方式将数据送到目的节点。RFC7307 给出了一种针对每个拓扑分配标签的方法。此时，可以针对支持 MRT 的网络域创建 3 个拓扑：默认最短路径树拓扑、MRT-Red 拓扑和 MRT-Blue 拓扑，为每个拓扑分配相应的标签，从而支撑 MRT 数据转发。

另一种方式是采用 IP 封装方式。支持 MRT 的节点额外通告两个 Loopback 地址，每个地址关联一种颜色。当 PLR 节点检测到网络故障发生时，依据数据流向确定采用哪种颜色的 MRT 路径进行转发。然后，将原始数据封装为一个新的 IP 分组，将目的 IP 地址填写为目的节点的 Loopback 地址（该地址已经绑定到具体路径），这样后续节点在匹配该 IP 地址后就知道应该按照哪条路径的下一跳进行转发。当封装的 IP 分组到达目的节点后，目的节点对 IP 分组解封装，还原为原始 IP 分组后转发至真正的目的节点。

MRT-FRR 可以 100%解决单链路和单节点故障，但对并发故障或者 SRLG 的效果是不确定的。除此之外，与 SPF 相比，Lowpoint 算法需要进行多次 DFS 运算，其性能消耗要高于 SPF 算法。支持 MRT-FRR 的设备，除了要具备传统最短路径转发能力外，还需要额外的软件及硬件支持，导致该算法在设备厂商中的支持程度很低。Lowpoint 算法不是依赖算法自身保证路径的一致性，比如，拓扑固定的情况下，SPF 算法可以保证全网所有设备运算的最短路径树是一致的，而 MRT 则是通过协议规范约定一致的规则保证所有节点转发路径的一致性。

8.5　无环收敛机制

通过快速重路由机制解决了故障对数据转发的影响，然而，保护路径很有可能与最终的收敛路径不一致。为了保证最优的数据转发，还是要将故障信息在网络中扩散，让所有节点获知故障，并通过 SPF 算法重新计算最优路径，实现拓扑收敛，完成从保护路径到最优路径的迁移。

故障信息的扩散需要消耗一定的时间，不同节点在收到故障信息后运行 SPF 算法进行路由计算也需要消耗时间，将计算得到的路由表更新到硬件转发表也需要消耗时间。不同阶段消耗的时间与具体网络拓扑有关，与不同厂商路由设备的实现机制有关，也与网络管理员对路由设备的配置参数有关。这些因素导致协议收敛过程在某个时刻不同节点针对同一目的网络前缀的转发表不一致，进而产生了微环路。微环路对于一般的网络业务影响不大，但是对于丢包和时延敏感类业务而言，将会难以承受。网络中部署了快速重路由技术可以解决网络故障时的数据中断，却解决不了收敛期间的微环路。

如图 8.19 所示，PLR 节点 S 针对 Link (S, E)建立保护路径，可以保证链路 Link (S, E)失效时，持续有效转发到达目的节点 D 的流量。但是，图 8.19 中位于倒三角中的节点在 Link (S, E)失效前，其最优路径都经过 Link (S, E)。当节点 S 决定将 Link (S, E)故障信息向上游的节点通告后，协议收敛过程便开始了，收敛过程中这些节点将进行路由计算和转发表更新。如果这些节点能够在同一个时刻将最优路由切换到收敛后的路径上，那么将不会对流量转发产生影响。然而，分布式路由计算的结果导致不可能使得所有节点同步更新转发表。节点 S 最早得知链路故障，并进行SPF计算后更新转发表，认为收敛后的最优下一跳为u_2，于是将流量从保护路径切换到最优路径。但是对于节点 u_2 而言，它并未计算和更新转发表，因此，它仍然沿链路故障前的最优路由，将流量发给节点 S，于是，在节点 S 和 u_2 之间便产生了微环路。进一步地，当 u_2 计算并更新其收敛后的转发表后，可能将最优下一跳指向 v_4。如果 v_4 的转发表更新落后于 u_2，那么在节点 v_4 和 u_2 之间也会产生微环路。这种微环路如同波浪一样，以故障点为圆心，逐步向外扩散。

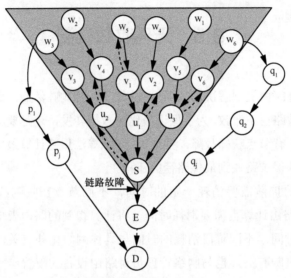

图 8.19　微环路生成

微环路产生了两个主要的负面结果：拥塞与保护机制的失效。

一方面，一旦环路发生后，环路的流量将消耗相应的带宽资源，这种影响一直持续到节点之间转发表重新同步或者分组的 TTL 超时。如果单纯依靠 TTL 超时消除环路中的流量，那么一个分组将在同一段网络中循环转发上百次，占用了该段网络上大量的链路带宽，进而可能挤占了网段上承载的其他业务带宽，引入了额外的转发时延，甚至丢包。

另一方面，即使 PLR 节点采用了保护路径，在保护路径向收敛路径迁移过程中，相应的流量也因为微环路无法到达 PLR 节点，保护路径无法发挥应有的作用。微环路并非只对快速重路由产生影响，由于网络管理维护等原因，采用先增加链路权重、后延迟关闭链路的方法。这种平滑的链路关闭机制，可以一定程度解决链路突然关闭带来的影响，但是最大链路权重触发的协议收敛过程中，也可能出现微环路问题。微环路导致流量不会经过即将关闭的链路，此时延迟关闭链路也将没有意义。

微环路问题并非仅出现在快速重路由过程中，只要涉及协议收敛，就会出现微环路。只是网络中一旦部署了快速重路由，用户就期望该机制能够很好地解决网络故障对业务的影响，因此，也就对协议收敛提出了更高的要求。只有解决了协议收敛期间的微环路，才能使得快速重路由发挥应有的作用。

8.5.1　转发表延迟更新机制

研究分析发现，链路故障触发协议收敛过程中，故障链路的直连节点 PLR 与其上游节点之间更容易产生微环路。因此，RFC8333 提出了通过延迟更新转发表解决微环路的方法。如图 8.19 所示，当链路 Link (S, E) 失效时，PLR 节点 S 先使用保护路径转发数据，产生链路状态更新报文，通告网络拓扑变化，触发协议收敛。但对于 PLR 节点 S 而言，在计算出收敛后的最优下一跳指向 u_2 后，并不急于立刻更新转发表，而是延迟等待一个时间 Uloop_Delay_Timer，在定时器超时后，再更新转发表，此时节点 u_2 已经完成了转发表的更新。通过这种方法，可以确保 PLR 节点的上游节点能够先更新其转发表，而 PLR 节点在其后更新转发表，从而避免 PLR 节点与其上游节点之间的微环路问题。

转发表延迟更新机制仅用于单链路故障场景，当网络中出现并发故障时，PLR 节点的保护路径也很可能失效，此时 PLR 延迟转发表更新也无法实现对流量的保护。所以，一旦 PLR 节点在 Uloop_Delay_Timer 期间，通过 OSPF 报文识别出并发故障，将停止该定时器，并立刻更新转发表。

应当注意，这种方法仅解决了距离故障点一跳范围内的节点之间微环路问题，对于距离故障点更远的节点之间的微环路问题不能有效地解决。这种方法只需在本地实现，不需要节点之间的相互配合，虽然只能解决部分问题，但是易于开发、实现和部署应用。

8.5.2 转发表排序更新机制

转发表延迟更新机制可以解决距离故障点第一跳节点之间的微环路问题。一个思路是将这个方法进一步向更高层次的上游节点应用，解决整个收敛期间的微环路问题。

将图 8.19 中倒三角内的节点单独提取，把所有受故障影响的节点在链路故障之前的最优路径，按照与故障链路上游节点 S 的跳数距离进行排列，将相同跳数的节点分布到同一个层面上并分配相同的序号，得到了以 S 为中心画出的 3 层的同心圆，图 8.20 给出按照跳数分层的拓扑实例，黑箭头实线表明了各个节点的最优路由情况。在链路故障发生前，w 节点以 v 节点作为最优下一跳，v 节点以 u 节点作为最优下一跳，u 节点以 S 节点作为最优下一跳。链路故障发生后，节点向外发送链路更新信息。如果按照 S、u、v、w 的顺序依次更新每个层上的节点，将导致收敛期间，环路持续生成。当 1 层节点与 S 之间产生微环路时，导致 1 层节点以及所有基于 1 层节点的节点都无法将数据送达目的节点，使得节点 S 建立的保护路径起不到预期的作用。接下来的 2 层、3 层节点也可能出现类似的微环路问题。可以看到依据距离故障点的远近，按照由近及远的方式更新转发表，导致微环路产生，同时使得快速重路由的保护路径不再被使用，失去了保护效果。

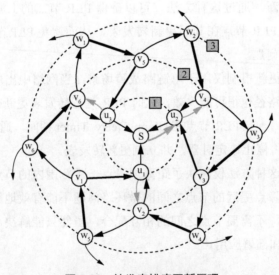

图 8.20　转发表排序更新原理

考虑排序更新机制。先将 3 层的 w 节点更新转发表，w 节点的邻居节点到达目的节点 D 最优路径不受故障链路影响，w 节点更新转发表后不会产生转发环路。然后，2 层的 v 节点再更新转发表，v 节点的收敛路径经过 w 节点，w 节点已经收敛，在 w 和 v 节点之间不会出现转发环路。最后，1 层的 u 节点更新转发表，此时 v 节点已经收敛，在 v 和 u 节点之间也不会出现环路。当所有依赖 PLR 的节点都完成收敛后，PLR 节点再更新其转发表，并停止使用保护路径。在 3 层的 w 节点收敛过程中，2 层和 1 层节点仍然采用之前的转发表，将到达它们的流量继续发送给 PLR 节点 S，并通过节点 S 的保护路径将流量导向最终的目的节点，这个过程不会出现环路和丢包。同样，当 2 层的 v 节点收敛时，1 层节点仍然保持之前的转发表，将到达它们的流量发送给 PLR 节点 S，由节点 S 通过保护路径将流量转发到目的节点。

通过对收敛过程的详细分析可以发现，采用了转发表的排序更新机制，可以保证收敛的节点使用收敛后的路径转发流量，尚未收敛的节点继续使用保护路径转发流量。依据距离故障点的远近，按照由远及近的顺序，依次更新节点的转发表，就可以保证收敛期间持续的数据转发。

与单节点转发表延迟更新机制类似，排序更新机制只用于单链路故障场景，当网络中出现并发的故障事件时，PLR 节点的保护路径也很可能失效，此时 PLR 延迟转发表更新也无法实现对流量的保护。所以，支持排序更新的节点也需要设定一个保持定时器，如果该定时器内只由一个链路故障事件发生，则按照排序更新定义的时间延迟更新转发表。否则，如果在保持定时器内发现多个并发网络故障，将立刻终止采用排序更新机制，采用传统转发表的更新方式，立刻更新转发表。

（1）排序更新定时器的设定

采用排序更新机制后，要求距离故障点最远的节点首先进行转发表的更新。为此，节点 R 在收到故障链路 Link (S, E) 的上游节点 S 发出的链路状态更新消息后，立刻以节点 E 为根，计算其逆向生成树 rSPT(E)。rSPT(E) 给出了故障前所有节点到达 E 的最短路径。其中包含 R 节点的 rSPT(E) 分支，则记录了所有依赖于节点 R 到达 E 的节点。那么节点 R 的 Rank 值被定义为其在分支上的深度最大值。如图 8.21 所示，为节点 u_3 以节点 E 为根计算得到的 rSPT(E)，包含节

点 u_3 的分支有 3 条，分别为 $v_6 \rightarrow u_3 \rightarrow S \rightarrow E$、$w_1 \rightarrow v_5 \rightarrow u_3 \rightarrow S \rightarrow E$、$w_6 \rightarrow w_5 \rightarrow v_1 \rightarrow u_3 \rightarrow S \rightarrow E$。$u_3$ 在这些分支上的 Rank 值分别为 1、2 和 3，按照选择最大原则，确定 u_3 的 Rank 值为 3。这意味着节点 u_3 必须在其所有分支节点更新完转发表后才进行更新。

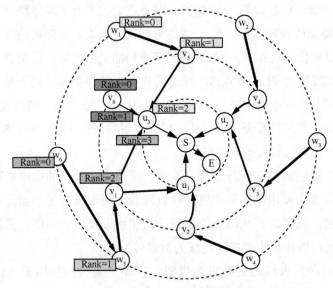

图 8.21　节点 Rank 值的计算方法

计算得到节点的 Rank 值后，节点排序更新转发表的定时器时间为：$T0+H+Rank \times MAX\_FIB$。其中，$T0$ 为链路状态更新消息到达时刻，H 为保持定时器，MAX_FIB 为网络中所有节点从路由表更新到转发表的时间最大值。此定时器时间与不同路由器厂商的实现有关，管理员需要了解域内所有路由器的转发表更新值以便更好地设定该定时器。能够自动获取并全域协调一致则是一种更好的选择但没有最终形成标准。

（2）基于消息交互的收敛加速

每个节点严格按照定时器约束更新转发表，依据定时器值，最坏情况下会使收敛时间较长。需要进一步探讨优化加速方法。排序更新的出发点是让故障前的上游节点先于下游节点更新路由。定时器的设定也是为了实现这个目标。如果节点之间存在一定的消息交互机制，当上游节点更新完转发表后就立刻通知下游节点更新，那么下游节点就不需要等待定时器超时，而提前完成转发表更新，并进一步向其下游节点传递转发表更新完毕的消息，这样就可以将整个收敛过程提速。

为了支撑收敛加速，每个节点维护两个列表，一个为等待列表，一个为通告列表。当等待列表中的每个节点收到转发表更新完成的消息后，停止本地维护的转发表更新定时器，然后向通告列表中的每个邻居节点通告转发表更新完成的消息。以图 8.21 为例，节点 u_3 在收到链路状态更新消息后，运行 rSPT 算法，计算得到本节点的 Rank 值，进而计算得出排序更新转发表的定时器值。启动定时器，并建立等待列表 $\{v_6、v_5、v_1\}$ 和通知列表 $\{S\}$。当 u_3 从 $v_6、v_5、v_1$ 收到转发表更新完成的消息后，立刻更新本地转发表，停止定时器，并向 S 发送转发表更新完成的消息。这种方法，在多数情况下，能够使得网络重新收敛时间在秒级以内，基本上与正常的协议收敛相当。

排序更新机制可保证整个协议域收敛其间不出现微环路，与单节点的延迟更新机制相比，它引入了一定的计算量。不使用优化加速机制时，收敛时间过长；引入优化加速机制，需要节点进行消息交互，也要求节点进行功能拓展，以支持新的消息类型。

8.6　小结

本章阐述了 OSPF 与快速重路由技术。依靠 OSPF 协议固有的链路故障检测、协议收敛机制无法满足当下各类业务对实时性、丢包和时延等指标的要求。预先建立备用路径是解决该问题的主要途径。主要阐述了两种方法，一种为本地修复机制 LFA，当最优下一跳失效后，立刻把数据转发给备用的邻居下一跳，但满足条件的直连邻居并不总是存在的；一种为远端修复机制 R-LFA，在最优下一跳失效后，通过预先建立的隧道将数据传送给非直连邻居，这种方式复杂度较高，而且满足条件的远端节点并非一直存在。Not-via 技术和最大冗余树都是实现快速重路由的方法，复杂度高，不可增量部署，未获得厂商的普遍支持。无论是网络故障还是故障恢复引起的协议收敛过程，各节点持有路由信息的不一致，会导致微环路的产生，转发表延迟更新机制可以在一定程度上缓解，但不能完全解决；排序更新机制可以很好地解决，但无法增量部署。两者相比虽然转发表延迟更新机制效果不佳，但因其单节点行为，更容易被实现和支持。

参 考 文 献

[1] IETF. A framework for loop-free convergence[R]. 2010.

[2] IETF. Loop-free alternate (LFA) applicability in service provider (SP) networks[R]. 2012.

[3] IETF. Remote loop-free alternate (LFA) fast reroute (FRR)[R]. 2015.

[4] IETF. IP In IP tunneling[R]. 1995.

[5] IETF. Generic routing encapsulation (GRE)[R]. 1994.

[6] IETF. LDP specification[R]. 2007.

[7] IETF. A framework for IP and MPLS fast reroute using not-via addresses[R]. 2013.

[8] IETF. Micro-loop prevention by introducing a local convergence delay[R]. 2018.

[9] IETF. Framework for loop-free convergence using the ordered forwarding information base (OFIB) approach[R]. 2013.

[10] IETF. Synchronisation of loop free timer values[S]. 2008.

第 9 章
OSPF 与 Segment Routing

9.1 Segment Routing 基础

9.1.1 Segment Routing 的由来

Segment Routing 直译为分段路由，由 Clarence 等提出并定义。2012 年 Clarence 在去往罗马的途中思考更为简捷的流量管理方案，突然灵光乍现："当在向别人描述一条路径时，通常不会详细阐明到达目的地所经过的每个地点，而是仅阐明经过的几个关键地点，由几条关键路径段可以构成整个路径"。他把这个想法应用到解决流量工程问题中，提出了 SR 想法。SR 想法来源于 Clarence"通往罗马之路"的直觉，在意大利语中 "SR" 是 "Strade Romane" 的缩写，意为罗马帝国的路网四通八达，通过组合使用多条道路，罗马人可以去往帝国的任何地方。后来，"SR" 被重新定义为 Segement Routing。

9.1.2 Segment Routing 基本原理

SR 定义一些路径段，并将路径段拼接组合构成整条路径。整条路径通过路径起点和终点之间的关键点予以描述。例如，从郑州投递到北京的包裹，可以指定通过石家庄进行中转后再送达北京，也可以指定通过济南进行中转后再送达北京。从郑州到石家庄/济南，以及从石家庄/济南到北京之间走何种具体路径，由快递公司决定。SR 的思路与 IPv4 提出的宽松源路由机制类似，但 SR 有一套完整的机制，很好地解决了软件定义网络中的技术瓶颈。

如图 9.1 所示，按照最短路径转发机制，节点 1 发向目的地节点 8 的流量沿着实心箭头方向转发。如果网络管理员期望流量避开节点 2 且必须经过节点 6 进行转发，需要组合使用 RSVP-TE、LDP 等技术，实现复杂度非常高且扩展性差。

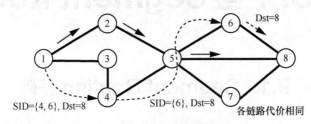

图 9.1　SR 路径段说明

SR 另辟蹊径，定义了路径段，每个路径段都有一个 Segment 标识，这个 Segment 标识称为段标识（Segment ID，SID）。SID 可以理解为一个指令，指示节点如何转发数据包。

如图 9.1 所示，定义 SID=x 指令以节点 x 为目的地，沿着最短路径转发。管理员在数据分组中增加一个 SID 列表实现此目的。进入网络中的数据分组携带 SID 列表{4, 6}，当该数据分组到达节点 1 后，节点 1 以节点 4 为目的地，按照最短路径将数据分组转发给节点 3，不再发送给邻居节点 2；节点 3 按照相同的指令操作，按照最短路径将数据分组转发给节点 4；节点 4 收到包含 SID 列表{4, 6}的数据分组后，从 SID 列表中删除节点 4，按照 SID=6 的指令进行转发，将包含 SID 列表{6}的数据分组转发给下一跳节点 5；节点 5 将分组转发给节点 6，节点 6 删除 SID 列表后，将原始数据分组投递给目的节点 8。通过在数据分组中增加 SID 列表的方式，管理者可以实现有效的流量控制。

实际上，SID 可以表示任何指令，其定义了路径上的节点如何处理和转发收到的数据分组，可以与拓扑有关、与服务有关，甚至可以用于服务链编排。由于本书仅讨论与 OSPF 协议相关内容，因此，将 SID 的用法约束到与路径相关的内容展开探讨。Segment 更为广义的内涵请参阅相关 RFC 描述和 Clarence 的著作。

9.1.3　Segment Routing 框架

SR 首要解决的问题是确定 SID 的含义。SID 作为指导数据转发的指令，在不同应用场景表达不同的含义。从网络数据转发角度，考虑兼容已有路由与转发机制，将 SID 定义为"去往目的节点的最短转发路径"。

SR 架构支持两种数据平面转发机制，分别为 SR over IPv6（SRv6）和 SR over MPLS（SR-MPLS）。本书仅限于 OSPFv2 的讨论，不对 SRv6 做更进一步阐述。下文针对 SR-MPLS 数据平面展开讨论，并将 SID 用 MPLS 标签实现。

（1）使用 MPLS 局部标签支撑 SR 实现

SR 可以将 SID 对应为 MPLS 标签，直接使用现有的 MPLS 数据平面实现 SR 的数据引流，但是 MPLS 已有的控制平面无法很好地支撑 SR 的实现，需要重新设计对应的控制平面机制。

已有的 MPLS 机制实现 SR 存在如下不足。

图 9.2 为基于 LDP 实现的 MPLS 数据平面。通过 LDP 为节点 6 的 Loopback 地址 1.0.0.6 分配标签，其他节点通过 LDP 交互学习并发布各自的标签，建立标签分表。MPLS 转发平面标签依据 IGP 的最短路径建立标签转发表，在合适节点压入指定 MPLS 路径标签，可以实现数据分组按照最短路径传送到目的节点。例如携带标签 11 的数据分组到达节点 1，节点 1 按照标签交互规则，将标签 11 交换为 21 后转发给节点 2，在节点 2 交换为标签 52，在节点 5 交换为标签 0，经过节点 6 到达节点 8。

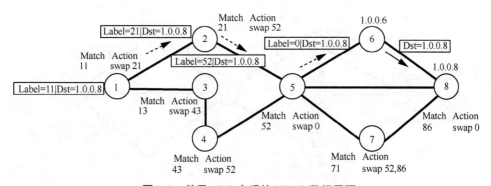

图 9.2　基于 LDP 实现的 MPLS 数据平面

利用 MPLS 标签，如何实现 SR 技术呢？假定管理员的需求为：期望节点 1 去往目的节点 8 的数据分组必须经过节点 6，则可以将发送节点 1 的数据分组压入 MPLS 标签 11，将数据分组引导至节点 6，节点 6 删除 MPLS 标签后再将数据分组投递至节点 8，实现流量牵引的目的。

从这个例子可以看出，使用 MPLS 控制平面和数据平面可以支撑 SR 的实现。实际应用中对流量的控制强调流量调控策略部署实施、调试排错的简易性。如果不考虑实现的复杂度，已有的相关技术基本满足需求。随着 SDN 技术的发展，集中式控制在面向业务需求方面呈现一定的特色优势。在上述场景中，流控策略生成时，需要掌握每个节点针对节点 6 产生的本地标签，以便在合适点部署 SR 引流策略时，压入正确标签值。例如，从节点 1 注入，则压入的标签为 11；从节点 4 注入，则压入的标签为 43。但标签生成的随机性给管理操作以及故障排查带来困难。

（2）使用 MPLS 全局标签简化 SR 实现

采用全局标签可以降低 SR 策略的生成和排查难度。如图 9.3 所示，在全局标签模式下，节点 6 为 Loopback 地址分配全局标签 10006，网络中的所有节点都为这个地址分配相同的标签 10006，每个节点都安装 10006 的标签交换表。如果管理员期望流量经过节点 6，则数据分组时压入 MPLS 标签 10006 即可，不再考虑从哪个节点注入数据分组。在 MPLS 数据没有到达节点 6 之前，MPLS 标签虽然经过了多个节点的标签交换操作，但是标签值一直没有改变，此时的标签就如同全局唯一的 IP 地址，通过这个标签可知道目的节点，并沿着最短路径进行数据转发。

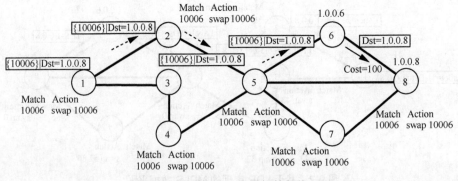

图 9.3　通过 MPLS 全局标签承载 SID

采用全局标签并未改变 MPLS 数据平面的转发机制，却可以大大简化 SR 策略的实施和故障排查。但是，MPLS 技术已经发展了二十多年，其标签的局部定义已被公认，难以改变。按照传统的标签生成方法，每个节点独立且随机地生成标签。在这种全局标签模式下，源发前缀的节点决定了全网其他节点的标签值，导致 MPLS 业务的不兼容。当网络中部署了其他使用 MPLS 标签进行业务承载技术，全局标签机制中节点的标签分配不具有自主权，导致标签分配可能产生冲突。如果 MPLS 支持了 SR，就无法再支持其他技术。例如，图 9.3 中节点运行 RSVP 协议，如果节点 5 把标签 10006 用于支持 QoS，在 SR 全局标签模式下，又要求节点 5 分配 10006 用于 SR 引流。此时，节点 5 将无法为 SR 分配标签 10006，导致 SR 无法实施。

（3）SR 的 MPLS 标签生成机制

SR 通过定义局部标签块和全局标签索引的方法，保持了 MPLS 标签的局部定义，又具备了标签全局性带来的优势。

SR 机制 MPLS 转发平面使用的标签不再由协议直接分配，而是通过间接方式获得：每个节点为支持 SR 技术单独保留一个标签空间，这个标签空间称为 SR 全局块（Segment Routing Global Block，SRGB）。源发前缀节点不再分配全局标签，而是分配全局标签索引，称为 SID 索引。SID 从 0 开始，它指向每个节点 SRGB 中的一个本地标签值，这个标签值将作为 SID 用于 SR 技术。例如，图 9.3 中，假定节点 6 全网宣告本地 SRGB 为 10000～17999，节点 5 宣告本地 SRGB 为 20000～27999。同时，节点 6 为 1.0.0.6/32 前缀宣告全局 SID 索引 6。对于节点 5 而言，通过叠加 SRGB 和 SID 索引可以得到 SID，即标签值。入标签为节点 5 的 SRGB+全局 SID 索引=20000+6=20006，出标签为节点 6 的 SRGB+全局 SID 索引=10000+6=10006。于是，节点 5 本地安装转发表入标签为 20006，出标签为 10006，标签操作为 swap。

SR 的 SID 标签值是由每个节点的 SRGB 与 SID 全局索引累加得到的，如果每个节点的 SRGB 都一样，那么针对同一个前缀计算得到的本地标签将相同。例如图 9.3 中，节点 5 宣告本地 SRGB 也为 10000～17999，那么对应于 1.0.0.6/32 前缀的 SID 标签将与节点 6 一样，也是 10006。如果部署 SR 的网络中所有节点都为 SR 保留相同的本地 SRGB，那么将会在所有节点生成相同的本地标签，等同于实现了全局标签。

（4）SID 分类

将 SID 定义为 MPLS 标签是 SR 在 MPLS 机制的一种实例化实现方式。每个节点的 Loopback 地址是一个前缀长度为 32 位的 IPv4 地址，它常被用于在网络中标识唯一节点，通常称为主机前缀。与之对应的 SID 被称为 NodeSID，它唯一标识网络中的一个节点，用于"引导流量按照支持 ECMP 的最短路径到达对应节点"。NodeSID 不一定必须与节点 Loopback 地址建立——映射，只要能够表达节点唯一性的标识都可以与 NodeSID 建立——映射，这通常取决于应用习惯。

将 NodeSID 与 32 位掩码前缀的映射进一步通用化，可以定义 PrefixSID，其含义为"引导流量按照支持 ECMP 的最短路径到达对应的前缀"。简言之，PrefixSID 与一般前缀建立映射，而 NodeSID 作为 PrefixSID 的特例，与 32 位掩码的前缀建立映射。

仅依靠 PrefixSID、NodeSID 是否能够满足引导流量的需求呢？从这两种 SID 的定义来看，它们的目标是引导流量到达某个节点或者前缀，而未定义如何从某个节点发出流量。即如果期望控制某个节点发出流量的行为，那么需要定义一种新的 SID，这就是 AdjacencySID。

举例来说，在图 9.4 中，除了链路 Link(6, 8)代价为 100 外，其他链路代价均为 1。假定管理员期望节点 1 去往节点 8 的流量必须经过链路 Link(6,8)，按照常规最短路径为 1—2—5—8，流量会经过链路 Link(5, 8)到达目的地；如果采用 NodeSID=10006 进行流量牵引，会将流量引导到节点 6，节点 6 再按照最短路径 6—5—8到达节点8，而不会经过Link(6, 8)，因为前者的路径代价为2，后者为100。

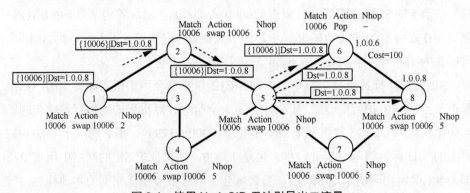

图 9.4　使用 NodeSID 无法引导出口流量

　　在这种情况下，AdjacencySID 将体现其作用。AdjacencySID 指令定义为"引导流量从该 SID 关联链路发送给邻居节点"。如图 9.5 所示，节点 6 针对每个邻居链路分配一个 AdjacencySID，1068 对应 Link(6, 8)，并将这个信息在 SR 域内扩散。此时，管理员可以在节点 1 部署 SR 策略，将去往节点 8 的流量压入 SID 列表{10006,1068}，其中第一个 SID10006 引导流量到达节点 6，第二个 SID1068 指示节点 6 从对应 Link(6, 8)将流量发出。

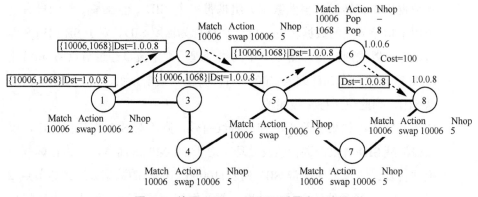

图 9.5　使用 AdjacencySID 引导出口流量

　　AdjacencySID 可以与 PrefixSID 一样采用全局定义方法，让每个节点安装对应的 SID 转发表，精简了 SID 列表，但消耗了有限的 SRGB 空间，且需要每个节点增加相应的转发表。组合 PrefixSID 和 AdjacencySID 可以实现相同的引流目标，且不给其他节点增加任何负担。因此 AdjacencySID 的分配与传统 MPLS 一样，只需要局部含义，从本地标签库中随机分配，不需要消耗有限的 SRGB 空间。

　　AdjacencySID 指令为"引导流量从该 SID 关联链路发送给邻居节点"。在实际应用中，两个节点之间可能存在多条并行的链路，如果多条并行链路被聚合为一条三层链路，那么 AdjacencySID 在引流时采用负载均衡的方式，将流量通过多条链路均匀发送。如果需要将流量引导到某个具体的链路上，那么只需要为对应的链路绑定一个本地 AdjacencySID，本地节点识别该 SID 后，将流量直接引导到对应链路即可，不再采用负载均衡方式发送。

　　除了上述 SID 外，SR 还定义了 AnycastSID 以及 BGP 相关 SID，在此不做赘述。

　　（5）SID 列表

　　SID 作为 SR 基础要素，定义了一个路径段。SR 将多个路径段组合，构成了一条路径集合，实现了灵活的路径编排与管理。组合的路径段由一系列 SID 组合标识，这个 SID 的组合称为 SID 列表或段列表。约定段列表的表示方式为 {SID1, SID2, ···, SIDn}，其中，SIDn 为当前被使用的活跃 SID。携带 SID 列表的数据分组在转发过程中存在 3 种不同的处理模式。

- PUSHSID：按照预先定义的路径调整策略，在满足条件的数据分组中压入 SID 或者 SID 列表，并指定活跃 SID，指引后续节点按照活跃 SID 进行数据操作和转发。虽然数据分组携带多个 SID，但在某一时刻只有一个用于指导节点的数据转发，这个 SID 称为活跃 SID。对于 SR-MPLS 而言，即设置栈顶标签。图 9.5 中网络管理员期望流量经过节点 6 和链路 Link(6, 8)时，将 SID 列表{10006, 1068}压入数据分组，SID=10006 为活跃 SID，因此位于标签栈栈顶。

- CONTINUE：如果当前活跃 SID 持续有效，则不对 SID 做任何操作，仅按照活跃 SID 对数据进行转发处理。对于 SR-MPLS 而言，即执行标签交换并转发。图 9.5 中携带 SID 列表{10006, 1068}的数据分组到达节点 2 后，SID=10006 的使命并未结束，需要继续保持活跃，因此，进行栈顶的标签交换后转发给节点 5。

- NEXTSID：如果当前活跃 SID 使命完成，则按照预定义规则设定下一个 SID 为活跃 SID，并进行数据分组的操作转发。对于 SR-MPLS 而言，即弹出栈顶标签并进一步操作转发。图 9.5 中携带 SID 列表{10006, 1068}的数据分组到达节点6后，SID=10006的使命结束，将对应标签弹出，并按照 SID=1068 对数据分组进行操作转发。

SR 数据转发过程定义的 SID 列表操作与 MPLS 的标签操作一一对应，使传统 MPLS 数据平面不需要做任何修改直接被 SR 使用，极大降低了已有网络技术向 SR 技术迁移的阻力。

9.2　OSPF 拓展支持 Segment Routing

SR 可以直接重用已有的 MPLS 数据平面，只需要进行控制平面的升级，便可以实现 SR 技术。传统的标签分发协议无法独立运行，需要依赖 IGP 分发的拓扑和可达性信息。SR 放弃拓展传统标签分发协议，直接通过拓展 IGP 实现 SR 的控制平面，简化过程，提升效能。本节将详细阐述 SR 如何拓展 OSPFv2 协议来增加对 IPv4 地址族 SR 控制平面的支持。

对于 SR 控制平面而言，每个节点的操作主要包括定义本地 SRGB、针对前缀生成 SID 索引，针对每条链路生成 AdjacencySID；将收集的信息通过 OSPF 报文洪泛；最后收集整个 SR 域内节点的相关信息，结合 OSPF 计算的网络拓扑和前缀路由，计算生成入标签、标签动作、出标签、出接口等转发表信息，并下发到 SR 数据平面，支撑数据转发。

OSPF 基于第 7 章中介绍的不透明 LSA 实现对 SR 的支持。

9.2.1　SR 能力通告

SR 作为一种新的技术，需要对已有路由设备软件升级。支持 SR 能力的路由节点需要相互通告各自具备的 SR 能力，以便相互配合，构建 SR 域，支撑 SR 技术的实现。

SR 能力通告使用路由器信息 LSA（RI LSA）进行，依据 SR 的部署范围，将通告限定在链路、区域内、所有区域，可使用类型为 9/10/11 的不透明 LSA 承载。SR 能力通告的 TLV 类型有 4 个：SID/Label Range TLV（类型 9）、SR-Algorithm TLV（类型 8）、SRLocal Block TLV（类型 14）和 SRMS Preference TLV（类型 15）。

（1）SID/Label Range TLV（类型 9）

该 TLV 格式如图 9.6 所示，"标签范围"字段给出了本次通告的 SRGB 大小，即包含多少个标签，这些标签是连续的，所以在子 TLV 中，通过"SID/Label"字段给出该 SRGB 的第一个标签值。例如，"SID/Label"为 1000，"标签范围"为 100，则说明该节点通告的本地 SRGB 为 1000～1099。目前该 TLV 只包含 SID/标签子 TLV。

如果要通告多个标签范围，那么源发节点需针对每一个标签范围生成一个 SID/Label Range TLV，并按照配置的先后顺序依次通告。源发节点应当存储

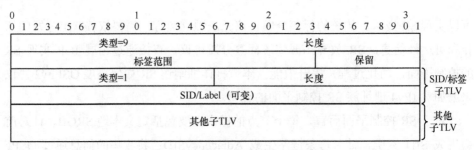

图 9.6　SID/Label Range TLV 格式

本地生成的标签范围以及通告顺序，确保节点执行平滑重启后不会丢失之前的通告信息。对于接收节点而言，应当存储收到的标签范围顺序，这关系到标签值的生成。假定依次从某个节点收到 3 个标签范围如下。

范围 1　　　　范围大小：100　　　　SID/标签子 TLV：100
范围 2　　　　范围大小：100　　　　SID/标签子 TLV：1000
范围 3　　　　范围大小：100　　　　SID/标签子 TLV：500

可以计算得到源发节点的 SRGB=[100,199][1000,1099] [500, 599]，那么 SID 索引 0 对应标签 100，SID 索引 99 对应标签 199，SID 索引 100 对应标签 1000，SID 索引 199 对应标签 1099，SID 索引 200 对应标签 500，SID 索引 299 对应标签 599。

SID 索引从多个非连续标签块中索引相应的 SID，SID 规模可以基于应用需求灵活拓展，但是源发节点要保证标签范围不能重叠，否则将导致产生错误。

（2）SR-Algorithm TLV（类型 8）

该 TLV 格式如图 9.7 所示，算法字段为标识算法类型的数值。一个节点可以使用不同算法计算到达目的节点的路径，例如基于链路代价的最短路径优先算法、严格最短路径优先算法等，当前定义两种类型的算法，0 表示 SPF 算法，1 表示严格 SPF 算法。

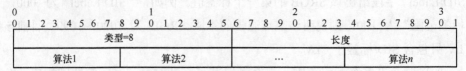

图 9.7　SR-Algorithm TLV 格式

（3）SR Local Block TLV（类型 14）

SR 本地块（SR Local Block，SRLB）TLV 格式与图 9.6 所示的 SID/Label Range TLV 基本一致，唯一不同是该 TLV 类型值为 14。SRLB TLV 用于通告节点为本地 SID 的标签空间，该空间内的 SID 可以被节点使用，用于分配给本地的 AdjacencySID，也可以供其他应用或者集中控制器使用，用于指示该节点分配一个特定的本地 SID。如果网络部署了控制器或者网络应用，它们可以通过这个消息获知该节点的本地 SID 范围，集中为每个节点安装本地 SID，不会因为盲目指定标签出现标签冲突的问题。

每当节点从 SRLB 中分配一个 SID，就向 SR 域通告该变化，以便集中式控制器或者网络应用能够及时获知 SRLB 的变化，从而避免集中式分配 SID 和节点独立分配本地 SID 时出现冲突。对于 OSPF 而言，节点为 AdjacencySID 分配本地 SID，并通过拓展链路 TLV 在域内洪泛，控制器或网络应用通过 OSPF 消息获知 SRLB 的改变。如果节点上存在其他应用从 SRLB 中分配 SID，那么需要其他机制通告 SRLB 的变化。

（4）SRMS Preference TLV（类型 15）

SR 映射服务器（Segment Routing Mapping Server，SRMS）主要用于支持 SR 的协议与其他标签分发协议互操作时，代表不支持 SR 域的节点为域内的前缀分配 PrefixSID。

出于可靠性考虑，可能同时存在多个 SRMS 为相同的前缀分配 PrefixSID，当 SR 节点从多个 SRMS 收到针对同一个前缀的 PrefixSID 时，需要依赖 SRMS 的偏好值优选。SRMS Preference TLV 格式如图 9.8 所示，偏好值取值范围为 1～255，值越大，优先级越高。

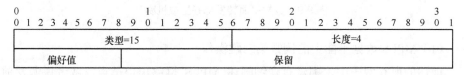

图 9.8　SRMS Preference TLV 格式

9.2.2　PrefixSID 通告

通过 PrefixSID 通告为指定的前缀分配 SID。从 SR 架构可知，实际分配的是一个全局的 SID 索引。每个节点通过组合对应节点的 SRGB 和全局 SID 索引可以得到数据平面使用的标签。

如图 9.9 所示，节点 4 为本地 Loopback 地址 1.0.0.4/32 分配全局 SID 索引 20 并通过 PrefixSID 消息在整个区域内洪泛，区域内每一个节点都收到相同的消息。对于节点 2 而言，收到此消息后，基于 OSPF 的最短路径计算结果，发现节点 4 是到达该前缀的首选下一跳，于是计算邻居节点 4 所使用的标签：节点 4 的 SRGB 起始值+SID 索引=4000+20=4020，4020 即本地出标签；与之对应入标签是节点 2 的 SRGB 起始值+SID 索引=2000+20=2020，于是建立入标签为 2020、交换标签为 4020 的转发表。同理，节点 1 基于 OSPF 的最短路径计算结果发现到达 1.0.0.4 的首选下一跳为节点 2 和节点 3，基于节点 2 和节点 3 通告的 SRGB 和 SID 索引，得到标签分别为 2020 和 3020，因为两条路径为等代价路径，所以同时向数据平面建立等代价转发表，并以负载均衡的方式使用它们。

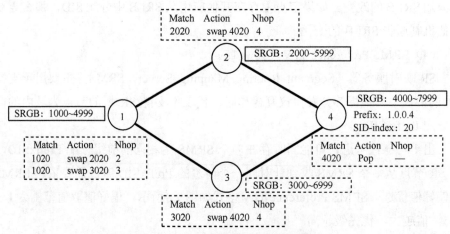

图 9.9　数据平面转发标签生成机制

（1）MPLS 数据平面中的倒数第二跳操作

前述的所有例子中，都没有详细阐述 MPLS 网络出口节点，或者说源发前缀标签节点的标签操作。图 9.10 是抽取图 9.9 中节点 3 和节点 4 的转发表，阐明最后两个节点的数据操作。假定节点 4 源发 3 条前缀：1.0.0.4/32、2.0.0.4/32 和 3.0.0.4/32，不同前缀分配的 SID 索引分别为 20、21 和 22，通过与节点 4 的 SRGB 组合计算得到 3 条不同的转发表项。同样，节点 3 也在数据平面建立 3 条转发表项。携带 PrefixSID 的分组到达节点 3 进行栈顶标签交换后发送给节点 4，节点 4 对所有标签进行相同操作，即基于下一层标签或者 IP 地址进行转发，将这种操作模式定义为原生模式。

　　原生模式中，节点的操作是可优化的。节点 4 作为源发前缀标签的节点，对所有的标签操作是一样的，所以，可以为所有源发前缀分配同一个标签，这个标签称为显式空标签（Explicit Null Label），一方面可以减少本地标签的消耗，另一方面简化了本地转发操作。如图 9.11 所示，节点 4 针对每个源发前缀通告不同的 SID，以便于其他非倒数第二跳节点能够计算正确的标签值，对于倒数第二跳节点 3 而言，在明确了其邻居节点 4 为源发前缀标签节点且获知节点 4 要求执行显式空标签交换动作后，不再基于 SRGB+SID 索引计算标签，而是直接使用显式空标签作为出标签。此时对于节点 4 而言，只需要为所有源发前缀建立一条关于显式空标签的转发表项即可。这种操作模式称为显式空标签模式。

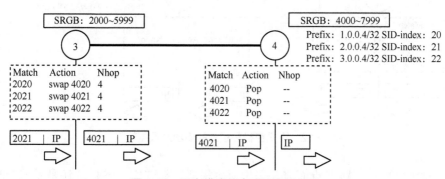

图 9.10　原生模式的表项及数据转发

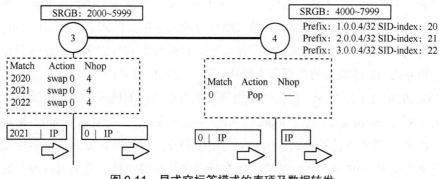

图 9.11　显式空标签模式的表项及数据转发

更进一步分析，源发前缀标签的节点对显式空标签的操作分为两步：一是匹配显式空标签后弹出标签，二是匹配下一层标签或者匹配 IP 转发表后转发。如果将空标签的弹出操作前移至倒数第二跳节点，那么源发前缀标签节点的操作就可以直接进入第二步。这种转发操作称为倒数第二跳弹出。传统标签分发协议 LDP 通过为所有源发前缀分配隐式空标签，并将隐式空标签告知倒数第二跳节点，让倒数第二跳节点执行第二跳弹出操作。这种模式称为隐式空标签模式。如图 9.12 所示，节点 4 针对每个源发前缀通告不同的 SID 索引，以便于其他非倒数第二跳节点计算正确的标签值，对于倒数第二跳节点 3 而言，它在明确了其邻居节点 4 为源发前缀标签节点且获知节点 4 要求执行倒数第二跳弹出操作后，不再计算标签，直接生成标签动作为Pop的表项。此时最后一跳节点4不需要建立任何表项。

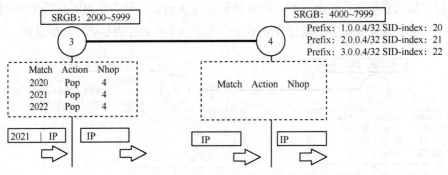

图 9.12　隐式空标签模式的表项及数据转发

对于倒数第二跳节点而言，采用原生模式、显式空标签模式还是隐式空标签模式由最后一跳节点决定。在传统标签分发协议中，通过分发普通标签要求倒数第二跳执行原生模式；通过分发标签 0 或 2 要求倒数第二跳执行显式空标签模式；通过分发标签 3 要求倒数第二跳执行隐式空标签模式。对于支持 SR 的 OSPF 而言，源发节点不再为前缀分配标签，而是分配 SID 索引，这意味着必须通过额外的消息字段宣告邻居节点所执行的标签操作模式。

OSPF 定义了两个标志位告知倒数第二跳节点执行的模式：关闭倒数第二跳弹出（No Penultimate Hop Popping，NP）标志和显式空（Explicit-null）标志。NP=0，执行隐式空标签模式，倒数第二跳不需要进行标签计算，直接将标签动作定义为弹出。NP=1，则倒数第二跳执行常规的标签交换，交换为何种标签由

E 位决定：E=1，则执行显式空标签模式，将标签交换为 0（IPv4 地址族）或 2（IPv6 地址族），此时不需要计算标签值；E=0，则执行原生模式，倒数第二跳进行正常标签计算，并将计算结果作为被交换的标签。

隐式空标签模式简捷高效，默认情况 PrefixSID 的通告中 NP=0，意味着采用倒数第二跳弹出。在一些应用场合中，MPLS 标签的 TC 字段或 EXP 位被用于承载特定服务相关信息，如果在倒数第二跳把标签弹出，那么最后一跳节点将丧失这些信息无法很好地支撑应用。此时，最后一跳节点应当关闭倒数第二跳弹出功能，并依据情况设置显式空标志 E 的状态。

如不做特殊说明，本节示例都采用显式空标签模式。

（2）PrefixSID 报文格式

PrefixSID 通过 Extended PrefixLSA 进行通告，PrefixSID 报文格式如图 9.13 所示。拓展前缀 TLV 的路由类型与 OSPF 通告前缀的 LSA 类型一致，此处重新通告是为了绑定对应的 SID 信息。PrefixSID 子 TLV 携带该前缀对应的 SID 信息，其中标志位字段包括 NP、M、E、V、L。NP 表示关闭倒数第二跳弹出，M 表示该 SID 由映射服务器进行分配，E 表示显式空标签。V=1 表示携带 SID 绝对值，V=0 表示携带 SID 索引。L=1 表示 SID 本地有效，否则为全局有效。V 和 L 组合识别"SID/索引/标签"字段的具体含义，目前仅有两种组合是有效的：1）V=L=0，该域为 4byte，承载通告前缀所绑定的全局 SID 索引；2）V=L=1，该域为 3byte，承载通告前缀所绑定本地标签值。MT-ID 用于对多拓扑的支持。算法字段的定义与 SR 能力通告定义的算法保持一致，能力通告中宣告节点支持算法的种类，这里指该 SID 计算表项时所采用的算法。

（3）为区域内前缀分发 PrefixSID

OSPF 通过路由器 LSA 中 Stub 链路类型通告节点前缀信息。节点将相应前缀信息在区域内洪泛后，如果节点具备 SR 能力，且需要为相应前缀分配 SID 信息，则通过拓展前缀 LSA 消息在区域内洪泛 SID 信息。

拓展前缀 TLV 的路由类型设置为 1，表示区域内前缀。SR 的常规应用是为路由器 Loopback 地址前缀分配 SID，以标识节点，该 TLV 中的标志位 N 设置为 1。如果前缀不作为路由器 ID 标识，则不设置该标志位。在 Anycast 情况下，前缀标识的是一组节点，此时的标志位 N 设置为 0。

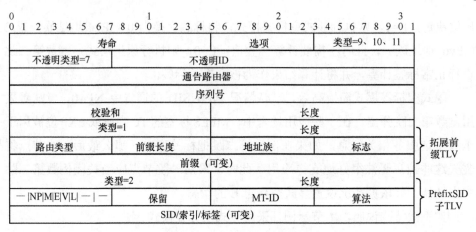

图 9.13　PrefixSID 报文格式

在 PrefixSID 子 TLV 中，重点关注 NP 和 E 比特位的设置。节点是否启用倒数第二跳弹出，依据具体情况而定。

拓展前缀 LSA 需要在区域内洪泛，采用 LSA10 类型承载。OSPF 的 LSA 洪泛方式使区域内的节点收到相同的 LSA 信息。

源发 LSA 的节点设置 NP 和 E 比特位，倒数第二跳节点解析这两个比特位，从而确定是直接弹出标签操作（隐式空标签模式）还是进行标签交换操作（显式空标签/原生模式）。如图 9.14 所示，除 Link(3,4)链路代价为 100 外，其他为 10。节点 4 为节点前缀 1.0.0.4/32 分配 SID 索引 20，并携带 NP=1、E=1 标志，节点 1、2、3 收到相同的拓展前缀 LSA 消息。针对前缀 1.0.0.4/32，节点 2 需要做两个操作：1）从本地 LSDB 中查找该前缀的通告路由器 ID，发现是由节点 4 源发该前缀的；2）从本地路由表查找去往 1.0.0.4/32 的首选下一跳，发现是节点 4。下一跳节点是源发前缀节点，节点 2 判定将去往 1.0.0.4/32 前缀的倒数第二跳，依据该前缀的 PrefixSID 子 TLV 中的 NP=1（关闭倒数第二跳弹出）、E=1（使用显式空标签），设置为显式空标签模式，并将出标签设置为显式空标签 0。对于节点 3 而言，基于通告路由器 ID，识别前缀 1.0.0.4/32 为邻居节点 4 源发，依据 SPF 算法，本地去往 1.0.0.4 的首选下一跳为节点 1，下一跳节点不是源发前缀节点，因此判定节点 3 不是倒数第二跳。按照常规方法计算本地出标签：下一跳节点 1 的 SRGB 起始值+SID 索引=1000+20=1020。

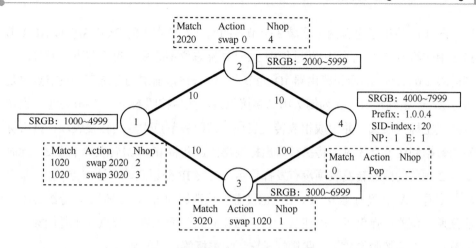

图 9.14　倒数第二跳辨识与表项安装

（4）为区域间前缀分发 PrefixSID

ABR 负责将一个区域内的前缀信息，通过 LSA3 承载并扩散到其他区域。启动 SR 功能的 ABR 将区域内拓展前缀 LSA 转换为区域间拓展前缀 LSA 进行传播，因为跨区域传播，需修改通告路由器 ID，LSA 类型保持为 LSA10。

除了承载拓展前缀 LSA 的通告路由器 ID 改变外，还需要将拓展前缀 TLV 中的路由类型由 1 改为 3，表示区域间路由。标志位是否被添加 A 标志，取决于该前缀的依附点。如果该前缀为 ABR 本地直连，则设定 A 标志。举例来说，ABR 连接了区域 1 和区域 0，如果 ABR 的 1 个接口位于区域 1，配置在该接口的前缀会被 ABR 转换为区域间前缀传播到区域 0。ABR 为该区域间前缀分发 PrefixSID 时，会在拓展前缀 TLV 的标志位字段中设置 A 标志。

对于区域间前缀的 PrefixSID 子 TLV 而言，SID 保持不变，也就是说，如果非骨干区域内节点为某前缀生成了 SID 索引 Idx，ABR 将该前缀的拓展前缀 LSA 跨域传播时，SID 保持 Idx 不变，但是 NP 和 E 标志会发生改变。

跨区域传播 PrefixSID 时 NP 和 E 标志改变，是因为 ABR 在将 LSA1 中的前缀通过 LSA3 承载时，修改了通告路由器 ID 字段。ID 字段的修改，将会引起沿途相关节点无法准确判断自己是否为真正的倒数第二跳，导致出标签计算错误，影响数据平面的转发操作。必须对相关标记位进行合适的转换，才能保证数据平面正常工作。

图 9.15 给出了包含两个区域 3 个节点的网络，节点 1 的 PrefixSID 被 ABR 节点 2 中转给节点 3，假定中转过程中 NP、E 标志位不改变。对于节点 3 而言，识别前缀 1.0.0.1/32 的通告路由器 ID 为节点 2，去往该前缀的首选下一跳节点也是节点 2，于是判定节点 3 为倒数第二跳接节点，然后按照 NP=0、E=0 标志，设定为隐式空标签模式，并生成相应转发表项。按照各节点生成的转发表项，携带标签的数据到达节点 3 时，将执行弹出标签操作，并将 IP 分组转发给节点 2，此时节点 2 预装的标签转发表项没有发挥作用，最终 IP 分组正确到达节点 1。从整个过程来看，ABR 没有修改 NP、E，也没有影响数据的可达性，但是，分组标签在非预期的位置被弹出了。单纯从 MPLS 数据转发平面来看，节点 3 不是倒数第二跳节点，但却按照倒数第二跳进行操作，使得标签过早的弹出。

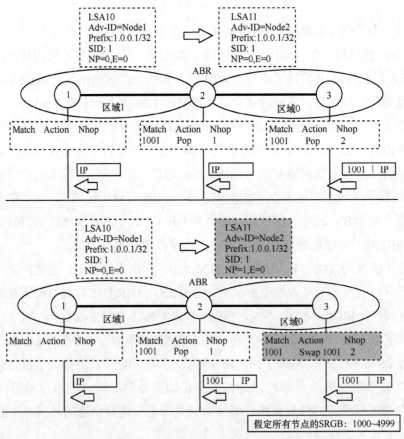

图 9.15　跨域传播 PrefixSID 时将 NP=0 转变为 NP=1

为解决标签过早弹出的问题，ABR 在中转拓展前缀 LSA 时，还需要对 NP 和 E 标志位进行修改。从控制协议角度来说，节点 3 依据通告路由器 ID 和首选下一跳节点判断自己为倒数第二跳节点是没问题的，但是它不能执行倒数第二跳动作。即节点 2 要告知节点 3 关闭倒数第二跳弹出，按照常规标签交换进行标签生成。因此，ABR 在中继拓展前缀 LSA 时，需要将 NP=0 标志转变为 NP=1，节点 3 执行正常的标签交换操作。对比图 9.15 的上下两部分，可以看出，通过修改 NP，改变了节点 3 生成的转发表项，确保标签分组到达节点 2，并在节点 2 弹出后发送节点 1，实现了预期的目标。

图 9.16 给出了 NP=1、E=1 时，ABR 节点 2 不修改标志位直接中转时的情况。节点 2 按照规则判定自己为倒数第二跳，并按照节点 1 的要求使用显式空标签模式，设置出标签 0。同时，节点 3 依据规则判定自己为倒数第二跳，并按照节点 2 的要求，关闭倒数第二跳弹出功能，并开启显式空标签模式，建立出标签 0 的表项。当携带标签的分组到达节点 3 时，栈顶标签被交换为标签 0 后发送给节点 2，对于节点 3 而言，没有建立针对标签 0 的表项，导致数据转发丢弃。此时，不对标志位进行修改，将影响数据转发的正确性。

引发数据中断的根本原因是节点 3 采用了显式空标签模式。如果节点 3 采用原生模式，设置正常的出标签，则可以解决该问题。ABR 在中转 NP=1、E=1 的拓展前缀 LSA 消息时，将 E 标记修改为 0，关闭显式空标签。对比图 9.16 上下两部分，可以看出，通过修改 E，使得节点 3 生成的出标签满足节点 2 的预期，从而实现了目标。

图 9.17 给出了 NP=1、E=0 时，ABR 节点 2 不修改标志位直接中转的情况。从图 9.17 中可以看出，节点 2 不对标志进行修改并且不会影响数据转发，所有操作与预期目标一致。节点 1 源发拓展前缀 LSA 时，设置 NP=1、E=0，要求节点 1 针对每一个前缀分配一个标签，操作代价和效率都很低。

通告 PrefixSID 时设置 NP=1、E=0 标志，能够矫正按照规则判定自己为倒数第二跳，而实际并非倒数第二跳的节点建立错误的转发表项，这被视为一种安全的操作，但效率比较低，有特殊需求时才会被采用。

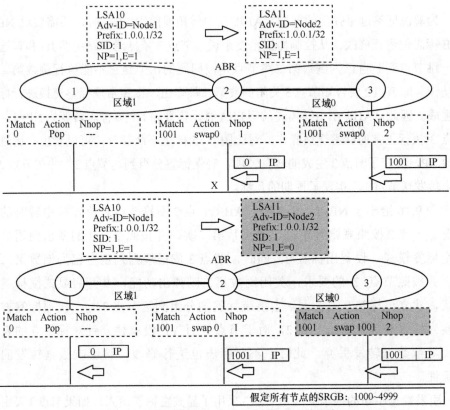

图 9.16 跨域传播 PrefixSID 时将 E=1 转换为 E=0

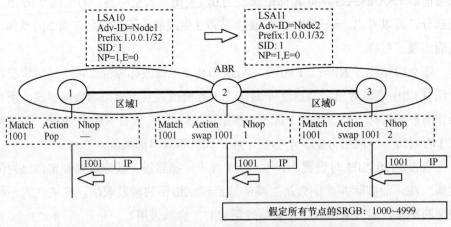

图 9.17 跨域传播 PrefixSID 时的倒数第二跳问题

上述讨论了 ABR 在中转非本地前缀时，NP、E 标志位需要进行对应的转换。存在一种情况，即 ABR 将本地前缀进行域间通告时，不需要修改 NP、E 标志位。如图 9.18 所示，ABR 节点 2 的本地前缀 1.0.0.2/32 划分到区域 1，节点 1 作为倒数第二跳，按照节点 2 的要求，正确建立表项和执行数据转发。同时，节点 2 作为 ABR，将该前缀进行域间扩散且不修改 NP、E 标志位。节点 3 能够正确判断自己为倒数第二跳，正确建立表项和执行数据转发。如果节点 2 在源发 PrefixSID 时，设置 NP=0、E=0，ABR 进行域间扩散时，不需要修改相应标志位，仍然可以保证正确建立表项和执行数据转发。

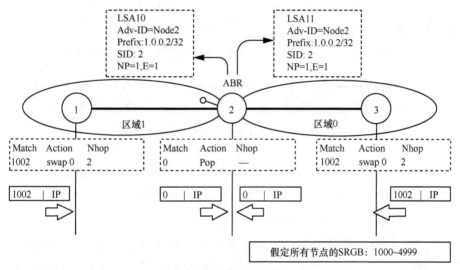

图 9.18　ABR 本地前缀的第一次中继

对比 ABR 在中转非本地前缀和本地前缀两种情况可以发现，无论哪种情况，按照规则节点 3 总是判定自己为倒数第二跳节点。如果 ABR 中转本地前缀，节点 3 的判断是正确的，无须对 NP、E 标志位进行修改。如果 ABR 中转非本地前缀，从整个数据转发路径来看，节点 3 的判决是错误的，只有对 NP、E 标志位进行修改，才能纠正节点 3 的错误行为，实现预期的目标。

ABR 在中转本地前缀时，不需要修改 PrefixSID 子 TLV 中的 NP、E 标志位，但是需要修改拓展前缀 TLV 中"标志"，增加 A 标志位，表明这个前缀为当前 ABR 直连。A 标志位不能跨区域传送。如图 9.19 所示，当该拓展前缀 LSA

被 ABR 节点 3 进一步中转到区域 2 时，因为通告路由器 ID 被再次修改，所以，其携带的 A 标志位必须被置 0，以表明该前缀并非 ABR 节点 3 的本地直连前缀。对于 ABR 节点 3 而言，前缀 1.0.0.2/32 并非其本地直连前缀，所以，节点 3 还需进一步修改 NP、E 标志位，使区域 2 中的节点能够建立合适的转发表项，满足预期行为。

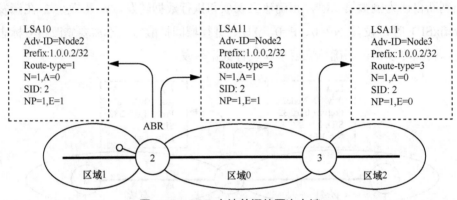

图 9.19　ABR 本地前缀的两次中继

针对 ABR 为区域间前缀分发 PrefixSID 信息，重点需关注相关标志位的改变，确保建立的转发表项能够按预期支撑数据行为转发。

（5）为外部前缀分发 PrefixSID

OSPF 的外部前缀来自路由重分发协议。通过重分发前缀，可以将不同的协议域连接，在数据平面构建一条从源到目的的跨越多个协议域的完整数据转发路径。

对于引入外部前缀的 ASBR 节点而言，外部前缀包括非本地前缀和本地前缀。

非本地前缀重分发 PrefixSID 时，ASBR 节点不会是倒数第一跳节点（本地前缀源发重分发 PrefixSID 时才是倒数第一跳节点），意味着 OSPF 域与 ASBR 相连的节点不会是倒数第二跳节点。与区域间前缀的 PrefixSID 分发过程遇到的问题一样，OSPF 区域内的节点基于 OSPF 的逻辑，会判断自己为倒数第二跳节点。为了纠正这种"错误"行为，要求 OSPF 内其他节点（非 ASBR）关闭倒数第二跳弹出功能，并且不使用显式空标签。ASBR 基于转发数据分组的入标签索引合适的出标签，进行标签交换或者标签弹出，从而将 SR 数据以合理的方式从 OSPF 域中继到其他协议域。

ASBR 为本地前缀重分发 PrefixSID 时，ASBR 是倒数第一跳节点，为了与重分发非本地前缀的 PrefixSID 区分，需要设置拓展前缀 TLV 的 A 标志位，表示这个前缀为 ASBR 直连前缀。

综上，ASBR 在重分发外部前缀 PrefixSID 时，使用 LSA11 承载，拓展前缀 TLV 的路由类型设置为 5，不设置 N 标志位，A 标志位依据是否为 ASBR 本地前缀设置，PrefixSID 子 TLV 中 NP=1、E=0。

OSPF 域中存在一种特殊的 NSSA，其在重分发外部前缀的 PrefixSID 时需要单独讨论。

在 NSSA 中 ASBR 通过 LSA7 传播外部前缀，LSA7 到达 ABR 后，被 ABR 转换为 LSA5 后全域扩散。

NSSA 的 ASBR 为外部前缀分发 PrefixSID 时，采用 LSA10 承载，确保只在当前 NSSA 传播。同时，将拓展前缀 TLV 的路由类型设置为 7。ABR 检测拓展前缀 LSA 的路由类型为 7，将该 LSA 转换为 LSA11，在全域传播，TLV 的路由类型修改为 5。ABR 进行转换过程时，需要修改通告路由器 ID，原消息中 PrefixSID 子 TLV 中 NP=1、E=0，此设置已经避免了沿途可能 "倒数第二跳" 节点的错误行为，ABR 在中转过程中不需要改变 NP、E 标志位。

还需要说明一点，对于本地节点而言，互相重分发的协议必须使用相同的 SRGB 空间。

9.2.3 AdjacencySID 通告

AdjacencySID 用于引导本地出口流量到指定的邻居节点，甚至到指定邻居节点的指定接口。

AdjacencySID 在本地动态标签范围中自动分配，不消耗 SRGB 标签空间。协议为 AdjacencySID 分配的是一个本地标签值，不是标签索引。本地标签来自 SRLB 或者普通的标签空间，与具体应用有关。

OSPF 定义的链路类型包括点到点链路、多点接入链路（包括广播链路、

NBMA）、虚链路以及伪链路（Sham Link）等，目前 OSPF 不为虚链路和伪链路生成 AdjacencySID。

OSPF 启动后通过交互 Hello 报文发现邻居，并识别对应的链路类型，运行于同一条链路两端的 OSPF 进程对链路类型达成共识后，进入会话状态。进入会话状态后才能真正识别邻居节点。AdjacencySID 的作用是将流量从本地接口引导到指定的邻居节点，只有邻居会话进入 2-way 及以上状态后，OSPF 才为该邻居分配对应的 AdjacencySID。其中，这些会话必须是建立在点到点或者多点接入链路上的。

OSPF 为一个邻居链路分配至少两个关联的 AdjacencySID，一个具有保护资格（Protection-eligible），另一个不受保护。具有保护资格的 AdjacencySID 可以与 FRR 的入标签建立标签交换机制，在该链路故障时通过 FRR 实现保护。虽然该链路被分配了具有保护资格的 AdjacencySID，但不意味着一定存在相应的保护路径。

不受保护的 AdjacencySID 也有独特的应用场景，例如，源端不需要数据路径上的中间节点通过 FRR 进行流量保护，而是要立刻感知中间节点故障，并通过源端重新编排路径的方式进行端到端的路径调整。

SR 使用拓展链路不透明 LSA 分发 AdjacencySID，用于针对路由器 LSA 中通告的链路信息，进一步描述对应链路 SID 信息。重新整理拓展链路不透明 LSA 报文格式如图 9.20 所示，拓展链路 TLV 包含的信息与 LSA 描述链路的信息一致。

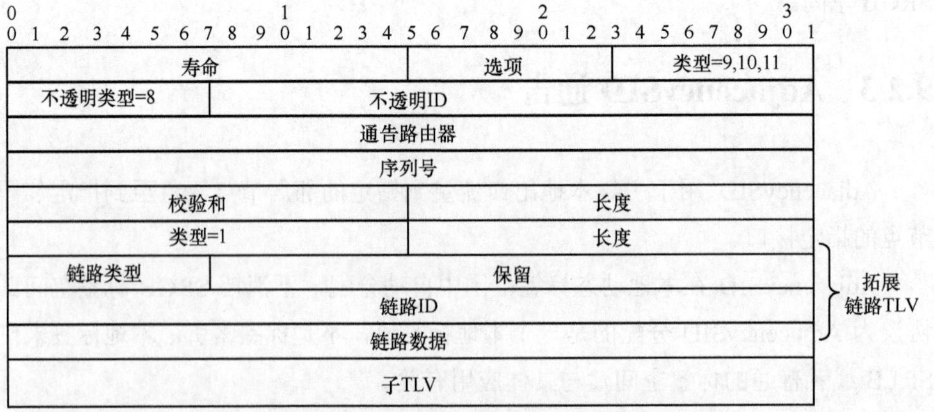

图 9.20　拓展链路不透明 LSA 报文格式

（1）为点到点链路邻居分发 AdjacencySID

AdjacencySID 子 TLV 格式如图 9.21 所示。

类型=2		长度	
B|V|L|G|P| — | — | —	保留	MT-ID	权重
SID/索引/标签（可变）			

图 9.21　AdjacencySID 子 TLV 格式

主要域的含义如下。

B（Backup）标志位：如果为 1，则表示 AdjacencySID 具有保护资格，否则，表示 AdjacencySID 不具有保护资格。

G（Group）标志位：如果 AdjacencySID 表示一组邻居集合则置为 1，可以将一个 SID 分配到多条链路，即不同链路可以拥有相同的 SID。

P（Persistent）标志位：设置为 1 表示该链路分配的 AdjacencySID 始终不变；如果该标志为 0，则 AdjacencySID 是可变的。

V（Value）标志位：表示"SID/索引/标签"字段携带的是 SID 值还是 SID 索引。如果为 1，表示 SID 值；如果为 0，表示 SID 索引。

L（Local）标志位：表示 AdjacencySID 是本地有效还是全局有效。L 为 1，表示本地有效，L 为 0，表示全局有效。

对于 AdjacencySID 而言，总有 V=L=1，即本地有效的 SID 值，此时"SID/索引/标签"字段长度为 3byte。

权重：AdjacencySID 在负载均衡时的权重。

两个节点之间存在一条点到点链路时，图 9.21 所示格式是没有问题的。当两个节点之间存在多条点到点链路时，为了更精确地描述 AdjacencySID 分配到哪条链路，需在图 9.21 描述的 AdjacencySID 格式尾部再携带一个远端 IPv4 地址子 TLV（类型为 8）或者本地/远端接口 ID 子 TLV（类型为 9）。

（2）为多节点接入链路邻居分发 LAN AdjacencySID

在广播、NBMA 以及混合网络等多点接入链路环境下，OSPF 会推举一个 DR 为代表，避免接入该链路的节点全互联。多点接入链路的节点通过本地接口与 DR 的连接描述链路信息，这条链路可以分配 AdjacencySID。但是多点接入链路还存在其他邻居节点，必须增加链路描述字段才能为这些链路分配

AdjacencySID。LAN AdjacencySID 子 TLV 用于实现该目的，其格式如图 9.22 所示，与 AdjacencySID 子 TLV 的格式类似，在其基础上增加了"邻居 ID"字段，在多点接入环境为本地接口到非 DR 节点链路分配 AdjacencySID。

图 9.22　LAN AdjacencySID 格式

（3）为多区域链路分发 AdjacencySID

针对多区域链路而言，为其分配的 AdjacencySID 与该链路所属区域无关。当一条链路属于多区域时，每个区域内对该链路通告的 AdjacencySID 标签值是一样的。

下面通过一个示例综合说明节点生成的 AdjacencySID 信息内容。如图 9.23 所示，网络中存在 3 个节点 A、B、C，其中节点 A 和节点 B 之间存在两条点到点链路，采用编号方式。同时，节点 A、B、C 同时接入一个多点接入网络。

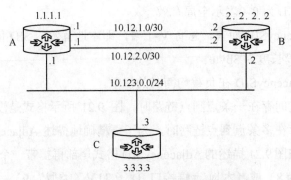

图 9.23　AdjacencySID 分发的拓扑示例

节点 A 为其接入的 3 条链路分配 AdjacencySID，针对配置 10.12.1.0/30 网段的链路分配了两个 AdjacencySID，一个具有保护资格，一个不具有保护资格。为区分节点之间的两条链路，AdjacencySID 子 TLV 携带远端接口 IP 地址子 TLV，通过该子 TLV 字段携带远端接口的 IP 地址，拓展链路 LSA 信息如下：

```
Opaque Type: 8//拓展链路 LSA
Advertising Router: 1.1.1.1

    Type: 1                          //拓展链路 TLV
        Link Type: 1                 //点到点链路
        Link ID: 2.2.2.2             //邻居路由器 ID
        Link Data: 10.12.1.1         //连接到邻居的接口 IP 地址

    Type: 2                          //AdjacencySID 子 TLV
    Flags: 0xe8                      //B=1，V=1，L=1，S=0，P=1
        Label: 1102                  //具有保护能力的标签

    Type: 2//                        AdjacencySID 子 TLV
    Flags: 0x68                      //B=0，V=1，L=1，S=0，P=1
        Label: 2102                  //不具有保护能力的标签

    Type: 8                          //远端接口 IP 地址子 TLV
Neighbor Address: 10.12.1.2          //该点对点连接的对端接口 IP 地址
```

节点 A 对多点接入链路的每个邻居分配两个 AdjacencySID，一个具有保护资格，另一个不具有保护资格。其中，DR 邻居节点 3 的 AdjacencySID 采用 AdjacencySID 子 TLV 描述，非 DR 邻居节点的 AdjacencySID 采用 LAN AdjacencySID 子 TLV 描述。

```
Opaque Type: 8                       //拓展链路 LSA
Advertising Router: 1.1.1.1

    Type: 1                          //拓展链路 TLV
        Link Type: 2                 //Transit Network
        Link ID: 3.3.3.3             //DR 路由器 ID
        Link Data: 10.123.0.1        //连接 DR 的接口 IP 地址

    Type: 2                          //AdjacencySID 子 TLV
    Flags: 0xe8                      //B=1，V=1，L=1，S=0，P=1
        Label: 1003                  //为 DR 邻居分配具有保护能力的标签

    Type: 2                          //AdjacencySID 子 TLV
    Flags: 0x68                      //B=0，V=1，L=1，S=0，P=1
```

```
        Label: 2003          //为 DR 邻居分配不具有保护能力的标签


      Type: 3                //LAN AdjacencySID 子 TLV
      Flags: 0xe8            //B=1，V=1，L=1，S=0，P=1
      Neighbor ID: 2.2.2.2   //非 DR 路由器 ID
        Label: 1002          //为非 DR 邻居分配具有保护能力的标签


      Type: 3                // LAN AdjacencySID 子 TLV
      Flags: 0x68            //B=0，V=1，L=1，S=0，P=1
      Neighbor ID: 2.2.2.2   //非 DR 路由器 ID
        Label: 2002          //为非 DR 邻居分配不具有保护能力的标签
```

9.2.4 OSPF 与传统标签分发协议的协作

OSPF 协议升级后，能够分发 SR 标签，可以实现节点对 SR 的支持。网络中可能存在一些节点无法进行协议升级，这些节点利用传统标签分发协议（如 LDP、RSVP 等）进行标签分发。运行传统标签分发协议的区域与 SR 区域需要相互协作，共同实现对 SR 的支持。

假定 LDP 域运行不支持 SR 的 OSPF 协议，并通过 LDP 为前缀分发标签；SR-OSPF 域运行支持 SR 的 OSPF 协议，通过 OSPF 协议为前缀分发标签。

（1）从 LDP 域去往 SR-OSPF 域的数据转发

LDP 域和 SR-OSPF 域通过基本的 OSPF 协议生成 OSPF 域的最短路径树，并建立前缀路由表。SR-OSPF 域的前缀出现在 LDP 域时，LDP 域内节点为其分配 LDP 标签，两个域在协议平面不需要交互的条件下，实现数据平面的互通。

以图 9.24 所示场景为例，节点 1 的前缀 1.0.0.1/32 通过 OSPF 传播给所有节点，在节点 3、2、1 之间建立最优转发路径。SR-OSPF 域的节点解析节点 1 发布的 PrefixSID 信息，并建立对应的 MPLS 转发表项，节点 2 将建立两条转发表项：Match 1.0.0.1/32 Push 1001 和 Match 1001 Swap 1001。LDP 域的节点无法解析 PrefixSID 消息，不会建立 SR 转发表项。LDP 域的节点只会针对前缀 1.0.0.1/32 通过 LDP 分发标签。节点 2 同时运行 LDP，为前缀 1.0.0.1/32 源发本地标签 20001。节点 3 为该前缀通过 LDP 分发本地标签 30001。

从数据转发平面来看，去往 1.0.0.1 的 IP 分组到节点 3 后被压入 LDP 标签 20001，携带 20001 标签的数据到达节点 2 后，标签被弹出还原为 IP 分组。如果节点 2 在转发表生成时，将关联的 SR 表项（Match 1.0.0.1/32 Push 1001）和 LDP 表项（Match 20001Pop）合并为一条表项（Match 20001 swap 1001），源自 LDP 域去往 SR-OSPF 域的数据可以无缝穿越两个域的边界。实际 LDP 域与 SR-OSPF 域的边界节点，在生成转发表项时，必须汇总两侧不同协议针对同一前缀分发的表项内容，才能使 LDP 与 SR 兼容。

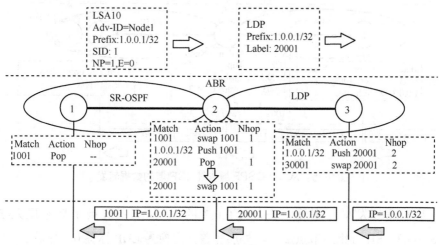

图 9.24　从 LDP 域去往 SR-OSPF 域的数据转发

（2）从 SR-OSPF 域去往 LDP 域的数据转发

按照 SR-OSPF 协议机制，节点只为源发的前缀分配 PrefixSID。LDP 域的节点不支持 SR，不会为对应前缀生成 PrefixSID，SR-OSPF 域中节点无法为 LDP 域前缀生成 MPLS 转发表项。为了解决这个问题，SR 专门定义了 SR 映射服务器（SR Mapping Server, SRMS），由 SRMS 代替不具备 SID 分配能力的节点，为相应前缀分配 SID，使得 SR-OSPF 域节点获知非 SR 域内前缀的 SID 信息，建立相应 MPLS 转发表项，实现两个域之间的互通。

如图 9.25 所示，LDP 域中引入一个节点 4 作为 SRMS，其运行 OSPF 协议，并通过拓展前缀 LSA 配置 LDP 域。ABR 节点 2 将 SRMS 通告的 PrefixSID 中继到 SR-OSPF 域内，使得 SR-OSPF 域内节点获知 1.0.0.3/32 前缀的 PrefixSID 信息，在 SR-OSPF 域内建立 MPLS 转发表项。对于 LDP 域而言，按照 LDP 标签分发协议，节点 3 源发前缀 1.0.0.3/32，为上游邻居分配显式空标签，节点 2 针对该前缀分配 LDP 标签 20003。节点 2 以前缀 1.0.0.3/32 为索引，结合 LDP 标签和 SR 标签，生成 MPLS 表项，匹配 SR 标签 1003 交换 LDP 标签 0。

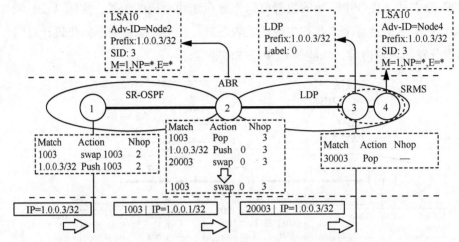

图 9.25　从 SR-OSPF 域去往 LDP 域的数据转发

从数据转发平面来看，去往 1.0.0.3 的 IP 分组到节点 1 后被压入 SR 标签 1003，SR 分组到节点 2 后，外层标签被交换为 LDP 标签 0，最后 IP 分组正确到达目的节点 3。可以看到在不支持 SR 的区域部署 SRMS 代为通告相应的 PrefixSID 信息，可以使两个域在协议平面不需要交互的条件下，实现控制平面的协作；同时 LDP 域与 SR-OSPF 域的边界节点，在生成转发表项时需汇总两侧不同协议针对同一前缀分发的表项内容，才能使异构协议的数据平面兼容，实现互通。

SRMS 通告 LDP 域内的前缀信息，涉及前缀数量较多，定义了一种新的 TLV 类型，称为拓展前缀范围 TLV，可以一次携带多个前缀及其 PrefixSID。携带前缀范围的拓展前缀范围 TLV 格式如图 9.26 所示。假定为非 SR 域内 A、B、C、D 4 个节点的前缀分配如下 SID 索引。Router-A: 192.0.2.0/30, PrefixSID: Index 51；Router-B: 192.0.2.4/30, PrefixSID: Index 52；Router-C: 192.0.2.8/30, PrefixSID: Index 53；Router-D: 192.0.2.12/30, PrefixSID: Index 54。使用一条拓展前缀范围 LSA 可以表示：Prefix=192.0.2.0, Prefix Length=30, Range Size=4, Index=51。

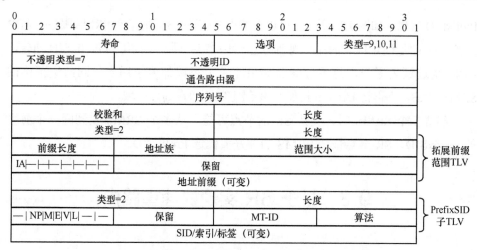

图 9.26　携带前缀范围的拓展前缀范围 TLV 格式

SRMS 只代替没有 SR 能力的节点分配 PrefixSID，它自身不是前缀的源发节点，此时，NP、E 标志位不具备任何意义。SRMS 发出拓展前缀范围 LSA 信息时，PrefixSID 子 TLV 的标志位只设置 M 标志位，不设置 NP 和 E 标志位。对于接收者而言，收到 M 标志位的报文，将忽略 NP、E 标志位的设置。

SRMS 只代替通告 PrefixSID 信息，NP、E 标志位不具有意义，所有 SR 节点获知前缀 SID 信息后，依据 OSPF 最短路径树建立转发表项，整个协议交互及表项生成与 SRMS 位置无关。因此，SRMS 可以部署在任何位置，如图 9.25 中，SRMS 可以位于节点 3，也可以位于节点 2，甚至可以位于节点 1。

SRMS 的位置不重要，但是消息在跨越区域传播时需要进行一定的控制，避免消息的冗余洪泛问题。这也是拓展前缀范围 TLV 中设置 IA 标志位的原因。

当 SRMS 位于非骨干区域时，连接该区域的 ABR 节点将 SRMS 产生的拓展前缀范围 TLV 传播到骨干区域，设置 IA 标志位为 1，该 TLV 一直携带 IA=1 的标志，直到将该 TLV 扩散到另一个非骨干区域。对于 ABR 节点而言，如果从非骨干区域收到 IA=1 的拓展前缀范围 TLV，将丢弃该消息，终止传播，避免信息的冗余扩散。同理，如果 SRMS 位于骨干区域时，ABR 在将该 SRMS 产生的拓展前缀范围 TLV 传播到非骨干区域时，将 IA 标志位设置为 1。

ABR 对拓展前缀范围 TLV 传播的控制方式与 LSA3 类似。SRMS 允许同时部署在不同的区域，为了可靠性要求，也允许不同 SRMS 同时为相同的前缀分配

PrefixSID 信息，如图 9.25 所示，可以在节点 1 和节点 3 同时启动 SRMS 服务。ABR 传播拓展前缀范围 TLV 的控制规则将进一步严苛：同一个前缀的 PrefixSID 通告，ABR 优选域内通告。这就意味着如果非骨干区域部署了通告相同前缀范围的 SRMS，ABR 不再将 IA=1 的拓展前缀范围 TLV 通告到该区域。

部署多个 SRMS 时，支持 SR 的节点可能会从多个 SRMS 收到同一个前缀的 PrefixSID，SR 节点依赖 SRMS 的偏好值优选 PrefixSID。

9.3　基于 SR 实现快速重路由

9.3.1　基于 SR 实现 TI–LFA

（1）快速重路由技术缺陷

快速重路由技术主要包括 LFA、R-LFA 等。

LFA 技术的主要思想是将保护流量转交给直连邻居节点，但是满足流量保护条件的节点并不总是存在的。存在多个 LFA 的情况下，不一定选择最优路径，可能需要进行人工配置。

在 LFA 节点不存在的条件下，应用 R-LFA 技术。R-LFA 技术的主要思想是将保护流量通过隧道方式交付给远端邻居节点，即 PQ 节点。满足条件的 PQ 节点并不总是存在的。如果存在，与对应的 PQ 节点建立目标 LDP 会话，但存在两个方面问题。一方面，PLR 节点需要与远端 PQ 节点进行协议交互，操作复杂度提升；另一方面，通过策略确定的 R-LFA 路径并不一定是最优路径。

综上，LFA 和 R-LFA 技术主要存在两方面的缺陷。一是故障覆盖率问题。实验评估表明，组合 LFA 和 R-LFA 技术可以对 99% 的网络故障进行保护。无法实现 100% 故障覆盖率的原因在于某些条件下，P 空间和 Q 空间不存在交集，无法计算得到 PQ 节点，也就无法实现对故障的保护。二是保护路径效率问题。LFA 和 R-LFA 技术主要解决网络故障条件下的持续可达性问题，不是最优化问题。如图 9.27 所示，节点 1 去往目的节点 3 的首选路径为 1—2—3，并针对 Link(1,2)预先计算保护路径为 1—7—2—3。在链路 Link(1,2)发生故障后，节点 1 将下一跳调整为节点 7，节点 7 沿正常最短路径将数据转发到目的节点 3。与此同时，节点 1 和节点 2 通过 OSPF 协议更新网络拓扑信息，触发协议收敛，收敛后节点 1 去往目的节点 3 的首选路径为 1—6—5—4—3，如图 9.27（b）所示。节点 1 再将去往节点 3 的流量从保护路径调整到该收敛路径。通常情况下，网络管理员会对网络容量进行预先规划，确保失效链路流量调整到其他链路时，链路能够容纳新增流量，以免对其承载业务产生影响。如图 9.27 所示的例子中，网络规划中节点 7 不会在节点 1 和 2 之间中继流量，但是为了对流量进行保护，节点 1 临时征用节点 7 中继流量，从控制平面来看保证了目的的可达性，但是从数据转发平面，可能因为导入的流量使路径 1—7—2 发生拥塞，既影响了链路上承载的原有业务，也无法保证去往节点 3 的流量正常送达。

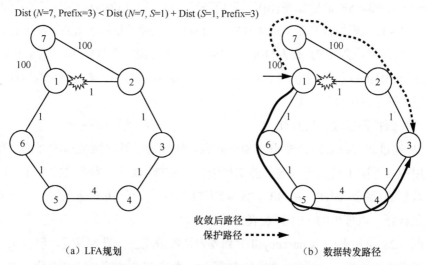

图 9.27　LFA 保护路径为非最优化路径

（2）TI-LFA 的基本思想

SR 作为源路由技术，提供了一种可以 100%解决网络故障的方案，其解决方案与网络拓扑无关，且能保证保护路径的最优化。在网络故障发生后，只要当前节点与目的节点之间网络拓扑可达，SR 就可以实现对故障的有效保护，这种技术称为拓扑无关的无环备选路径（Topology Independent Loop-Free Alternate，TI-LFA）技术。

采用 SR 技术对网络组件进行保护时，PLR 节点通过当前拓扑移除故障组件，计算网络故障发生后网络最终的收敛状态，将收敛路径作为保护路径编排为 SID 列表。网络组件故障发生后，PLR 节点直接通过 SID 列表的引导自动避开故障组件，将流量送到目的节点。

对于 PLR 节点而言，最简单的 FRR 实现方式是将计算得到的收敛路径通过 AdjacencySID 列表，将流量逐跳引导到最终目的节点。如图 9.28 所示，假定节点 X 与邻居节点 Y 之间的链路生成 AdjacencySID 为 10XY。对 Link(1, 2)故障，节点 1 为去往目的节点 3 的流量计算保护路径。如图 9.28（a）所示，若采用 R-LFA 技术，因为不存在 PQ 节点，无法计算保护路径，R-LFA 保护技术失效。图 9.28（b）采用 TI-LFA 技术，节点 1 从拓扑中移除 Link(1, 2)，按照 SPF 算法计算得到收敛路径为 1—6—5—4—3，SR 将收敛路径作为保护路径。若采用 AdjacencySID 表达该保护路径，则 SID 列表为{1065, 1054, 1043}。Link(1, 2)故障发生后，节点 1 将去往目的节点 3 的流量压入 SID 列表{1065, 1054, 1043}后转发给节点 6，节点 6 基于 AdjacencySID1065 将标签 1065 弹出后转发给节点 5，节点 5、4 采用类似操作，依次将流量引导到目的节点 3。

（3）保护路径段长度优化

SR 通过将收敛后路径编排为 SID 列表，实现对任意网络故障的保护。在实际应用中，受限于设备标签层数的支持能力、MTU 以及效率等，往往无法压入任意数量的标签。因此，用 SR 技术实现 TI-LFA 主要解决的是保护路径段的长度优化问题，以最少的 SID 列表表达保护路径。

图 9.28 示例采用 AdjacencySID 列表表达收敛路径，最为直观，但复杂度也高。下面优化该路径段长度，如图 9.29 所示。假定节点 X 的 NodeSID 为 1000X。对于节点 1 而言，节点 5 和节点 6 属于拓展 P 空间，节点 2、节点 3、节点 4 属于 Q 空间。节点 1 通过节点 5 的 NodeSID10005 将流量引导到距离最远的 P 节点，同时确保 P 节点位于收敛后的路径；然后通过节点 5 的 AdjacencySID1054 将流量引导到距离最近的 Q 节点，同时确保该 Q 节点也位于收敛后的路径；最后，数

据分组可以正常到达目的节点。通过这种方法，使用两级 SID 可以完成如图 9.28 所示的 3 级 SID 效果。

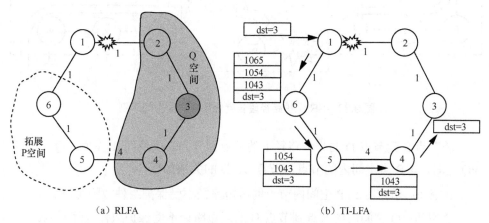

（a）RLFA　　　　　　　　　　（b）TI-LFA

图 9.28　SR 采用 AdjacencySID 列表实现 FRR

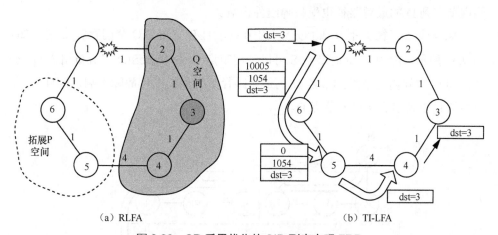

（a）RLFA　　　　　　　　　　（b）TI-LFA

图 9.29　SR 采用优化的 SID 列表实现 FRR

受此示例启示，将保护路径段长度优化问题进行一般化描述。SR 保护路径段长度优化时 3 类空间示例如图 9.30 所示。首先，PLR 节点 S 在移除被保护的网络组件（链路、节点、链路组等）后，按照 SPF 算法计算得到到达目的节点 D 的收敛路径，将该收敛路径作为对应保护路径生成相应的 SID 列表。

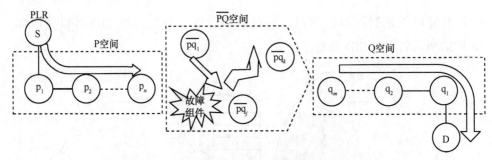

图 9.30　SR 保护路径段长度优化时 3 类空间示例

　　将节点 S 到节点 D 的收敛路径上的节点划分为 3 类空间：P 空间、Q 空间和 $\overline{PQ}$ 空间。这 3 类空间内的节点与节点 S、D 的关系如下。

　　P 空间：节点 S 到 P 空间内节点的最短路径不受保护组件故障影响。

　　Q 空间：Q 空间内的节点到节点 D 的最短路径不受保护组件故障影响。

　　$\overline{PQ}$ 空间：节点 S 到 $\overline{PQ}$ 空间内节点的最短路径受故障组件影响，且 $\overline{PQ}$ 空间内节点到 D 的最短路径也受故障组件影响。

　　如果收敛路径上不存在 $\overline{PQ}$ 空间的节点，且 P 空间与 Q 空间存在交集，如图 9.31 所示，$p_n = q_m$，此时节点 S 可以使用节点 q_m 的 NodeSID 将流量引入 Q 空间，而 Q 空间内的节点到节点 D 的最短路径不受保护组件故障影响，因此，可以将流量正确递交给目的节点 D。

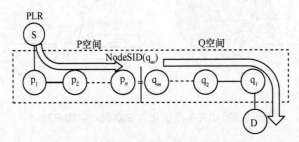

图 9.31　P 空间和 Q 空间存在交集的情况

　　如果收敛路径上不存在 $\overline{PQ}$ 节点，P 空间与 Q 空间不存在交集，但两个空间之间存在一条链路，如图 9.32 所示，此时可以使用 p_n 的 NodeSID 将流量引至该节点，再通过 p_n 与 q_n 的 AdjacencySID 将流量引至 Q 空间，进而到达最终目的节点 D。或者，如果 P 空间中节点存在到达 Q 空间的路径，该路径包含于收敛路径中，那么也可以选用这条路径将流量引到 Q 空间。

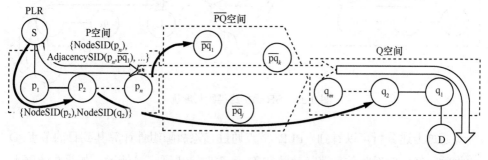

图 9.32　P 空间和 Q 空间不存在交集的情况

如果收敛路径上存在 $\overline{PQ}$ 节点，如图 9.33 所示，P 空间存在到达 Q 空间的路径，该路径经过 $\overline{PQ}$ 节点，且包含于收敛路径中，那么可以选用该路径，并通过两个路径段将流量引至 Q 空间。如果这种路径不存在，情况将变得复杂，此时需要超过两个路径段才能将流量引至 Q 空间。首先，节点 S 选择距离其最远的 p_n 节点的 NodeSID 作为第一个路径段的终点，然后通过该节点的 AdjacencySID 将流量引入 $\overline{PQ}$ 空间的节点 $\overline{pq_1}$。对 $\overline{PQ}$ 节点而言，可以逐跳使用 AdjacencySID 的方法将流量引至 Q 空间，但过多的 SID 会引入诸多问题，需要以最少的路径段将流量引至 Q 空间。

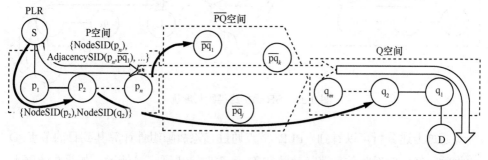

图 9.33　$\overline{PQ}$ 空间不为空的情况

节点 $\overline{pq_1}$ 属于 $\overline{PQ}$ 空间，它到达节点 D 的最短路径受故障组件影响，无法将节点 D 作为下一个路径段的终点。但是节点 $\overline{pq_1}$ 可以判断其到 Q 空间内节点的路径是否受故障组件影响，如到节点 q_m 的最短路径不受故障组件影响，如图 9.34 所示，那么将 q_m 作为第 3 个路径段的终点，将流量引入 Q 空间，如果流量到了 Q 空间的节点，自然能顺利到达最终目的节点 D。

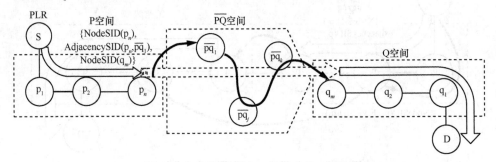

图 9.34　$\overline{PQ}$ 空间到 Q 空间节点的路径不受故障影响的情况

对于 $\overline{pq}_1$ 节点而言，最坏的情况是其到 Q 空间节点的最短路径均受故障组件影响，只能在 $\overline{PQ}$ 空间中搜索不受故障组件影响的节点，如图 9.35 所示。此时求解的问题为：节点 $\overline{pq}_1$ 沿着收敛路径，用最少的路径段引导流量到达节点 $\overline{pq}_k$。在计算 $\overline{pq}_1$ 节点到 $\overline{pq}_k$ 节点的 SID 后，将流量引导至 $\overline{pq}_k$ 节点，再利用其与 Q 空间节点的 AdjacencySID，将流量引入 Q 空间，使得流量顺利到达目的节点 D。

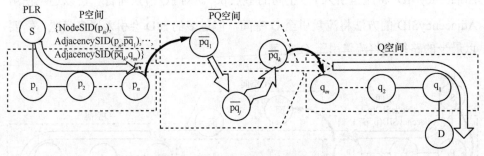

图 9.35　SR 保护路径段长度优化

通过上述分析可以看到，PLR 节点通过移除故障组件计算其到目的节点 D 的收敛路径，针对收敛后路径计算 SID 列表时会出现多种情况：如果收敛路上的 PQ 节点是 PLR 的邻居节点，则不需要路径段列表；如果收敛路径上的 PQ 节点为 PLR 的远端邻居节点，则只需要一个路径段列表；如果收敛路径上 PQ 节点不存在，但 P 和 Q 相邻，则需要 2 个路径段列表；如果收敛路上 PQ 节点不存在，且 P 和 Q 不相邻，则需要至少 3 个路径段列表。

上述给出了优化计算保护路径所需最少段的概念性方法，其实现方式是多样的。例如，节点 S 不一定选用 P 空间中距离最远的节点作为第一个段，P 空间内的节点也不一定使用 AdjacencySID，而是采用 $\overline{\mathrm{pq}}_j$ 的 NodeSID 将流量引入 $\overline{\mathrm{PQ}}$ 空间等。在实际网络拓扑的仿真结果表明，最多使用 4 个段可以实现 100% 的故障覆盖率。

（4）保护策略

网络故障是对网络组件故障的一种统称。网络组件分为链路、节点以及链路组等，相应的保护策略分为链路保护、节点保护以及链路组保护等。

保护策略决定了保护路径的计算方式。

如果采用链路保护策略，则 PLR 节点针对每一个前缀，通过移除与邻居的相应链路计算收敛路径，生成链路保护路径的 SID 列表。当该链路故障时，直接采用 SID 列表引导流量绕过故障链路到达目的节点。

如果采用节点保护策略，则 PLR 节点针对每一个前缀，通过移除邻居节点及该节点的相关链路计算收敛路径，并生成节点保护路径 SID 列表。该邻居节点失效或者到该邻居的链路发生故障时，都将触发 PLR 节点采用节点保护路径 SID 列表绕过该节点。此时链路故障作为节点故障的子集，通过节点保护路径一并处理。

如果采用链路组保护策略，PLR 节点针对每一个前缀，通过移除链路组内的所有链路计算收敛路径，并生成链路组保护路径 SID 列表。链路组中任何一条链路发生故障时，都将触发 PLR 节点采用链路组保护路径 SID 列表引导流量绕过链路组。通常将经过相同地理位置或者连接同一块板卡的共享链路设定为链路组或称为共享风险链路组（SRLG），任意一条链路发生故障，其他链路也不会幸免。

在节点保护和链路组保护策略下，任何元素发生故障，将直接调用对应的保护路径。例如，当采用链路组保护策略时，其中任一条链路发生故障，就会启动链路组的保护路径，而不是仅启动该故障链路的保护路径。预先建立的保护路径是基于整个组件失效计算的，当单个元素失效时，会被认定为整个组件失效，并按照整个组件失效的处理方法进行保护路径的使用，此时无法保证保护路径的最优化。

（5）对 SID 的保护

通过基于 SR 的 TI-LFA 技术可以对去往目的节点的 IP 数据进行保护，同样也可以对相应的 PrefixSID 和 AdjacencySID 进行保护。

目的前缀的保护机制可以直接应用到相应 PrefixSID 的保护，唯一不同的是检索保护路径段的匹配关键字段不同。针对前缀的保护而言，当网络组件发生故障时，PLR 节点基于目的 IP 地址检索保护路径，然后直接在 IP 分组前压入包含保护路径段的 MPLS 标签栈。

PrefixSID 的保护与之类似。假定节点 F 的前缀为 P，前缀 SID 为 PrefixSID(F)，P 预先建立的保护路径段为 RPL(F)，当节点 S 收到段列表为 {NodeSID(F), SIDs,…} 的 MPLS 分组时，如果首选路径发生故障，则 PLR 节点 S 保持分组中原来段列表不变，压入 RPL(F)，并参照保护路径段的转发方式转发，此时段列表为 {RPL(F),NodeSID(F),SIDs,…}。

为了描述方便，假定节点 X 的 NodeSID 为 1000X，节点 X 与邻居节点 Y 之间的链路生成 AdjacencySID 为 10XY。

图 9.36（a）实例化了去往 1.1.1.3/32 的 TI-LFA 保护。当 Link(1, 2) 发生故障时，节点 1 基于目的 IP 地址 1.1.1.3 匹配得到保护路径段 {10005,1054}，然后，将 IP 分组采用 MPLS 封装，并压入保护路径段。节点 3 的 NodeSID 保护如图 9.36（b）所示，当节点 1 收到活跃段为 10003 的 MPLS 分组时，因为首选下一跳（节点 2）失效，于是压入对应保护路径段并转发给节点 6，此时 SID 列表变为 {10005,1054,10003}，通过保护路径段将流量引导至节点 4，最后通过 NodeSID(3) 引导流量到达目的节点 3。

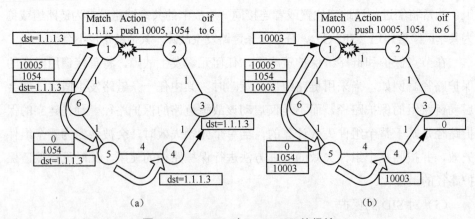

图 9.36　TI-LFA 对 Prefix SID 的保护

对于 AdjacencySID 而言，OSPF 会为每条链路分配一个具有保护资格的 SID 和一个不具有保护资格的 SID。对于不具有保护资格的 SID，节点不会为之创建保护路径段；对于具有保护资格的 SID，节点会预先针对故障链路创建保护路径段。

AdjacencySID 的保护目标是在该 SID 对应的链路失效后，仍然能够将流量通过其他路径引导至相应的邻居节点。假定节点 S 为到达邻居节点 F 的链路分配了具有保护资格的邻居 SID，记为 AdjacencySID(S,F)，节点 F 的 NodeSID 的保护路径段列表记为 RPL(F)，那么节点 S 收到段列表为{AdjacencySID(S,F),SIDs,…}的 MPLS 分组时，AdjacencySID(S,F)的保护可以分为以下两类情况。

- 如果节点 S 去往节点 F 的首选路径经过 Link(S, F)，当网络组件发生故障时，PLR 节点 S 将弹出邻接段，依次压入节点 F 的 SID 及其保护路径段 RPL(F)，并按照保护路径段方式转发，此时段列表为{RPL(F), NodeSID(F), SIDs,…}。

- 如果节点 S 去往节点 F 的首选路径不经过 Link(S, F)，当网络组件故障时，PLR 节点 S 将弹出邻接段，压入节点 F 的 NodeSID，并按照保护路径段方式转发，此时段列表为{NodeSID(F),SIDs,…}。

图 9.37 给出了 AdjacencySID 的保护示例。图 9.37（a）中节点 1 去往邻居节点 2 的首选路径经过 Link(1,2)，当节点 1 收到段列表为{1012,10003}的分组时，因为 Link(1,2)失效，且邻接段 1012 为具有保护资格的 SID，于是弹出该邻接段，压入邻居节点 2 的 NodeSID10002 以及去往节点 2 的保护路径段{10005,1054}，转发给保护路径下一跳节点 6，此时段列表为{10005,1054, 10002,10003}。若将 Link(1,2)的链路权重变为 100，如图 9.37（b）所示，这将节点 1 去往邻居节点 2 的首选路径不经过 Link(1,2)，因此，使用节点 2 的 NodeSID 将流量引导至节点 2，此时段列表为{10002,10003}。

从上述示例可以看出，当被保护的 SID 为分组的唯一 SID 时，采用 TI-LFA 技术可以提供有效的保护。如果被保护的 SID 仅为去往目的路径上的中间点时，采用上述保护方法使得分组在网络中"兜圈子"。如图 9.37 所示，为了对 AdjacencySID(1,2)进行保护，需要先将流量引导至节点 2，再转发给最终目的节点 3，实际去往节点 2 的路径经过了最终的目的节点。

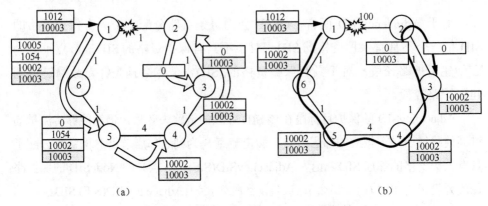

图 9.37　TI-LFA 对 AdjacencySID 的保护

当需要通过多个 SID 表达流量控制意图时，单纯对中间 SID 进行保护，通常不能带来很好的效果。

对于 TI-LFA 技术而言，通过多个 SID 引导流量绕过故障点，这个过程中如果又遇到了其他故障，流量无法到达中间某个 SID，进而触发了另外一个 TI-LFA 保护，将会产生难以预料的结果。图 9.38（a）中，对于 Link(1,2)故障，节点 1 为节点 2 的 NodeSID 建立的保护路径段为{10005,1054}；对于 Link(5,4)故障，节点 5 为具有保护资格的邻接段 AdjacencySID(5,4)建立的保护路径段为{10002,10004}。图 9.38（b）中携带 SID 为 10002 的分组到达节点 1 时，Link(1,2)故障，于是压入保护路径段{10005,1054}后转发给节点 6，进而到达节点 5；恰好遇到 Link(5,4)故障，节点 5 弹出邻接段 1054，压入保护路径段{10002,10004}，并转发给节点 6，此时分组携带的段列表为{10002,10004,10002}；该分组到达节点 1 后，因为活跃 SID 为 10002，又会压入 SID10002 的保护路径段{10005,1054}，转发给节点 6，此时路径段变为{10005,1054,10002,10004,10002}，数据在路径 1—6—5 之间形成了一个环，而且 SID 列表会不断膨胀。因此，对保护路径段上中间 SID 的保护往往带来更多的负面效果。

为了尽可能降低影响，TI-LFA 生成保护路径时，应选用不具备保护资格的 AdjacencySID，受保护的分组遇到另一个故障时便不再迭代保护，直接丢弃分组，尽可能避免出现非预期结果。对于保护路径段中的 NodeSID 而言，如果它不是段列表中的唯一 SID，建议不对其进行保护，而是采用 SR-TE 技术中的 Midpoint 保护机制。

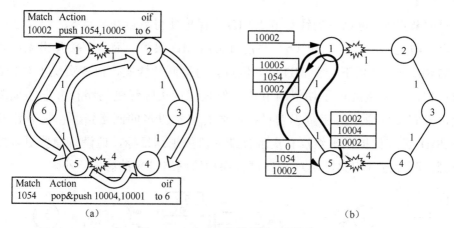

图 9.38　对 SID 保护时引入的问题

对于 SR-TE 技术而言，通常需要多个 SID 引导流量经过必要的节点，这时对中间 SID 的保护将违背流量控制策略，通常的做法是放弃对当前 SID 的保护，寻求到达下一个 SID 的最优路径，这种技术称为 Midpoint 保护机制，基本思想是如果本地到达活跃 SID 的首选路径不可达，便不再期望将流量送达该 SID，转而把流量送交给下一个 SID 所表示的节点，可以分为以下两种情况。

- 假定节点 S 收到的段列表{NodeSID(F),NodeSID(T), SIDs,…}，当其到达 NodeSID(F)的首选下一跳不可达时，节点 S 弹出 NodeSID(F)，按照去往 NodeSID(T) 的 首 选 路 径 进 行 转 发 ， 此 时 段 列 表 为 {NodeSID(T), SIDs,…}。

- 假定节点 S 收到的段列表为{NodeSID(F),AdjacencySID(F,T), SIDs,…}，当其到达 NodeSID(F)的首选下一跳不可达时，节点 S 弹出 NodeSID(F)和 AdjacencySID(F,T)，计算节点 T 的 NodeSID，并按照去往 NodeSID(T)的首选路径进行转发，此时段列表为{NodeSID(T),SIDs,…}。

以图 9.39 为例，节点 1 去往节点 4 的最短路径经过 1—5—4，而 SR-TE 规划去往节点 4 的流量必须经过节点 2，即 1—2—3—5—4。当携带段列表{10002,10004}的流量到达节点 1 时，恰巧 Link(1,2)出现故障，图 9.39（a）给出了对 SID10002 进行保护时的流量路径。节点 1 通过压入保护路径段{1053,10002}，将流量引导到节点 2，然后，再通过 10004 将流量引导至最终目的节点 4。可以看到针对节点 SID 的保护使得流量在节点 5、3、2 之间往返。与之相比，图 9.39（b）并没有采用 SID 保护，而是直接弹出无法到达的 SID，并使用下一个 SID 引导流量。对比两种情况，前者实现了对 SID 的保护，让流量经过了期望的节点，但是流量实际经过的路径并非预期路径，没有实现原来的流量规划目标，同时浪费更多的网络资源；后者没有对 SID 进行保护，虽然没有实现预期的流量规划目标，但没有浪费更多的资源。两种方案相比，不对 SID 进行保护给网络带来的影响更小。

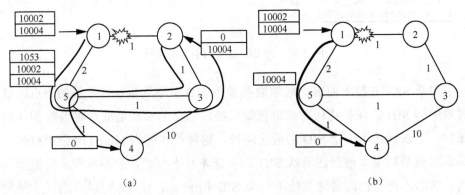

图 9.39　Midpoint 保护机制

（6）TI-LFA+

通过 TI-LFA 对 SID 列表的中间 SID 进行保护时，可能会出现路径变长、绕路等情况，在一定程度上消耗了网络资源。因此，TI-LFA 对 SID 列表的中间 SID 通常不进行保护。

在一些应用场景中，SID 被用来标识防火墙、IDS 等安全设备，为了保障数据安全，网络管理员要求流量必须经过安全设备处理后才能送达下一个节点。这种情况下，去往该安全设备的链路出现故障时，不能将对应的 SID 跳过，必须使用 TI-LFA 保护路径段将流量引向该安全设备。TI-LFA+技术是对 TI-LFA 的拓展。

TI-LFA+技术在控制平面拓展了 OSPF 的 Prefix SID 和 AdjacencySID 子TLV，在标志位中增加了一个 NB（No-Bypass）标志，如果管理员希望当前节点不能被绕过，则在通告 SID 时设置该标志。

在数据平面，仅给出了基于 SRv6 的解决方案，即在 SRH 中增加一个 NB 和一个 NF 标志。PLR 节点发现到达活跃 SID 的链路中断后，基于 SRH 中的 NB/NF 标志判断是否启用 TI-LFA 保护。如果有 NB 标志，采用 TI-LFA，把流量通过保护路径引到对应节点；如果有 NF 标志，不采用 TI-LFA 保护。

控制平面的 NB 标志与数据分组信息的 NB/NF 标志相互的关联由编排 SID 的节点或者集中式控制器完成。基于通告的 Prefix SID 和 AdjacencySID 子 TLV 中的 NB 标志判断该节点是否为不可绕过节点。如果是不可绕过节点，在向 SRH 压入对应 SID 时，将 NB 置位；如果为可绕过节点，则向 SRH 压入对应 SID 时，将 NF 置位。

9.3.2　基于 SR 解决微环路

微环路出现在网络拓扑发生变化后、协议收敛期间。采用分布式计算每个节点，得到的收敛路径时间不一样，在这个时间差内，局部节点对网络拓扑的认知出现矛盾，这一矛盾导致数据转发在局部节点之间出现微环路。本地延迟更新转发表方法仅在故障组件邻居节点部署，有一定作用，但是无法解决远端节点之间的环路问题。排序更新技术需要新增消息，拓展协议机制，对基础协议影响大，复杂度也很高。

SR 技术被应用于解决协议收敛其间的微环路问题，是一种有效的可增量部署的轻量级解决方案。当网络拓扑发生变化时，通过链路状态消息在全网洪泛。节点通过运行 SPF 算法计算得到新的收敛路径，比较新旧路径，如果拓扑改变影响了当前节点去往相应节点的首选下一跳，那么本地立刻启用新的转表表项时可能出现微环路。为了避免此问题，节点不立刻启用新的收敛路径，而是延迟一个时间段，节点通过"无环段列表"引导流量去往目的地。

节点"无环段列表"的计算是实现微环路避免的关键。实际"无环段列表"的计算方法与 TI-LFA 的计算方法是非常类似的：移除拓扑变化点后，计算本地到达目的节点的收敛路径，将该收敛路径编排为段列表——"无环段列表"。该段列表可以引导当前节点的流量到达目的节点，既不会经过网络拓扑变化的节点，也不会出现环路。

如图 9.40（a）所示，节点 1、6、5 去往目的节点 3 的路径都经过链路 Link(1,2)，当 Link(1,2)发生故障后，节点 1 和节点 2 将洪泛链路状态信息，触发节点 1、6、5 重新收敛，假定节点按照距离故障远近的顺序依次更新转发表。T1 时刻，节点 1 首先将去往目的节点 3 的首选下一跳节点修改为节点 6，而节点 6 仍然使用收敛前路径，其下一跳为节点 1，于是在节点 1 和节点 6 之间产生了微环路。T2 时刻，节点 6 将去往节点 3 的首选下一跳由节点 1 改为节点 5，而此刻节点 5 仍然使用收敛前的路径，其下一跳为节点 5，于是，在节点 5 和节点 6 之间产生了微环路。T3 时刻，节点 5 将去往节点 3 的首选下一跳由节点 6 改为节点 4，节点 4 去往目的节点 3 的首选路径与故障链路无关，此时，网络中不再有环路发生。

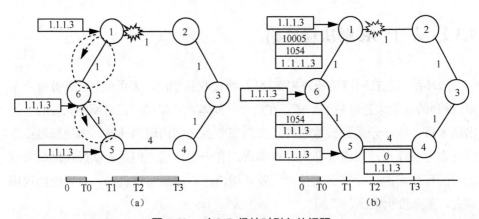

图 9.40　对 SID 保护时引入的问题

假定链路故障在 0 时刻发生，节点 1 启动 TI-LFA 保护路径前将会出现持续丢包的情况；一旦保护路径在 T0 时刻被启用，便恢复了与目的节点 3 的可达性，直到 T1 时刻，节点 1 更新了转发表，此时因为出现了微环路，产生了丢包现象。该丢包将持续到 T3 时刻，此时网络所有节点都持有一致的网络视图，网络重新收敛。整个网络组件故障引发的协议收敛期间，采用了 TI-LFA 技术，丢包的持续时间为 T0+T3−T1。采用 SR 技术后，情况将被改观。

如图 9.40（b）所示，在相同的场景条件下，节点采用延迟更新转发表的方法，且在延迟事件窗内通过"无环段列表"引导流量到达目的节点。对于节点 1 而言，计算收敛路径的同时也计算相应的"无环段列表"，在 T1 时刻建立对应的"无环段列表"{10005,1054}，下一跳指向节点 6，这个"无环段列表"实际与保护路径段是一样的，因此，节点1仍然使用保护路径段转发去往节点3的流量，并启动延迟转发表更新定时器。节点6和节点5并未改变转发表项，持续将去往节点3的流量送达节点1，通过节点1的保护路径段将流量正确引导至目的节点。在 T2 时刻，节点 6 计算收敛路径和"无环段列表"，建立"无环段列表"{1054}，下一跳指向节点5，并启动延迟转发表更新定时器。去往目的节点3的流量到达节点6后，压入"无环段列表"{1054}后发送给节点5，进而引导流量到达目的节点3。节点1使用自己的"无环段列表"引导流量，节点5并未改变转发表项，持续将去往节点3的流量发送给节点6，并由节点6的"无环段列表"正确引导至目的节点。同理，在 T3 时刻，节点 5 计算收敛路径和"无环段列表"，建立"无环段列表"{0}（节点 4 为 PQ 节点），下一跳指向节点4，并启动延迟转发表更新定时器，保证去往目的节点 3 的流量被正确送达。从这个示例可以看出，通过 SR 的引导，任何一个节点去往目的节点的路径与受拓扑影响的节点无关。后续延迟转发表更新定时器到期后，节点将删除"无环段列表"并采用收敛后的转发表转发流量。因为各节点相互独立，节点的更新顺序也不会引发新的微环路。例如，节点 6 先删除了"无环段列表"，而节点 1 和节点 5 却没有，那么按照收敛的转发表，节点6将去往目的节点3的流量交给节点5，节点5仍然采用"无环段列表"引导流量正常到达目的节点3，而不会出现环路。

延迟转发表更新，并在此其间采用 SR 引导流量，就可以解决单个网络组件故障条件下的微环路问题，再配合 TI-LFA 技术，在整个网络组件故障其间，丢包的持续时间可以由原来的 T0+T3−T1 缩短为 T0。

链路发生故障后，通过 SR 与延迟转发更新可以解决故障后收敛期间的微环路问题。这种方法同样适用于解决故障修复后协议收敛过程中产生的微环路。

9.4　小结

本章阐述了 OSPF 拓展以支持 Segment Routing 技术。分段路由作为支撑新一代网络的技术，与源路由技术非常类似，但更简单、敏捷，很好地适应了软件定义网络与集中式控制场景。分段路由依赖于 OSPF 协议进行 SR 能力通告，并通过不透明 LSA 为节点、前缀及链路分配 SID 信息。基于 OSPF-SR 的标签分发与基于 LDP 标签分发可以在协议平面和数据平面很好地兼容并协作互通，可增量部署，使得分段路由技术具有更强的生命力。分段路由提供的强大路径编排能力，成为解决快速重路由的优秀方案。基于分段路由建立拓扑无关的保护路径，利用保护路径可以解决协议收敛其间的微环路，这使得分段路由成为支撑新一代网络的重要支撑技术。

参 考 文 献

[1] CLARENCE F, KRIS M, KETAN T. Segment Routing 详解（第一卷）[M]. 苏远超, 蒋治春, 译. 北京: 人民邮电出版社, 2017.

[2] CLARENCE F, KRIS M, FRANCOIS C,et al.Segment Routing 详解 1（第二卷）[M].苏远超, 钟庆, 译. 北京: 人民邮电出版社, 2019.

[3] IETF. Segment routing architecture[R]. 2018.

[4] IETF. IPv6 segment routing header (SRH)[R]. 2020.

[5] IETF. Segment routing with the MPLS data plane[R]. 2019.

[6] IETF. OSPF extensions for segment routing[R].2019.

[7] IETF. OSPF as the provider/customer edge protocol for BGP/MPLS IP virtual private networks (VPNs)[R].2006.

[8] IETF. Segment routing MPLS interworking with LDP[R]. 2019.

[9] IETF. Remote loop-free alternate (LFA) fast reroute (FRR)[R]. 2015.

[10] IETF. Topology independent fast reroute using segment routing[R]. 2021.

[11] IETF. SR-TE path midpoint protection[R]. 2021.

[12] IETF.Enhanced topology independent loop-free alternate fast re-route[R]. 2020.

[13] IETF.Loop avoidance using segment routing[R]. 2020.